和麻省理工学院科学家一起探索
平行宇宙、模拟猜想、量子计算和曼德拉效应

模拟多元宇宙

The Simulated Multiverse

【美】瑞兹万·维克（Rizwan Virk） 著

崔万照 陈佳 于晓乐 译

国防工业出版社

·北京·

著作权合同登记　图字：01—2023—0341

图书在版编目（CIP）数据

模拟多元宇宙／（美）瑞兹万·维克（Rizwan Virk）著；崔万照，陈佳，于晓乐译.—北京：国防工业出版社，2023.3

书名原文：The Simulated Multiverse

ISBN 978—7—118—12838—3

Ⅰ.①模… Ⅱ.①瑞… ②崔… ③陈… ④于… Ⅲ.①宇宙学－普及读物 Ⅳ.①P159—49

中国国家版本馆 CIP 数据核字（2023）第 032051 号

The Simulated Multiverse

Copyright © 2021，Rizwan Virk

The simplified Chinese translation rights arranged through Rightol Media

（本书中文简体版权经由锐拓传媒取得 Email：copyright@ rightol.com）。

本书中文简体版权由国防工业出版社所有，侵权必究。

※

国防工业出版社出版发行

（北京市海淀区紫竹院南路 23 号　邮政编码 100048）
北京龙世杰印刷有限公司印刷
新华书店经售

*

开本 710×1000　1/16　印张 19¾　字数 289 千字
2023 年 3 月第 1 版第 1 次印刷　印数 1—5000 册　定价 148.00 元

（本书如有印装错误，我社负责调换）

国防书店：(010) 88540777　　书店传真：(010) 88540776
发行业务：(010) 88540717　　发行传真：(010) 88540762

译者序

平行宇宙中是否存在多个版本的我们，生活在不同的时间线中？

古今中外，人类从未停止过对浩瀚宇宙的探索与遐想。两千多年以前，我国伟大诗人屈原在《天问》中发出了"冯翼惟像，何以识之？明明暗暗，惟时何为？"的感叹。

本书带我们走进了一个妙趣横生的宇宙世界，以科幻小说作家菲利普·K.迪克的演讲开篇，是一场从谷歌大厅到遥远宇宙最尽头的探险，沉浸式体验一次从未来到过去再回到现在的旅行；是哲学思考、科学探究、科学幻想的完美结合，是以一种全新的方式让我们思考我们的宇宙，还有所有可能的现实！

本书围绕多元宇宙，将计算机模拟、虚拟现实、元宇宙、量子理论、电子游戏、量子计算、元胞自动机、菲利普·K.迪克影响力、时间旅行、量子宇宙、人工智能、心灵哲学等看似毫不相关的概念有机串联在一起，不仅诠释了谜一般的曼德拉效应，而且还以一种全新的视角理解时间和空间，同时力图将深奥莫测的物理知识以通俗易解的语言呈现给非专业的读者，并在哲学层面上诠释科学成果，以科学成果烘托哲学思维。

作者瑞兹万·维克（Rizwan Virk）是硅谷电子游戏设计师、麻省理工学院Play Labs创始人、畅销书作家、企业家，更是以其独特的写作风格融入电子游戏、计算机科学、量子物理学，引经据典很多哲学思想和科幻小说，不仅解释了一种看待宇宙的新视野，而且为我们提供了一种深度思考所有可能性宇宙的新方法。

本书突破学术与专业的限制,是一部饶有趣味、令人脑洞大开的精品读物。2021年11月,本书长期位于亚马逊计算机模拟类畅销图书榜前列。为便于读者理解,译者整理增加了130多个图文并茂的知识链接。

本书能够得以出版,特别要感谢装备译著出版基金的资助。本书翻译过程中,得到了国防工业出版悉心指导,在此表示感谢。译者利用2021年12月西安疫情隔离期间翻译,而且由于本书涉猎知识面广,虽不惮辛劳,但仍难免疏误,尚祈方家教正,不胜感激之至。

译者

2022年12月

评 价

"我怎么变得不真实啦？在《模拟多元宇宙》这本书中，瑞兹万·维克向你娓娓道来。我们可能都生活在一个（或多个）模拟世界中。感知的'现实'可能和我们认为宇宙绕着地球转的旧观念一样虚幻。正像伽利略当时所做的那样，维克可能会帮助我们看到一个更伟大（震撼）的宇宙。"

——大卫·布林（David Brin），雨果奖、星云奖、轨迹奖得主，物理学家、美国著名科幻作家、NASA 顾问

一些前沿思想家认为，我们生活的这个世界是一个模拟世界。瑞兹万·维克在他的著作《模拟多元宇宙》中，向我们介绍了菲利普·K.迪克在 1977 年法国梅茨发表的演讲中提出的计算机生成现实的概念。这本书研究透彻，可读性很强。也许《黑客帝国》（The Matrix）不仅仅是一部科幻电影；也许它揭示了若干关于我们的世界和我们在这个世界上的生活的真相。如果你有胆量，敬请阅读本书。

——菲利普·迪克的遗孀，《与菲利普·K.迪克的对话》（Conversations with Philip K.Dick）作者

维克以尼克·博斯特罗姆（Nick Bostrom）和库兹韦尔（Kurzweil）等先行者的框架为基础，在更广阔的多元宇宙范畴拓展了他的观点，其结果不仅对模拟理论提出了新的挑战，也对构成现实本身的东西以及我们在现实中应有位置的人类幻觉提出了新的挑战。"

——雅克·瓦莱（Jacques Vallée），互联网先驱、计算机科学家和天文学家、风险投资家、《科学禁区》（*Forbidden Science*）作者

维克……为平行宇宙、量子不确定性和可能性的眼花缭乱的科学提供了一个有说服力的、清晰的指南——令人恐惧或欣慰的是，我们感知到的现实实际上是伟大模拟的一部分。

——《出版人周刊》（*Publishers Weekly*）

我很庆幸自己生活在多元宇宙的一个分支中，如果有人要我详细介绍电影《宇宙威龙》（*Total Recall*）和量子物理之间的关系，我可以简单地请他阅读这本全面而有趣的书。引用1999年轰动一时的一句话：哇！

——罗德尼·阿谢尔（Rodney Ascher），电影大片《矩阵故障》（*A Glitch in the Matrix*）导演

在《模拟多元宇宙》中，瑞兹万·维克将模拟理论和《黑客帝国》的诠释提升至一个全新的层次水平。利用计算工具（复杂性、人工智能、电子游戏和量子计算），维克认为我们生活在多条平行的时间线上，听起来像科幻小说。如果你想一睹可能的现在、过去和未来，请阅读这本书！

——布拉德·菲尔德（BradFeld），美国风险投资家、《创客社区》作者、著名天使投资人、硅谷知名创业孵化器TechStars联合创始人

目 录

第一部分　听起来像科幻小说 「P001~P080」

第 1 章　钻入"兔子洞"
——从谷歌到菲利普·K. 迪克的思想 / 003

第 2 章　曼德拉效应
——真实的，还是公众的错觉？/ 027

第 3 章　模拟猜想
——我们生活在电子游戏世界中？/ 055

第二部分　那些看似遥远的科学 「P081~P154」

第 4 章　形形色色的多元宇宙 / 083

第 5 章　欢迎来到量子世界 / 108

第 6 章　量子多元宇宙 / 125

第 7 章　过去、现在和将来的本质 / 140

第三部分　构建数字模拟世界「P155~P226」

第 8 章　模拟世界的多条时间线 / 157

第 9 章　模拟、自动机和混沌 / 179

第 10 章　量子计算和量子并行 / 205

第四部分　多元宇宙的算法「P227~P260」

第 11 章　数字时间线和多元宇宙图 / 229

第 12 章　核心循环的搜索 / 249

第五部分　大　视　野「P261~P307」

第 13 章　宇宙是多次模拟进化的结果 / 263

第 14 章　退一步说，这一切意味着什么？/ 277

延展阅读 / 299

作者简介 / 301

参考文献 / 303

内容简介 / 307

第一部分
听起来像科幻小说

世人皆认为时间是老老实实遵循因果关系流逝的,但它更像一团晃晃悠悠蹿来蹿去的东西。

——"博士",《神秘博士》(*Doctor Who*)

"不可能重复过去?"他一脸怀疑地喊道。
"为什么不可能?当然可以!"

——弗朗法兰西斯·斯科特·基·菲茨杰拉德,
小说《了不起的盖茨比》(*The Great Gatsby*)

知识链接

摘自《神秘博士》（*Doctor Who*）第 3 季第 10 集《眨眼》（*Blink*），本集获 2008 年雨果奖最佳戏剧表现短片。《神秘博士》是一部由英国广播公司（BBC）出品的科幻电视剧。故事讲述了一位自称为"博士"（The Doctor）的时间领主，用他伪装成 20 世纪 50 年代英国警亭的时间机器塔迪斯（Time And Relative Dimension In Space，TARDIS）与其搭档在时间、空间探索悠游，并惩恶扬善、拯救文明、扶贫救困的故事。

图片来源：海报

菲茨杰拉德是美国 20 世纪最伟大的小说家之一，他的代表作同时也是其一生中创作的最好作品——《了不起的盖茨比》（中文版由王晋华译，吉林美术出版社 2014 年出版）也是美国文学中最伟大的作品之一。时至今日，这部作品仍然以其内容和形式上的独树一帜，在美国文学乃至世界文学界中散发着异彩。

图片来源：陈佳拍摄

第 1 章

钻入"兔子洞"
——从谷歌到菲利普·K.迪克的思想

我们正生活在一个计算机编程的现实中。我们拥有的唯一线索是,当某些变量发生改变时,我们的现实也将发生一些改变。我们有一种极其强烈的感觉,那就是我们正以完全相同的方式生活在似曾相识的现在:听到同样的话,说着同样的话[1]。

——菲利普·K.迪克,1977 年法国梅茨国际科幻节

知识链接

菲利普·K.迪克(Philip K. Dick)(1928—1982)是美国科幻小说作家,代表作有《高堡奇人》(获雨果奖)、《血钱博士》、《帕莫·艾德里奇的三处圣痕》、《仿生人会梦到电子羊吗?》(改编为电影《银翼杀手》和《银翼杀手 2049》)、《尤比克》《流吧!我的眼泪》(获约翰·坎贝尔纪念奖)、《黑暗扫描仪》《瓦利斯》《全面回忆》(改编为电影《魔鬼总动员》)、《命运规划局》《我可以制造你》等。

迪克 1977 年在法国梅茨大会的演讲题目为《如果你觉得这个世界很糟糕,那你应该去看看其他的世界》("*If You Find This World Bad, You Should See Some of the Others*"),网站 YouTube 上有迪克演讲视频和文字演讲记录 Lawrence Sutin. *The Shifting Realities of Philip K. Dick* Random House:Vintage,1995,p.233

图片来源:网络

模拟多元宇宙

本书关于我们居住在一个模拟的多元宇宙中的说法让人匪夷所思，听起来像科幻小说。这个说法是建立在两个似乎不起眼的结论之上，或许你不熟悉，但却日益受到科学家、哲学家和宗教学者们的青睐。

首先，我们生活在一个数字模拟的世界中。与电影《黑客帝国》(*The Matrix*)描绘的情景相似，我们生活在一个高分辨率的电子游戏世界中。这个说法今天被称为**模拟猜想**（the simulation hypothesis），这与我之前出版的《模拟猜想》主题一致，意味着我们周围的三维世界（我们称之为空间）并不是我们所想象的那样。

知识链接

《黑客帝国》是由华纳兄弟公司发行的系列动作片，由沃卓斯基兄弟执导，基努·里维斯、凯莉·安妮·莫斯、劳伦斯·菲什伯恩等主演。已上映的四部为《黑客帝国》《黑客帝国2：重装上阵》《黑客帝国3：矩阵革命》和《黑客帝国4：矩阵重启》。

影片讲述了一名年轻的网络黑客尼奥发现看似正常的现实世界实际上是由一个名为"矩阵"的计算机人工智能系统控制的，尼奥在一名神秘女郎崔妮蒂的引导下见到了黑客组织的首领墨菲斯，三人走上了抗争矩阵征途的故事。

2022年2月22日，本书作者在《科学美国人》杂志上撰文指出：元宇宙时代正在向我们走来，我们可能已经生活在元宇宙中了（The Metaverse Is Coming: We May Already Be in It）。例如在《黑客帝国》的世界里，我们无法区分何谓真实，何谓虚幻。

图片来源：海报

其次，我们远非生活在单一的宇宙中，而是生活在由多条时间线组成的复杂而又互联的网络世界中，这就是现在常说的多元宇宙（multiverse）。多元宇宙不仅颠覆了我们对周围世界的认知，也颠覆了我们对过去和未来的理解。简而言之，空间和时间都不是我们所想象的那样。

本书将深入探讨支撑以上结论的概念，涉及量子不确定性、量子计算、电子游戏设计和曼德拉效应。但在这之前，我想先谈一谈我从一位电子游戏企业家和麻省理工学院虚拟现实项目创造者到"陷入"模拟理论的"兔子洞"的经历。

第一部分
听起来像科幻小说

从乒乓世界到《黑客帝国》

坦白地讲，我的一生都痴迷于科幻小说和计算机。毫不奇怪，正是由于这两个领域的交叉，让我产生灵感，开始思考模拟猜想，反过来又让我想到了模拟多元宇宙。

在《模拟猜想》一书出版前的2016年，我刚刚卖掉了我创立的最后一家电子游戏公司。那段时间，我感觉有些迷茫，正在琢磨下一步的人生该如何走。一次偶然的机会，我参观了一家正在制作虚拟现实（virtual reality，VR）游戏的初创公司。虚拟现实成为硅谷的下一个大事件，脸书（Facebook）公司2014年刚刚以20亿美元的价格收购了虚拟现实头戴设备制造商Oculus。与此同时，HTC和索尼等其他科技巨头也在借助虚拟现实头显向虚拟现实领域进军。

知识链接

脸书（Facebook）公司创立于2004年2月4日，拥有世界排名领先的照片分享站点，总部位于美国加利福尼亚州门洛帕克，创始人为马克·扎克伯格（Mark Zuckerberg）。2021年10月28日，Facebook首席执行官马克·扎克伯格在Facebook Connect大会上宣布，Facebook将更名为"Meta"，这来源于"元宇宙"（Metaverse）一词，意思是包涵万物、无所不联。Facebook坚定地希望甩掉问世以来就牢牢被贴在身上的标签——社交媒体，要跳出发家领域社交媒体的"舒适圈"，着力开拓元宇宙。

我参观了这家位于旧金山市马林县湾的初创公司，也亲身体验了他们新开发的VR体育游戏。办公场所按照房间比例配置，房间基本是空空荡荡只在房间一个不起眼的角落里有一台计算机连接着从天花板上掉下来的电源线。

房间里大部分是一个透明封闭的正方形区域，是虚拟现实玩家自由移动的竞技场。我戴上虚拟现实耳机，进入了虚拟的场景，看到了一个虚拟的乒乓球桌和一个虚拟的对手。

一个乒乓球拍魔幻地出现在我的手上（实际上是我握着的控制器），当我挥手时乒乓球拍也跟着移动。突然，飞来一个乒乓球，我和虚拟对手的比赛开始了！在接下来的几分钟里，我全神贯注于虚拟的乒乓球比赛。计算机系统的响应性及其底层物理引擎非常好，感觉就像我的球拍击中乒乓球，使得乒乓球沿自然弧线弹离乒乓球桌，并飞向对手。我迷失在幻觉中，以至于比赛结束时我不由自主地把"球拍"放在"球桌"上，像我经历一场真实的乒乓球比赛后那样，试图倚靠在球桌上。

当然，房间里既没有乒乓球拍，也没有乒乓球桌。我手中的控制器掉落至地板上，当我试图倚靠在那张现实中并不存在的乒乓球桌时，我差点摔倒。就在那一刻，我忽然意识到虚拟现实已经实现了那种可以愚弄人类思维的沉浸感。

研究表明，大脑对虚拟环境感知刺激的反应方式跟大脑对物理环境中真实刺激的反应方式一模一样。举个例子，如果你有恐高症，当你站在一栋高层建筑的楼顶时，你会自然而然地产生类似的生理反应。基于这一原理，许多公司将虚拟现实作为一种恐高症或蜘蛛恐惧症等的有效治疗手段。所有这些场景都可以在虚拟现实中安全地模拟出来。

我多次提到的虚拟乒乓球比赛体验是让我对沉浸式模拟产生好奇的几种虚拟现实体验之一。这一年晚些时候，当我戴上了另一个虚拟现实耳机，发现自己身处一个虚拟洞穴中，站在一个非常陡峭的悬崖边的一块凸出的石头上，下面是一个看起来像电影《指环王》（*The Lord of the Rings*）中莫里亚矿井的无底深渊。尽管我知道自己并不是真的身处洞穴中，也不会有任何危险，但我不由自主地产生害怕的感觉，身体不由自主地向后挪了两步，生怕自己掉下漆黑的无底深渊。

这些经历让我想知道，建立一个与物理现实无法区分的世界需要什么样的条件，以及实现这一目标还需多久。

在《模拟猜想》一书中，我罗列了各个阶段的技术路线图：从简单的电子游戏开始，到《黑客帝国》那样令人信服的、完全沉浸式的虚拟世界模拟。这将把我们带到未来的一个理论点，我姑且称之为模拟元点（simulation point）。

我推断模拟元点离我们并不遥远。令我惊讶的是，牛津大学哲学家尼克·博斯特罗姆（Nick Bostrom）在 2003 年的论文《你生活在计算机模拟中吗？》（*Are You Living in a Computer Simulation?*）中提出了一个有名的论点：如果任何一种技术文明曾经到达过模拟元点，那可以肯定的是，我们自己也生活在模拟世界中。尽管这乍一看很荒诞，但随着时间的推移，这一说法获得了越来越多的支持，

第一部分
听起来像科幻小说

本书第 3 章将深入探讨这个话题。事实证明,博斯特罗姆并不是第一个告诉我们,我们周围的世界可能并不真实的哲学家。第 3 章还将深入探讨其中的一些问题。

知识链接

尼克·博斯特罗姆(Nick Bostrom),瑞典哲学家,牛津大学人类未来研究院主任,Eugene R. Gannon 奖获得者。被《外交政策》(Foreign Policy)杂志评为"全球 100 位思想家"之一,他也是 TED 演讲人。

他著有约 200 种出版物,包括《人择偏差》《全球灾难危机》《人类提升》《超级智能:途径、危险与战略》。研究领域包括生存危机、模拟论点、人择理论(发展第一个观察选择效应的数学理论)、未来科技的影响、结果主义对全球战略的意义。

图片来源:网络

毋庸置疑,物理学家们让我们更加确信,我们周围的世界是一个物理构造。然而更令我惊讶的是,当探索物理学世界中的一些大谜团时,就会发现如果我们生活在模拟现实而不是纯粹的物理现实中,这些奥秘可能更容易理解。实际上,我发现许多著名的物理学家早已得出结论——物理世界不是由物质组成,而是由信息组成,这就是我创作《模拟猜想》的基础。

此外,从计算机科学、物理学和哲学转到宗教领域后,我意识到这并不是某一种宗教的核心观念,而是包括佛教和印度教等东方宗教,以及犹太教、基督教和伊斯兰教等西方宗教在内的所有宗教的核心观念。

当我写完《模拟猜想》一书,并从各个角度深度探讨了这个说法后,我很满意自己已经钻入"兔子洞",并准备在硅谷和学术界重新开始我的职业生涯。

那段时间,我经历了几次意料之外的交谈,谈话内容再次启发了我,让我重新思考"兔子洞"的广度和深度。启示让我深信不疑,如果某个计算机系统可以模拟一条时间线,那么毫无疑问也可以模拟出多条时间线;每次模拟的时间线基本上都是计算机系统不同的运行模拟,只是改变了某些变量而已。这带我走入一条蜿蜒且风景优美的好奇之路,从谷歌广场到著名科幻作家菲利普·K.迪克的思想并进入量子世界,最终确定了本书的核心思想:**我们生活在一个模拟多元宇宙中。**

谷歌广场附近

在出版《**模拟猜想**》(The Simulation Hypothesis,2019出版)一书后不久,我受邀到谷歌公司发表了一场有关模拟理论的演讲,题目也为《模拟猜想》。此后不久,我又偶然邂逅了多年前在波士顿共事的老同事、麻省理工学院的校友布鲁斯(Bruce)。此时他刚刚加入谷歌公司,正在硅谷游览谷歌广场。谷歌公司奇特的建筑群不仅仅是世界上最大的公司总部之一,而且就在通往我所居住的美国加利福尼亚州山景城的路上。

布鲁斯长得很强壮,戴着厚厚的眼镜,头脑敏锐但又接地气。他和我坐在卡斯特罗街的一家咖啡店外面。卡斯特罗街位于山景城的中心,是旧金山湾下面的一个古色古香的小镇,拥有欧洲建筑的风格,加上美国加利福尼亚当地充沛的阳光,风景更是美不胜收。作为计算机科学家,我们几乎无视了赋名"硅谷"之地西面圣克拉丽塔山脉和东面弗里蒙特山脉的美丽景观,立即开始了一场思想碰撞。

布鲁斯听说过我的《模拟猜想》一书,因而自然而然地开始讨论我们周围的物理世界是某种模拟计算机现实的启示和意义。尽管我们最初探讨的是产生和运行这种超现实模拟所涉及的计算类型,但布鲁斯却突然告诉我,他目前在阅读和学习有关曼德拉效应的文章,建议我关注和进一步研究。

多年前,我听说过曼德拉效应,那是因为有人曾提及纳尔逊·曼德拉(Nelson Mandela)于20世纪80年代死于狱中之事。像大多数人一样,曼德拉效应并没有引起我的足够关注,我甚至把它看作为一种边缘的理论;由于曼德拉实际上是在多年后才去世,因而我为自己辩解说是记忆错误。

布鲁斯提出模拟猜想实际上是对曼德拉效应之类事件的最佳解释。这激发了我的好奇心,尤其是在我看来他不是那种酷爱关注像曼德拉效应之类深奥理论的学者。我觉得让我关注曼德拉效应的人,通常要么是在和我讨论科幻小说,要么是深入探索超自然世界,将其与主流科学经常漠视的如不明飞行物(UFO)、幽灵和大脚怪(Bigfoot)等话题一并提起。

第一部分
听起来像科幻小说

知识链接

- 不明飞行物，也称飞碟（Unidentified Flying Object，UFO）。UFO 在欧洲古代的《以西结书》中有记载，而在中国古代，UFO 又叫作星槎。清朝画家吴有如的《赤焰腾空》作于 1892 年（光绪十八年），所画景象发生在南京秦淮河上的朱雀桥，是我国最早一幅关于 UFO 的图画。

- 大脚怪，传说中的怪兽，一般指野人，通常指一种未被证实存在的高等灵长目动物，能够直立行走，比猿类高等，具有一定的智能。关于野人的传说和故事，常常见于民间传说和娱乐杂志，国内外都有野人的故事，比如中国的神农架野人传说，北美洲的"大脚怪"等。但迄今为止，尚没有可靠证据证明其存在，证据多见于"目击"。

图片来源：网络

我对布鲁斯说，我会认真学习曼德拉效应。但布鲁斯却一本正经地警告我必须小心，"兔子洞"很深，而我很可能会掉进去。

布鲁斯是对的，为了研究曼德拉效应，我开始在各种线上论坛查找相关资料。在学习消化了曼德拉效应的相关知识，了解了主流社会科学家忽视曼德拉效应，并将其视为大规模错误记忆的各种解释后，我开始与一些思想更开放的科学家们一起探讨，试图从中找到涉及时间、空间和模拟，特别是量子物理中多条时间线说法的信息。科学家们则直接告诉我：如果我们认真对待量子力学的发现，则会感觉过去并不是我们所想象的那样。

在与他历经多次的讨论后，我更加确信如果我们生活在模拟现实中，那么多条时间线根本就不是一个疯狂的想法。事实上，模拟现实使量子物理中的一些令人困惑的发现变得更加容易理解，而这正是我在《模拟猜想》中所叙述的关于我们生活在模拟现实中思想的精髓所在。实际上，相比单一物理宇宙中单一固定时间线的宇宙观，模拟宇宙中多条时间线的思想可以更好地诠释量子物理中的诸多谜团。

只有当我们坚持宇宙是一个仅仅拥有单一过去、单一未来、完全确定的唯物主义模型时，量子物理中许多令人困惑的问题才会令人困惑。如果宇宙实际上由存储、处理、复制，以及最重要的，渲染成我们周围所见的物理世界的信息组成，那么观察者效应（observer effect）、概率波的坍缩，甚至平行宇宙（parallel universes）都会更加容易理解。

本书探索了模拟多元宇宙的可能性，其中除了我们所经历体验的主时间线外，还可能存在其他时间线（并且可能继续存在）。我们将通过科幻小说、硬科学和古老的传说来探索这个宛如天方夜谭的观点。

知识链接

观察者效应，广义上指我们几乎没办法不影响我们观察的事物——只不过是程度高低不同而已。观察者效应和量子不确定原理并不相同，前者重点在"观察"，后者重点在"测量"。

平行宇宙是指从某个宇宙中分离出来，与原宇宙平行存在的既相似又不同的其他宇宙。这一概念由休·埃弗雷斯特三世（Hugh Everett）于1957年首先提出。

硬科学（hard science）是自然科学与技术科学两大系统学科与其交叉学科的统称，研究内容包括数学、物理学、化学、天文学、地理学、生物科学以及技术工程等学科。

从我们的日常经验和经典物理学的角度来看，这个观点在逻辑上似乎不通。但如果从一个模拟世界的角度来思考，就会恍然大悟，从多个过去扩转到多个未来的多条时间线的思想似乎就不足为奇了。

菲利普·K.迪克的怪诞思想

如果你感觉这一切像科幻小说，特别是与著名作家菲利普·K.迪克的大作更吻合，那么咱们英雄所见略同，感觉完全一样。迪克是20世纪少有的高产科幻

第一部分
听起来像科幻小说

小说作家之一。事实上,与布鲁斯的对话以及后来针对这个话题的探讨,恍惚间让我一次又一次地回忆起与迪克遗孀泰莎·B.迪克(Tessa B. Dick)的对话中。

我之所以要访谈她,是因为《黑客帝国》的创作者瓦乔夫斯基(Wachowskis)声称其创作灵感源于菲利普·K.迪克。而且我也听迪克说过一句话:"我们生活在计算机编程的现实中",这是他在1977年法国梅斯举行的科幻小说大会上的名言。由于他是现代首次公开谈论这个观点的人之一,我希望她能告诉我是什么原因让迪克认为我们生活在虚拟现实中。

迪克的大量工作聚焦两个重大问题:与非人类或者电影《银翼杀手》(*Blade Runner*)中的复制人相比,人类意味着什么?我们的经历有多少是真实的?当我研究模拟猜想时,关于"何为真实、何为虚幻"的第二个问题已经掘洞钻入我的大脑中。

知识链接

《银翼杀手》是雷德利·斯科特执导的动作科幻电影,由哈里森·福特、肖恩·杨、鲁特格尔·哈尔等主演,以2019年的洛杉矶为背景,描写一群与人类具有完全相同智能和感觉的复制人,冒险骑劫太空船回到地球,想在其机械能量即将耗尽之前寻求长存的方法。这部电影1982年6月在美国上映,改编自迪克1968年创作的科幻小说《仿生人会梦见电子羊吗?》(*Do Androids Dream of Electronic Sheep*?),小说中提出一个疑问:当仿生人无限逼近人类,人究竟何以为人?中文版2017年由许东华译,译林出版社出版,小说堪称科幻片史上的标杆。

图片来源:海报

最初,我和许多流行文化消费者一样,仅仅通过观看改编迪克小说作品的电视剧或电影才知晓他。除了《银翼杀手》,我喜欢的还有《宇宙威龙》(*Total Recall*)、《少数派报告》(*Minority Report*)和电视连续剧《高堡奇人》(*The Man in the High Castle*),该剧改编自他1960年的雨果获奖小说。在我拜访泰莎时,电视剧《高堡奇人》仍在播放。

模拟多元宇宙

知识链接

《宇宙威龙》是 1990 年上映的由保罗·范霍文执导，阿诺德·施瓦辛格、莎朗·斯通等主演的科幻动作片。影片改编自著名科幻小说家菲利普·K.迪克的同名小说。这部电影讲述了一个美国政府特工丧失了记忆，经过一系列刺激才找回了自我，在与敌人的斗争中找回自己的记忆，并打败妄图统治火星的恶势力的故事。

图片来源：海报

《少数派报告》是一部改编自菲利普·K.迪克的同名短篇小说的科幻悬疑电影，2002 年 6 月 21 日在美国首映。2015 年推出电视剧版《少数派报告》。

电影讲述了 2054 年的华盛顿特区，谋杀已经消失了。未来是可以预知的，而罪犯在实施犯罪前就已受到了惩罚。司法部内的专职精英们——预防犯罪小组负责破译所有犯罪的证据（细节、时间、地点等），而这些证据都由"预测人"负责解析。他们是三个超人，在预测谋杀想象方面还从未失过手。

知识链接

《高堡奇人》，又译《高城堡中的人》，是迪克代表作之一，荣获雨果奖最佳长篇小说。小说以中国古代哲学书《易经》牵引情节，讲述了一种反转过来的"历史"——同盟国在第二次世界大战中战败，美国被德国和日本分割霸占。集权政治与东方哲学相互碰撞，探讨了正义与非正义，文化自卑与身份认同，以及法西斯独裁和种族歧视给人类社会造成的后果。2015 年亚马逊将这部小说改编成电视剧《高堡奇人》，引发了观众和读者的热议。

图片来源：海报

泰莎首先问我本人是否看过迪克在梅斯科幻节上的整个演讲，而不仅仅是她逐字逐句重复的那句名言：

第一部分
听起来像科幻小说

"我们生活在一个计算机编程的现实中,唯一的线索是当某些变量发生改变时,现实也将发生一些改变。[①]"

如果能在网上找到整个菲利普演讲的全文,我建议研读它。与泰莎的对话,以及后来拜读菲利普演讲报告《如果你认为这个世界很糟糕,你应该去看看其他的世界》,最终成为我撰写《模拟猜想》一书中多次引用的一个有趣旁白[②]。当时,我最感兴趣的是他演讲的第一部分:在计算机编程的现实中,通过一种丰富多彩的方式进入科幻迷的话题。说实话,我并没有过多关注其演讲的第二部分和其余部分;而在这些部分,迪克似乎讲述了一些更为离奇的内容。

在与布鲁斯交谈之后我对曼德拉效应开展初步调研,我兴致勃勃地回顾了迪克的演讲,仔细回忆了之前与泰莎的对话,并从不同角度,全方位重新评估了迪克所讲的内容。

我意识到迪克的想法远比我最初认识的要深入得多。针对时间和宇宙的运行问题,迪克提出了一个既合乎逻辑,又有点推测性的观点。迪克名言的第二部分:"……我们唯一的线索是当某些变量发生变化时,我们的现实世界也随之发生了一些改变。"也许,这才是揭开迪克其他思想的更重要的一句话。这不仅意味着我们生活在模拟现实世界中,而且我们可以生活和工作在多条时间线上。我意识到,这才是迪克梅斯科幻节演讲的精髓所在。

《高堡奇人》和平行时间线

与泰莎的交谈让我大吃一惊。她告诉我,迪克声称他记得平行时间线,这与我们称之为共识记忆的时间线有着不同的历史。据她和迪克本人所说,迪克声称他最受欢迎的小说——《高堡奇人》不仅仅是基于他的想象,而是基于他在另一

---

① 这句名言是迪克在梅斯科幻节上的即兴演讲,可在其演讲视频中听到,但在迪克的任何作品中却找不到其文字记录。过去的十年里,这句话成为那些对模拟理论和质疑现实感兴趣的人的试金石,甚至进入流行歌曲的歌词中(如 Maxthor 的 *Another World*),2021 年上映的电影大片《矩阵故障》(*Glitch in the Matrix*)也引用了这句名言。

② 节选自我与泰莎的对话中一段,可在我的博客或网站 https://simulateduniverse.podbean.com 上查找"The Simulated Universe with Riz Virk"。

条时间线上的真实"残存记忆"。

《高堡奇人》一直被认为是科幻小说界的瑰宝，2015年由亚马逊改编并搬上荧幕，成为公众现在最熟悉的、也是迪克唯一一部雨果获奖小说。小说发生在平行时间线上，轴心国（纳粹德国和日本）赢得了第二次世界大战，并将美国分裂成两个国家。迪克声称这是他有关一个残暴军事国家的记忆之一。

而在迪克自传色彩的小说《高堡奇人》中，故事情节却发生了改变：书中一个名叫霍桑·阿本森（Hawthorne Abendsen）的人物创作了一本关于平行时间线的书，在这条时间线上，盟军赢得了战争，美国并没有被纳粹德国和日本所瓜分。从本质上说，迪克让我们无意间瞥见了平行时间线。阿本森在书中的小说《蝗虫成灾》（The Grasshopper Lies Heavy）描述了平行时间线的居民世界——我们的时间线。亚马逊将这部文学作品改编成了一系列神秘的电影，而这些电影分别源自其他时间线的新闻短片，同时也让电影中的演员和观众都经历了一场更加毛骨悚然的体验。

知识链接

《蝗虫成灾》，又译《蚂蚱撒大谎》，书名源自《圣经》第十二章第五句"人怕高处，路上有惊慌；杏树开花，蚱蜢成为重担；人所愿的也都废掉；因为人归他永远的家，吊丧的在街上往来"。

虽然科幻小说作家认为其作品就是自己人生经历的呈现并不罕见，但迪克走得更远[1]。迪克和泰莎说了很多事情，远远不只此。迪克在梅斯科幻大会演讲中承认，他一直痴迷于美国事件的某个黑暗版本，而且实际上他还记得这条时间线的片段：

我们当中是否有人模糊地记得……尤其是噩梦中，梦到一个充满奴役的邪恶世界，到处是监狱、狱卒和无处不在的警察？

我有！

我将那些噩梦写进了一本又一本的小说中、一个又一个的故事里；这里说两本将"先前丑陋的当下"刻画得最清晰的作品，一本是《高堡奇人》，另一本是

---

[1] 法国作家、剧作家和导演伊曼纽尔·卡雷尔（Emmanuel Carrère）2004年专门写了一本书《我活着，你却死了：菲利普·K.迪克的心灵之旅》(I Am Alive and You Are Dead: A Journey into the Mind of Philip K. Dick)，深入剖析了迪克第一部重要的文学作品《高堡奇人》的创作内容和过程。

第一部分
听起来像科幻小说

《流吧！我的眼泪》。

我非常坦率地告诉你：我写的这两本小说都是基于这样一个恐怖的蓄奴制国家的残留记忆。

直到 1974 年，迪克开始说他只有这些残存的记忆。也就是在那一年，迪克声称一系列经历使他更加确信他不是在编造虚构的故事。也就是在那段时间里，他声称他在其他时间线的所有记忆如潮水一般涌来。

根据迪克的说法，这类似于希腊人所说的前世记忆，即前世记忆的恢复，虽然更直接的说法是"遗忘的丧失"。根据希腊人的说法，遗忘的状态是在人投胎（即出生）时穿越遗忘之河——Lethe 河所致。在梅斯的演讲中，迪克继续讲述这一过程的含义：

知识链接

Lethe 是希腊神话中的一条河流，Lethe 被译为"忘却之河"或"遗忘之河"，它极其神秘，是冥府中五条河流之一。亡魂须饮此河之水以忘掉人间事。

具有讽刺意味的是：自己所谓的想象力作品《高堡奇人》并不是虚构的，或者说只是现在的小说，感谢上帝。但是存在另一个世界——一个以前的现在：在那个世界中，特定的时间轨道实现了，但由于以前某个日期的干预而抹除了……而我却还保留着另一个世界的记忆。

迪克还说，描述另一个世界的故事有助于他回忆黑暗的残存记忆。迪克说在前世记忆恢复后，他不再需要撰写那些黑暗的其他时间线中所记忆的故事情节。最终，那些记忆"像做梦者醒来时的梦一样"渐渐消失了。

曾经的现在和来自母体的数据错误

我们该如何理解迪克关于"曾经的现在"（previous present）这一想法？是应该认真对待它们，还是将它们仅仅看作一个富有想象力的头脑漫无边际地胡扯？

迪克可能预见到梅斯科幻大会参会者们错愕的表情（视频剪辑中清晰可见），

模拟多元宇宙

故而在演讲中加了一条免责声明：

你可以自由地选择相信我，或不相信我，但请相信我的话，我不是在开玩笑；这是一件非常严肃而又非常重要的事情……常常有人声称记得前世的某些生活点滴，而我却声称我记得一个迥然不同于现在的生活。以前可能没有人这样说过，但我确信我的经历绝非唯一，也许唯一的是我愿意谈论这段经历。

迪克所认为的平行时间线是如何形成的？这可以追溯到他那句名言的第二部分。根据迪克的说法，这一切都是源于改变变量和再次运行事件，让我们不得不再次"重温"相同的事件。

现实可以改变的想法部分成为他的小说《规划小组》（The Adjustment Team）创作灵感，故事的主人公偶然邂逅了一群管理调整现实的人。据此，2012 年（译者注：应为 2011 年）被改编成电影《命运规划局》（The Adjustment Bureau），这群人被刻画得有点像天使（尽管迪克的原版小说中并没有提这）。

知识链接

《命运规划局》是乔治·诺非执导的科幻悬疑片，根据菲利普·K. 迪克的短篇小说《规划小组》改编，由马特·达蒙、艾米莉·布朗特主演，于 2011 年 3 月 4 日在美国正式上映。影片讲述了一对情侣如何摆脱既定命运、追求幸福的故事。

图片来源：海报

泰莎告诉我，迪克写这个故事源于他有一次走进浴室，清楚地记得房间里有盏灯，而那盏灯是通过拉动链子开关控制着灯的亮灭[①]。但是那根链子消失不见了，取而代之的是一个电灯开关。他想知道是否有人或什么东西正在改变现实，而他对链子控制房间灯开关的记忆来自另一个不同版本的替代现在——这仅仅是许多微小变化中的一个小细节，由前一个过去的调整改变所致，并连锁反应到当

---

① 实际上，泰莎说迪克多次给她讲过这个故事，但她也记不清究竟迪克说的是链条灯还是链条控制开关的灯。她还暗示，迪克本人每次给她讲述这个故事时情节可能略有不同。

第一部分
听起来像科幻小说

前的现在?

名言后面的几句话也很有启发性,重点强调了他思想中这些微小变化的核心作用:

我们有一种极其强烈的感觉,那就是我们正以完全相同的方式生活在似曾相识的现在:听到同样的话,说着同样的话。我认为这些难以抗拒的感觉绝不是无中生有,而是有意义的。甚至可以这样说:这样的感觉是一个线索,在过去的某个时间点,某个变量的改变触发了现实世界重新编程运行;正因为如此,分岔诞生了另一个现实世界。

在他的演讲中,重现一个特定的场景或体验,但变量已发生改变的想法正是他所描绘的世界观的根本特征。对我来说,这种似曾相识的感觉是现实世界变化特征的线索的思想非常熟悉。

事实上,与他的讨论让我有一种莫名其妙而又似曾相识的感觉。据此,我写了一本书《寻宝:跟随内心寻找真正的成功》(*Treasure Hunt: Follow Your Inner Clues to Find True Success*),讲述那些离经叛道之事——似曾相识、"共时性"、或奇异的感觉;我使用了同一术语将其称为"线索",也许是为了在平行的时间线上或未来的现实世界中交替体验可能不一样的自我。我甚至认为这些线索是一种现实版"来自母体的数据错误"(glitches in the matrix),该说法来自1999年的电影《黑客帝国》,但现在通常用于无法解释、无关紧要,而又奇葩无比的经历。

知识链接

《寻宝:跟随内心寻找真正的成功》,为本书作者2017年出版的著作,向读者展示了如何以全新的角度基于量子物理学的最新思想诠释工作和成就感,以及如何从工作追求中获得最大收益。

共时性是指两个或多个毫无因果关系的事件同时发生,其间似隐含某种联系的现象。通常是对神秘现象的一种解释,指"有意义的巧合"。如你在想自己的朋友,朋友就来了;或你梦见一些事,后来就听说就在你做梦的同时就发生了这些事情等。

正在改变的时间线和程序员？

仅从字面上来看，迪克在演讲中抛出了许多问题。如果事情正在改变，是谁或是什么在改变它们？为什么要改变它们？那些旧版本的现实世界现在发生了什么？如果有，那么这些平行的现实世界如何与我们当前时间线的世界实现互动？简而言之，这就是本书的主题。

听起来像是出自迪克的某一本小说，泰莎曾告诉我，迪克声称他与那些告诉他正在改变时间线的人保持着某种联系。他们可以观看电脑编程的现实，倒片返回到某一时刻，而且可以改变某些变量，从而重新演示新的现实。这听起来与我们在创建和观看计算机模拟时所做的工作相似，虽然"模拟"一词在那个时代还没有出现，而且电子游戏还处于起步阶段，但是模拟思想的雏形已经出现。

事实上，这些人就像迪克虚构的"命运调整团队"，即我们认为的超人，他们可以让我们基于不同的变量和参数重新体验不同的现实世界。在模拟世界中，称这些有能力操纵模拟的人为程序员或超级用户。事实上，迪克自己在梅斯演讲中使用了"程序员"（programmer）和"反程序员"（counter-programmer）两个术语，这意味着一个或更多个超人在改变现实变量，就好像他们在与我们所生活的宇宙世界中下棋一样。

泰莎为我呈现了另一个迪克坚信的存在不同时间线的例子，这个例子迪克并没有在梅斯大会的演讲中介绍：肯尼迪总统的遇刺。据泰莎说，迪克告诉她，有人修改了时间线，不仅是1963年在达拉斯（Dallas），而且还在其他地方，试图阻止肯尼迪遇刺。在某条平行时间线中，总统肯尼迪是在另一个地方（如奥兰多（Orlando））被暗杀，所以他们的干预是徒劳的。在其他时间线上，虽然他没有被暗杀；但在那条时间线上，进入了一个比我们的时间线更糟糕的现实世界（在某些情况下，会发生一场核战），所以不得不返回至我们所处时间线的世界。

第一部分
听起来像科幻小说

知识链接

故事情节与美国畅销书作家史蒂芬·金（Stephen King）时间旅行小说《11/22/63》中的一个结局相同。《11/22/63》于 2016 年被改编成电视剧上映，讲述了 1963 年 11 月 22 日，美国得克萨斯州达拉斯市响起三声枪响，总统肯尼迪遇刺身亡，世界随之改变。如果你能改变历史，一切将会怎样？

图片来源：海报

至少在迪克看来，运行不同的时间线似乎有一个特别的原因，那就是以某种方式让模拟结果更好。

正交时间与线性时间

迪克本人并没有对这一切运作的原理给出一个明确的解释，但他确实呈现了一个高深莫测的理论。将整个事件描述为"横向排列的世界中，多个部分重叠的地球上，人们可以沿其连接的时间线以某种方式移动"。

《高堡奇人》中的一个人物——作家阿本德森（Abendsen），在其作品中体验了一回另一个世界：他的角色是贸易部长，名为田上信介（Tagomi），实际上他也能够闯入另一条时间线（如我们的时间线）。在电视连续剧《高堡奇人》中，纳粹将这一平行时间线称为"新世界"、"平行世界"或"世界之外的世界"。

迪克将他的这种理论称为正交时间（orthogonal time）。在计算机编程的现实中，不仅有我们通常所说的线性时间，而且还有垂直（或正交）的时间，但它却存在于模拟之外。在我访谈泰莎时，她提到了"正交时间"，但我当时并没有过多地关注和探讨，所以后来当我再次研读迪克的演讲时，我重新审视了他的解释。

对多元伪世界的痴迷，让我无法给出理性或感性的解释。但现在，我想我有点明白了。我体验到的是从部分实现的现实多样性，突然"穿越"并切换到最真实的现实世界，也就是我们大多数人所共同切身感受到的现实世界。

那这些横向世界又是什么样子呢？

迪克用衣柜作比喻。衣柜里西装或衬衫一件紧挨着一件排列；衣柜外面的人可以任意选择一件衣服试穿，然后换一件衣服试穿，看看哪件衣服最合身。程序员也是这么做的：他们不断地修改某些变量和参数，直至获得理想的结果。为什么呢？因为在迪克看来，只有像选衣服那样精挑细选，像工匠那样精雕细刻才能创造一个更美好的世界。这就是为什么我们今天所记得的世界比他记忆和小说中所描绘的一些世界要好。

如果这种想法只能被当作是一个稀奇古怪的科幻小说作家的酒后狂言而被否定（有些人曾尝试过这样做），那么它就是事实。但促使我将菲利普·K.迪克的观点作为本书中心思想的原因，是我发现其他人的说法各异，包括受人尊敬的科学家（物理学家的说法当然更正式！）。由多条平行时间线或多个平行世界组成的集合现在被非正式地称为多元宇宙（multiverse）。

历经十年考验的多元宇宙

往往伴随着新想法的通俗小说如雨后春笋般涌现，公众也会因为新的科学发现而倍感自豪。20世纪时间旅行和太阳系外行星题材的小说都是如此；21世纪，多元宇宙的概念也正在融入流行的科普小说中。

例如，第一本现代的时间旅行小说是《时间机器》(*The Time Machine*)，由英国作家赫伯特·乔治·威尔斯（Herbert George Wells）于1895年工业革命鼎盛时期撰写。威尔斯的时间旅行者即使不是第一个，至少也是第一批使用机器穿梭时间的人之一，这并非偶然。在机器意识进入公众观念之前，尽管偶尔有一些作品的角色最终神奇地进入新的时间线的现实（想一想马克·吐温的《康州美国佬大闹亚瑟王朝》），但都没有涉及时间机器的话题。

在20世纪，超级英雄故事新型小说的出现完美地证明了这一趋势。为了解释他们的超人能力，超级英雄通常被描绘成来自其他星球的生物。最著名的例子是从氪星来到地球的超人。在一定程度上，这折射出随着人类对太阳系和星系的知识了解的不断加深，公众的认知水平也在不断提升。我想说的是超人的存在表

第一部分
听起来像科幻小说

明系外行星至少已经经历了 10 年的考验,甚至 10 岁的孩子也对宇宙略知一二,绝不会认为超人来自另一个星球的说法是荒谬的。

知识链接

《时间机器》是科幻小说中的奠基性作品,开创了时间旅行题材的先河。借助小说中的时间机器,带领读者进入了数十万年后的未来乃至地球的末日,此后关于"第四维"的概念及"时间旅行"题材被人们广泛认知。

作者赫伯特·乔治·威尔斯(1866—1946),英国科幻小说的奠基人,被誉为"科幻界的莎士比亚",与法国科幻作家凡尔纳并称为"科幻小说之父"。代表作有《时间机器》《隐身人》《星际战争》等。

《康州美国佬大闹亚瑟王朝》(A Connecticut Yankee in King Arthur's Court)是美国文学之父马克·吐温重要的作品之一,也是史上第一本穿越小说。故事讲述了身为现代人的美国佬穿越时空隧道,从 19 世纪来到 6 世纪圆桌骑士时代的亚瑟王朝,闹出许多风波和笑话。美国佬用现代科技战胜了众骑士,并要改造英国,使之迅速进入现代化。

马克·吐温(Mark Twain,1835—1910),美国幽默大师、小说家、作家,也是著名演说家,19 世纪后期美国现实主义文学的杰出代表。主要代表作品有《汤姆·索亚历险记》《哈克贝利·费恩历险记》《王子与贫儿》《百万英镑》。

到了 21 世纪,超级英雄来自另一个星球的说法不再新奇,甚至变得有点迂腐、陈旧甚至无聊。如今,超级英雄小说的创作者们正在吸纳科学界关于宇宙的新观点。因而,我们遇到的超级英雄不仅来自我们物理宇宙的其他行星,还来自宇宙的其他星球。当然每个星球都有属于自己不同的时间线。

虽然平行宇宙在科幻小说中并不完全是一种新颖的说法,但这个说法直到本世纪才真正为大众所接受并流行起来,从它以优异的成绩通过十年的考验得到了证明,这要归功于 DC 漫画中有关超级英雄的电视节目。

具有代表性的电视剧如《闪电侠》(The Flash)、《绿箭侠》(Arrow)、《超级少女》(Supergirl)等都涉及多元宇宙。这些都是从我那些不到 10 岁的侄子们的口中得知的非常详细地向我解释了多元宇宙的概念。解释时间旅行如何创造多条时间线;Earth-32 超人和 Earth-16 超人有何不同。在他们眼中,我可能是对多元

模拟多元宇宙

宇宙一无所知的"老家伙",他们觉得有责任用他们最喜欢的超级英雄那些最简单的术语让我明白何谓多元宇宙!

知识链接

《超级少女》,又译《女超人》是由华纳兄弟出品,改编自DC漫画的美国超级英雄题材科幻电视剧。第一季于2015年10月26日在美国CBS电视台首播,截止到2021年底已经播出了六季。讲述在氪星毁灭之际,作为星球的希望卡拉·佐-艾尔被父母送到地球,在养父母的培育下逐渐发掘自己的能力,成为一名超级英雄对抗邪恶的故事。

图片来源:海报

多元宇宙图和核心循环

现在,多元宇宙的概念在物理学界无人不知、无人不晓。物理学家不仅诠释了多元宇宙的概念,而且发展出了多种类型的多元宇宙。考虑到之前对模拟理论的研究,我最感兴趣的是量子物理的多世界诠释(many-worlds interpretation,MWI),也就是平行宇宙理论,或简称量子多元宇宙(quantum multiverse)。多世界诠释是许多物理学家针对神秘的量子不确定性现象,而提出的一个著名解释。在多世界诠释中,每次量子测量时宇宙都会产生新的分支,最终产生了几乎无限多个平行宇宙,而这些平行宇宙又在某种程度上拥有重叠的历史。

如果你将其设计成一幅图,这将成为本书将要探讨的主要模型之一的基石,我喜欢称之为多元宇宙图(multiverse graph)。简而言之,它是一幅宇宙不同状态、不同时间线的地图。

当然,作为一名计算机科学家,认为我们将创造分岔出无限多个物理宇宙的观点听起来有些荒谬,因为物理宇宙的数量一直在增长,致使计算机的处理和内存需求也在不断增长。更符合逻辑的解释是,这些分岔出来的宇宙将作为信息被存储起来,只有在需要时才被加载和呈现,我在《模拟猜想》一书中描述过这样的过程。

第一部分
听起来像科幻小说

计算机科学家处理无限树的另一种方法是沿路径修剪,删除那些不必要或不想要的路径,这些路径不再用于我们的后续计算。一般根据需要修剪无限树的树枝分叉,尝试运行不同的变量,获得不同的结果,继续执行直至获得最希望的结果。本书我们将与量子计算和量子并行一起探索这些概念。

这意味着宇宙不仅是一个计算设备,而且还在空间中、横跨时间创造出了一棵棵树状结构。从物种的进化到语言的演变,树状结构无处不在。在计算机科学中,树状结构实际上是存储任何类型的数据或节点集的最有效、最灵活的方法之一。

如何创建跨越时间的树状结构呢?在这里,我们将谈到本书的另一个核心模型,我喜欢称之为核心循环(core loop)。而在计算机科学中,循环是一段反复执行的代码。它可能每次都会做出不同的选择,存在不同的方法实现重复的算法;但或多或少,每次都会执行相同的逻辑,直到满足某个边界条件后循环才能终止,或者返回至另一个更高或更低一级循环运行(称为递归)。

从某种意义上说,本书要探讨的中心思想是:宇宙是一台运行着核心循环的计算机,不断衍生出可能的时间线,每一条时间线都是一条穿越多元宇宙图的路径。

未来,我们将走向何方?

正如本章前文所述,我们在本书中探讨的一些观点听起来像科幻小说。早在1977年,菲利普·K.迪克用自己的术语总结出了类似的结论,从某种程度上说,他的观点将作为本书深入探讨主题的蓝图。本书的参考文献不仅有科幻小说,还有模拟理论、信息理论、电子游戏、量子力学和量子计算等专业书籍。

最后,我们将提出一个模型。该模型不仅可以容纳多个现在和多个未来,还可以容纳多个可能的过去。像所有优秀的模型一样,我们在本书中探索的模型将会把一些无法解释的效应变成一个必然的结论,甚至诠释了像曼德拉效应之类的奇怪效应。

在本书第一部分的余下部分,我探讨的思想带有推测色彩,听起来像科幻小说。第2章介绍了曼德拉效应,并将其与第3章中的模拟猜想有机联系起来。第3章还概述了尼克·博斯特罗姆的模拟观点,并回顾我以前出版的科幻小说。

在第二部分，我们探讨有关时间、空间和多个平行宇宙的科学观点。第 4 章介绍物理学家们提出的不同类型的多元宇宙，第 5 章重点介绍量子力学的相关概念，第 6 章阐述我们讨论中最感兴趣的一种多元宇宙——量子多元宇宙。第 7 章深入探讨有关时间的科学观点，诠释相对论和量子力学中过去和未来与我们日常生活中所想象的区别。尽管这部分涉及的科学知识最多，而我们还是将以不采用方程的形式阐明所涉及的科学观点，并将其停留在概念的层面上，但这足以让你确信时间非常奇怪，根本不是它看起来的样子。

在第三部分，探讨数字多元宇宙。基于电子游戏、经典计算机科学的原理和技术，我们将探索简化的数字世界可能的样子。这些技术包括第 8 章的模拟世界（SimWorld）——一款非常简单的冒险游戏所创建的简单的"游戏状态"。第 9 章探讨元胞自动机，虽然这只是一种非常简单的图形化计算机程序，但可以展示其复杂的行为特性。最后，第 10 章从简单的计算结构开始，重点阐明宇宙实际上是如何计算的。计算过程中采用量子比特和量子并行，为多条时间线的演化方向提供了一个更丰富的平台。到目前为止，这是本书中涉及技术最多的部分，包括伪代码和逻辑门等概念，但你可以在每一章中只了解其核心概念，而无需过多地关注细节。

在第四部分，我们将重点介绍本书所涉及的两个核心模型，形象化地展示模拟多元宇宙工作的原理。第 11 章结合本书所介绍的各种概念，将多个平行宇宙表示为时间的树状结构。第 12 章诠释多元宇宙图中平行宇宙计算过程的导航原理。

最后，在第五部分，我们将会明白为什么要进行模拟以及这与本书的核心思想"我们不断地分支和合并宇宙"有何关系。第 13 章将汇集本书中的四个主要概念：平行宇宙、模拟猜想、量子计算和曼德拉效应。通过古老故事《小径分岔的花园》的新隐喻，抛出了类似模型的其他物理学家的观点，以及托马斯·坎贝尔（Thomas Campbell）、弗雷德·艾伦·沃尔夫（Fred Alan Wolf）和阿米特·哥斯瓦米（Amit Goswami）等物理学家的工作。第 14 章发出了拷问：如果世界真是这样，我们在哪里将失去控制？这对我们自己的生活意味着什么？要做到这一点，我们需要超越科学和技术，从一个完全不同的角度解释多元宇宙之外是什么？可能是许多宗教所告诉我们的精神层面的一部分吗？

如果你觉得我们已经到达了科学、科幻和荒诞之间的某个边界，或者像经

第一部分
听起来像科幻小说

典电视剧《阴阳魔界》(*The Twilight Zone*)曾经说的介于"科学和迷信之间的边界",那你来对地方了。欢迎你来到模拟多元宇宙世界!

知识链接

《阴阳魔界》,又译《暮光地带》,是乔·丹特、约翰·兰迪斯、乔治·米勒、史蒂文·斯皮尔伯格执导的恐怖片,丹·艾克罗伊德和阿尔伯特·布鲁克斯出演。影片于1983年6月24日上映,讲述了4位导演所拍摄的恐怖故事:

(1)某一天,种族歧视者比尔乘坐着时光旅行机回到了过去,可是在那里等着他的,却是被歧视和侮辱的可怕命运。

(2)没有人知道布鲁先生从哪里来,他又有着怎样的过去,人们只知道,这个神秘的男人拥有能够让人返老还童的奇妙魔力。

图片来源:海报

(3)海伦遇见了名叫安东尼的男孩,在他平凡的外表下面,隐藏了一个惊人又残酷的秘密。

(4)没有人相信神经兮兮的瓦伦汀的所言所语,因为他竟然声称一只巨大的怪兽出现在了半空中,将一架飞机撕成两半,然而他的话真的只是胡言乱语吗?

辅助阅读材料
《幻觉》和虚假的现实

菲利普·K.迪克经常为他的角色提供一个质疑现实的理由,其中一个最著名的例子来自他1959年出版的小说《幻觉》(*Time Out of Joint*)。该小说虽然并未被直接改编成电影,但与1998年的电影《楚门的世界》(*Truman Show*)有一些相似之处。书名来自莎士比亚的《哈姆雷特》,哈姆雷特王子意识到丹麦整个国家有点颠倒混乱:"这是一个礼崩乐坏的时代,唉!倒霉的我却要负起重整乾坤的责任。"

在迪克的小说中,我们遇到了拉格尔·古姆(Ragle Gumm),他生活在1959年另一个平行的现实世界中。古姆和她的妹妹及妹夫住在一个田园诗般的小镇上。古姆通过参加报纸上每天刊登的有奖竞猜谋生,竞猜游戏的名称为"小绿人下一次会在哪里着陆?"。

模拟多元宇宙

随着故事的发展，古姆所在的平静小区里发生了一件奇怪的事情，他起初认为这是幻觉。他无意间在一本杂志上阅读到了一篇文章，文章的主角是玛丽莲·梦露（Marilyn Monroe），但谁也没听说过她。突然，有一天他发现一个售卖软饮料的货亭消失不见了，取而代之的是一张写着"软饮料售货亭"的字条；他还捡到了一本破旧的电话簿，而上面的电话号码、交易所或城镇完全是子虚乌有。甚至有一次，他发现了隐藏在别人家里的一台收音机，无意间听到了军方飞行员的通话，他们提到了他的名字。这似乎有点奇怪，他甚至无意间听到一位邻居说："如果拉格尔·古姆神经重新正常了，我们该怎么办？"

古姆带着种种疑问暗中开始了调查，甚至想要逃离小镇，但命运似乎总跟他作对，让他每次都很难成行。在调查过程中，怪事接踵而来，甚至杂志封面上也出现了他的照片。

最终，古姆逃离了小镇，知道了事情的真相。那一年实际上是1998年，地球正与来自月球的殖民者进行一场星球大战，殖民者正向地球发动核打击。他所居住的田园诗般小镇的建筑，让他看起来像是1959年的建筑风格，这是一个自他童年有记忆起就一成不变的环境。事实证明，拉格尔·古姆有一种独特的能力，能够预测下一次核打击的地点。古姆无法承担这一重任，开始变得有些神经兮兮的，智商甚至退化到儿童水平。小说的结局充满希望，古姆重新恢复了理智，离开了1959年的人造世界，计划离开地球，开启他梦寐以求的太阳系探索之旅。

知识链接

《楚门的世界》由彼得·威尔执导，金·凯瑞、劳拉·琳妮、诺亚·艾默里奇、艾德·哈里斯等联袂主演。该片于1998年6月1日在美国上映，讲述了楚门是一档热门肥皂剧的主人公，他身边的所有事情都是虚假的，他的亲人和朋友全都是演员，但他本人却对此一无所知。最终，楚门不惜一切代价走出了这个虚拟的世界。

图片来源：海报

第 2 章

曼德拉效应

——真实的,还是公众的错觉?

在这一点上,我们需要的是定位一些人,将他们作为证据,这些人能够以某种方式,无论哪种方式……保留了不同于当下的记忆,保留了他们对潜伏的平行世界的印象,而这些记忆和印象明显不同于当下现实化阶段的世界。

——菲利普·K.迪克,1977 年梅斯科幻大会

纵然,菲利普·K.迪克也意识到模拟多元宇宙的思想:在计算机生成的现实中,横向世界正在不断分岔。由于这都是源于他自己的记忆,很难从科学上验证,故仅凭他一家之言难以令人信服。然而迪克也意识到,如果我们能找到其他人对自己不同的过去或平行现实有记忆的案例,这将意味着他们在不同的时间线中有记忆,从而让他的世界观更具说服力。

事实证明,这正是我的同事布鲁斯向我提及曼德拉效应的意义所在。在互联网时代出现之前,很难将众多可能对某些事情有不同记忆的人聚集在一起。曼德拉效应之所以如此受到吹捧,正是因为它能够快速地收集来自不同地点的人的记忆。

我创作本书的目的并不是为了证明或否定曼德拉效应;更确切地说,我是想利用曼德拉效应来阐述我们更伟大的思想:运行多条时间线的模拟多元宇宙,正在计算中不断分岔和合并时间线。事实证明,曼德拉效应是探讨"多个过去"思

模拟多元宇宙

想的一种鲜活方式,而这种多个过去我们都有可能经历。

什么是曼德拉效应?

曼德拉效应的名称源于20世纪80年代纳尔逊·曼德拉(Nelson Mandela)死于狱中的情景,实际上他获释后活了很多年。"曼德拉效应"一词最早是由博主菲安娜·布鲁姆(Fiona Broome)创造,当时她偶然邂逅了不少对过去未曾发生之事留有记忆的人,记忆内容五花八门:从曼德拉死于监狱到电影大片《星际迷航》中似乎不存在的情节。布鲁姆在她的博客网站上,收集了许多曼德拉效应的例子,很多人记得的事情与真实发生的情形迥然不同。

知识链接

曼德拉(1918—2013年)全名纳尔逊·罗利赫拉赫拉·曼德拉(Nelson Rolihlahla Mandela)。曼德拉1972年入狱,1990年出狱,一生中有27年被关押在罗本岛监狱,1994年当选南非总统。

纳尔逊·曼德拉这个名字非常有意思,其义为"自找麻烦的人"。曼德拉出生后,父亲送给他的第一份礼物便是这个名字,原因不得而知,但这个"自找麻烦的人",将所有的麻烦都自己揽了,而以宽容的心对待所有的人。曼德拉的宽容获得世人的无比尊重,获得包括诺贝尔和平奖在内的众多荣誉。

曼德拉生于南非一个大酋长家庭,但他却是一个毕生"投身民族解放事业"的"战士"。虽为"战士",但曼德拉更是一个内心宽恕者,一个大爱无疆者,正是宽恕让他获得诺贝尔和平奖。曼德拉的宽恕,与中国儒家传统中的"忠恕之道",内质上完全相通。

布鲁姆自己也说,自她创造名词"曼德拉效应"以来的十年里,"曼德拉效应"已经逐渐成为了一个流行词汇。甚至在最近翻拍的《X档案》(The X-Files)中,"曼德拉效应"也被提及,并已经成为一个流行的"网红"词汇。这个词甚至也出现在许多主流新闻网站的文章中。而当这些网站仔细梳理曼德拉效应的例子后,意识到其在公众中的流行可能引发的不良后果后,纷纷发表文章予以驳斥。

第一部分
听起来像科幻小说

知识链接

《X档案》是克里斯·卡特等执导,大卫·杜楚尼、吉莲·安德森等主演的一部科幻电视系列剧。在《X档案》前10季中,"曼德拉效应"一词尚未定义,但在2018年上映的《X档案》第11季第4集《前额汗这门丢失的艺术》(*The Lost Art of Forehead Sweat*)中便融入了曼德拉效应的元素,可见作为一个网红词汇受欢迎的程度。剧中,一大批人记住了一段不同的历史,穆德(Mulder)和史考莉(Scully)通过探索曼德拉效应的概念,发现了X档案可能的起源。

图片来源:海报

下面让我们从一个比较正式的定义开始进一步探讨曼德拉效应:

曼德拉效应是一种少数公众对过去事件(或人物)的保留记忆迥异于大多数人记忆的现象。

你会发现,我们谈论单个曼德拉效应时,涉及的通常是单一对象(事件、图片、人物、引述等)的两个版本:多数人的记忆和少数人的记忆。大多数人的记忆、网络和历史学家的文字记载将是迪克所说的"民意"当下的现实。有时,所讨论的内容有多个不同的版本,可以将其定义为不同时间线发生的多重效应。

至少对那些记忆不同的少数人来说,当下的现实意味着无论是过去还是现在,由于某种未知的原因在某个地方发生了改变。或者,你可以说改变是在记忆中作出的(无论是大多数,还是少数),以确保与新的、当下的时间线一致。

虽然少数人对某种改变有轶事般的回忆,但是大多数人可能对此却没有任何记忆或印象。在某些情况下,有些间接证据虽然支持少数人所声称的"不同",但却没有言之确凿的证据。

当然,曼德拉效应的传统解释与时间线无关,仅仅是错误的记忆而已。我们将在本章的后续部分讨论这一点以及其他可能的解释。

自布鲁姆首次对其命名以来,许多曼德拉效应的案例已经开始频频出现在Reddit和社交媒体的在线论坛上。Reddit论坛有曼德拉效应的讨论区,讨论区里大家可以发布可能的效应，其他人则评论他们是否记得事件的另类或当前的版本。

正如我的朋友布鲁斯所警告的那样，类似 Reddit 在线论坛可能会变成名副其实的"兔子洞"。论坛不仅有普遍认可的众所周知的效应，还可能有许多只有少数人知晓的、鲜为人知的效应。但就目的而言，由于我们重点关注的是时间线的合并和分岔，而不是个体差异，因此我们只关注许多人所说的那些效应。

曼德拉效应的分类

以"鸟瞰"视角审视曼德拉效应，或许更容易理解其范围并解释效应个案。我认为最好不要像许多在线文章那样列出三四十个个案，而是将所有效应大致分类。

我将最有趣的曼德拉效应分为以下几类：

- 重大事件 / 重大伤亡类；
- 电影 / 电视类；
- 拼写和商标类；
- 地理类；
- 宗教经文类；
- 物理对象类。

在探讨曼德拉效应的可能解释或它与整个话题的关系之前，让我们先浏览一下每种类别中的例子。

- **重大事件 / 重大伤亡**

最令人震惊的例子，是那些许多人记得曾发生过，但却并非是真实发生的事件，比如所谓的曼德拉死亡。而曼德拉效应的命名也是源于此。

布鲁姆在她博客上，写道她以为曼德拉死在监狱里：

我想我记得非常清楚，电视里播放着他葬礼的新闻镜头：南非举国哀悼，城市里发生的骚乱，以及他的遗孀发自内心的讲话。

然而，我发现他居然还活着。

第一部分
听起来像科幻小说

知识链接

菲安娜·布鲁姆（Fiona Broome）：美国著名作家、超自然现象研究者，2009年创建了专门收集和探讨曼德拉效应的网站。

至少在我们的时间线上，曼德拉在狱中度过了近30年的时间，并于1990年获释。这是一个"全世界数百万人观看"的全球性新闻事件[2]。第二年，即1991年，曼德拉当选南非总统①，并与弗雷德里克·威廉·德克勒克（Frederik Willem de Klerk）共同获得1993年诺贝尔和平奖。德克勒克是南非最后一位白人总统，他见证了南非种族隔离制度的终结和权力的移交。

布鲁姆随后访谈了数百人，他们也与她分享了曼德拉死于狱中的另一段记忆，包括葬礼的细节以及听到新闻时他们身处何地的细节。

"曼德拉效应"一词涌现时，曼德拉还活着，所以他们的记忆不可能是他的葬礼，不是吗？一种解释是他们张冠李戴了，记得的是另一位死于监狱的南非人史蒂夫·比科（Steve Biko），他于1977年去世。但是，这与人们回忆起他们在何处听到死亡或观看葬礼的时间并不吻合，比科死于20世纪80年代（而在有些曼德拉效应案例中，甚至是20世纪90年代）！

除了事件的重要性和年代相近外，记忆错误以及其他类似的解释（像许多主流科学家所做的那样）可能更容易为大家所接受。与花生酱品牌的拼写错误不同，纳尔逊·曼德拉对很多人来说有着特殊的意义。在我们将要探讨的某些效应中，曼德拉效应不仅有意义而且更接近本书的主题。

例如，YouTube博主艾琳·科尔茨（Eileen Colts）讲述了她作为一名新闻系学生，曾前往南非试图采访狱中的曼德拉，但她被告知曼德拉"病得很重"，因此采访最终未能成行。后来，毕业后在芝加哥美国国家公共广播电台（National Public Radio，NPR）工作时，她回忆道："1986年或1987年，我印象非常深刻，在工作之余听到了纳尔逊·曼德拉死于监狱的报道，而且更悲惨的是，他离获释时间仅剩几周了。"她接着说，她还记得是他的遗孀温妮（Winnie）接替曼德拉，继任抵抗运动的领袖，这个细节得到了其他记得这条时间线的人的共鸣。类似艾

---

① 译者注：实际上是1994年，这是不是也是一种曼德拉效应？

琳这样的故事并不罕见,通常被那些"愿意相信"(借用《X档案》的术语)所有曼德拉效应都可以随意忽视的人视若无睹。

在某些情况下,人们记忆中不同的不是事件本身,而是事件发生的年份。我们大多数人都知道"挑战者"号航天飞机是1986年爆炸的,但许多人坚持认为是在1985年,甚至更早的1983年,经常引证航天飞机爆炸时他们正在做的某件具体事情或者处于人生的某个阶段来辅证自己的说辞。

知识链接

"挑战者"号航天飞机是美国正式使用的第二架航天飞机,1983年4月4日正式进行任务首航。1986年1月28日,"挑战者"号在执行第10次太空任务时,因为右侧固态火箭推进器上面的一个O形环失效,升空后73秒时,航天飞机爆炸解体坠毁,7名宇航员不幸全部遇难。

航天飞机是一种运行在低轨、有人驾驶、部分可重复使用、往返于太空和地面之间的航天器。美国和苏联都研制了自己的航天飞机,但只有美国将之真正投入实际应用。1981年4月12日,"哥伦比亚"号航天飞机在美国肯尼迪航天中心发射成功;2011年7月8日,"亚特兰蒂斯"号航天飞机开启美国航天飞机项目历史上的第135次飞行,7月21日在美国肯尼迪航天中心安全着陆,从此航天飞机退出了历史舞台。

再往前追溯到20世纪30年代,经历过林德伯格(Lindberg)婴儿绑架案的人都知道,查尔斯·林德伯格的婴儿是在1932年被找回的。在那个新闻媒体还没有像今天这样多样化的年代,这无疑是一个爆炸性的全国新闻。然而,有些人声称他们记得婴儿最终也未找到。类似地,许多人声称记得看过文字报道,想知道在这个失踪最终尚未找回的婴儿身上究竟发生了什么[3]。

同样,一些人声称他们记得牧师比利·格雷厄姆(Billy Graham)在20世纪90年代的某一年去世,死时只有20岁出头。甚至,有人记得比尔·克林顿(Bill Clinton)在他葬礼上的讲话细节。然而,在我们的时间线上,格雷厄姆是2018年去世。这作为最新的曼德拉效应案例之一,在Reddit论坛里多次受到关注。2015年,Reddit论坛里有一条记录:

第一部分
听起来像科幻小说

知识链接

比利·格雷厄姆：美国著名基督教传教士，美国第二次世界大战之后最著名的牧师，知名度不亚于任何电影明星。他去过全球 185 个国家和地区，听过他传教的人数超过 2.15 亿。他 1918 年 11 月 7 日出生于北卡罗来纳州的夏洛特，2018 年 2 月 21 日去世。

图片来源：网络

我清楚地记得，2013 年左右，和我住在一起的祖父母告诉我，比利·格雷厄姆去世了。他们都是坚定的基督教徒，长期追随牧师格雷厄姆，所以我信以为真。几天后，我收到了一本基督教福音派杂志（我之所以记得这，是因为那天我去邮局取了信件），杂志封面上有一篇格雷厄姆之死的故事标题，他的大幅照片印在封面上。不久之后，祖父母离家去州外参加一场大型基督教会议；当祖父母返回后，他们告诉我某个人（可能是格雷厄姆的儿子？不确定）是如何临场发表了一篇热情洋溢的演讲，回忆和赞美了格雷厄姆的人生。之后好长的一段时间里，他们仍然时不时谈论格雷厄姆的离世[4]。

时至今日，仍有很多人还记得格雷厄姆葬礼的细节。由于我本人并不关注格雷厄姆或其他的基督教牧师，我根本无法知晓他们是否有人去世了，更不用说发生在哪一年了。你可能会说，这件事于我意义不大。另一方面，那些虔诚地信奉格雷厄姆牧师的人，就像追星族们喜欢电影大片《星球大战》（Star Wars）中某个主演（哈里森·福特（Harrison Ford）或马克·哈米尔（Mark Hamill））一样，会对他们去世的消息非常敏感。同样，你可能会说，科尔茨曾前往南非，试图专门采访曼德拉，近在咫尺却未能实现，这样的事跟她记者的个人关系非常大，那又怎么会记错曼德拉的死亡时间呢？

与我们现在所知道的情况不同的是，有人记得某年在某个广场看到坦克碾过一名年轻人。快速在网络上搜索一下，发现是这名年轻人试图挡住坦克的去路，但即使如此，坦克却根本没有从他身上碾过。在布鲁姆博客网站上，有关这类记忆包括[5]：

我记得"坦克小子"在广场上被坦克碾压的事，而我的丈夫却不记得有这回事。上谷歌搜索了一下，很明显坦克并没有碾压他。我的记忆力很好，记得曾看过一段视频，还记得这是在七年级的历史课上学过。

——Angel，2011 年 9 月

我记得坦克小子被碾压了。那时，我和合伙人正在谈论广场和坦克男孩。我提到他的遇害是多么可怕，而我的合伙人却对此毫无记忆，还以为我"疯"了。他在 YouTube 网站上搜索后告诉我，那个小子还活着。可当亲身所见他安然无事时，我却一点也没有他还活着的印象。

——Bree，2012 年 8 月

同样，我记得坦克碾过之后，街上有鲜血，但实际上根本就没有发生。这太奇怪了。

——James，日期不详

以上事件的记忆与菲利普·K.迪克称之为"民意"记忆的不同之处是什么？我们将在本章后续章节中探讨各种可能的解释。

- **电影/电视类**

当今时代，电影和电视司空见惯，通常取代了旧文化试金石神话的位置。几类曼德拉效应均与电影和电视密切相关，而且都是最大众化案例，当然可能也相对容易被公众所遗忘。

最简单的曼德拉效应案例是台词的混淆：其中最著名的莫过于《帝国反击战》(*The Empire Strikes Back*)中达斯·维德（Darth Vader）的一句台词，很多人误以为是"卢克，我是你的父亲"；如果你再仔细看一遍电影，你会发现维德实际上说的是"不，我是你的父亲"。

公众记错电影主人公维德的台词并不鲜见。相信很多人都记得《白雪公主和七个小矮人》(*Snow White and the Seven Dwarfs*)中恶毒的皇后问："魔镜，魔镜告诉我！"但她实际上在电影中说的是："墙上的魔镜！"

搞错电视节目的名字也很常见。很多人可能都记得莎拉·杰西卡·帕克主演的 HBO 热播剧 *Sex in the City*（《色欲都市》）；但如果在网上快速搜索一下，就会发现电视剧名其实与原著同名（*Sex and the City*）。2000 年以来的电影、电视剧中情景记忆不乏张冠李戴的案例，不仅有简单的言语错位导致其与所记忆故事情景的不

第一部分
听起来像科幻小说

同,还有人明明清楚地记得的电视剧和电影片段实际上根本没有出现。电影《职业的冒险》(*Risky Business*)中有一个情景,很多人记得汤姆·克鲁斯身穿内衣,戴着太阳镜跳舞;实际上在电影中,他只是戴了太阳镜,根本就没有穿内衣跳舞的情景。

在美国亚特兰大举行的年度漫画类龙族大会(Dragon Con)上,布鲁姆讲了一个曼德拉效应案例:原系列《星际迷航》(*Star Trek*)中有一个情节,许多粉丝坚持认为他们记得非常清楚;然而,到会的原剧演员们却坚称,他们从未拍摄过这个情节。参加过科幻或漫画大会的人都知道,有一些《星际迷航》的铁杆粉丝不仅比很多明星记得更多的节目细节,而且还引用他们的台词佐证,让情节更加扑朔迷离。

曼德拉效应有名的一个案例是,曾经有一部从未拍摄过的电影(或者可能与另一部电影混淆)。许多人声称记得20世纪90年代的精灵电影《沙札姆》(*Shazaam*),主演为喜剧演员辛巴达(Sinbad):电影中,一个小孩希望自己成为一个精灵,让他的父亲重新找到真爱。

来自田纳西州纳什维尔的25岁摄像师梅雷迪思·厄普顿(Meredith Upton)也记得同一部电影。"每当在任何媒体看到辛巴达,我都会想起他扮演的精灵,"她说。"我记得这部电影的名字叫《沙札姆》。我记得有两个小孩不小心召唤了一个精灵……他们试图许愿,希望妈妈去世后,爸爸能再次找到真爱,而辛巴达却不能满足这个愿望[6]。"

梅雷迪思的记忆并不是个例,网上统计可能有成百上千的人记得这部电影。甚至有些人还记得自己曾买过录像带,清楚地记得录像带回放至他们想再观看的特定场景时的情形。他们还发誓说,辛巴达主演的精灵电影不同于20世纪90年代的"另一部黑人明星主演的精灵"电影。那部电影实际上是《精灵也疯狂》(*Kazaam*),由NBA巨星沙奎尔·奥尼尔(Shaquille O'Neil)主演,至少在我们的时间线上是这样。

网上流行的舆论产生了滑稽的效果,以至于辛巴达在推特上声称,他出演了一部他不曾记得的电影。在2017年的一次粉丝见面会上,辛巴达真的拍摄了一个自己扮演精灵的短镜头,场景与网上两个孩子找到一盏灯,出现了一个精灵,满足他们愿望的记忆相吻合[7]。

- **拼写和商标类**

也许,最多的曼德拉效应类是拼写错误,这也最容易解释为记忆错误。

拼写错误类曼德拉效应中,最著名的案例莫过于贝伦斯坦(Berenstein)熊(实际拼写应为 Berenstain);而商标类曼德拉效应中,有名的例子是 Jif 品牌花生酱,很多人包括我在内都记得它是 Jiffy 品牌花生酱,但实际上根本没有 Jiffy 这个品牌。

另一个广为人知的曼德拉效应的案例是"乐一通(Looney Toons)"卡通,标志性的形象人物是兔八哥,实际上根本就没有"Looney Toons"而应该是"Looney Tunes";还有一个曼德拉效应的案例是"Oscar Meyer"品牌维也纳香肠,实际上该品牌为"Oscar Mayer",单词"Mayer"中 M 后面是 a 而非 e。与 Looney Toons 的案例相反,我小时候经常吃的甜麦果脆圈(Froot Loops)实际上是一种水果圈(Fruit Loops)(第一个单词 Fruit 拼写正确)。同样,流行的卡通电视剧中,许多人把 The Flintstones(《摩登原始人》)记为 The Flinstones。

同样,虚构的角色人物也与人们信誓旦旦确信自己记住的标志性人物角色有细微的差异。例如著名的棋盘游戏《大富翁》(The Monopoly Guy)中的特征人物没有戴眼镜,但许多人却坚信他戴着单片眼镜。他们只是简单地将花生先生张冠李戴,虚构成了他吗?花生先生可是一个戴着单片眼镜、非常生动活泼的角色。说到卡通片《好奇猴乔治》(Curious George)中那只好奇的猴子,很多人记得它有尾巴;但如果你快速搜索一下,就会发现自己记错了,乔治根本没有尾巴。在我们的时间线上,好奇的小猴子乔治根本就没有尾巴。同样,对于年轻一代来说,皮卡丘(Pikachu)的尾巴末端没有黑色,它的尾巴只有黄色一种颜色。

知识链接

《好奇猴乔治》是由马修·奥卡拉汉执导的动画喜剧电影,于 2006 年 2 月 10 日在美国上映。讲述了一只充满好奇心的、没有尾巴的小猴子乔治离开丛林来到人类世界,开始一连串新奇冒险的故事。然而,很多人声称记得看到乔治用尾巴从树上摆动。

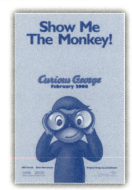

图片来源于网络

许多人将商标上的图像混淆了。很多人记得,KitKat 拼写是"Kit-Kat",中间有连字符,但事实却并非如此。类似地,许多人记得福特汽车的标志中,F 中

第一部分
听起来像科幻小说

间部分的结尾处没有"艺术弯",但实际上有。根据网上的资料,自20世纪初亨利·福特(Henry Ford)创立福特汽车公司(Ford Motor Company)以来,公众记错福特商标的情况一直存在。

调查拼写和商标类曼德拉效应比较复杂,因为大多数人的记忆都来自童年,而且都是些非常小的细节,因而大多数门外汉的记忆可能比他们成年时的记忆更加不可信。

然而,即使在拼写和商标类的曼德拉效应中,也有一些人的记忆差异发生在知识非常渊博或利害相关人群中,因而出现明显记忆错误的可能性较小。例如,犹太孩子想知道为什么他们犹太人关于贝贝熊的拼写"Berenstein"("stein"是犹太人的拼写)而非Berenstain("stain"不具有犹太背景)。有些人还记得曾与成年亲戚交流"犹太熊"。如果这是事实的全部,那成人们肯定会指出这个非常明显的拼写错误吧?

- **地理类**

许多曼德拉效应与地图上特定地点的记忆有关,类似的案例不太多,所以这里不展开深入讨论。最常见的例子有:

(1)澳大利亚大陆位置:新西兰究竟是位于澳大利亚的东部、东北部、东南部,还是西部?

(2)南美洲大陆的相对位置:地图上南美洲究竟是位于北美洲正下方还是在大西洋外?

- **宗教经文类**

也许更让人焦虑、不容忽视的是涉及《圣经》或其他宗教经文的曼德拉效应。现在出现了一种亚文化,有人从他们幼时开始学习圣经经文时,就重点关注《圣经》的变化。不计其数的人说,他们花了很多时间逐字逐句背诵《圣经》中的名言,有一天突然发现他们曾经所背诵的《圣经》经文现在变了。

最简单的解释是,他们当年背诵《圣经》时使用了不同的翻译版本,或者可能是新的版本出版了。毕竟,西方最流行的英文版《圣经》——钦定版《圣经》是从拉丁文语版《圣经》翻译过来的,而且必定有不同的翻译版本。但有人坚持认为《圣经》不仅在新版本中有所变化,而且他们孩提时代保存至今的《圣经》

也与他们所记忆的内容有所不同！

如果这仅仅是随机选取的一本书随意的一个短语的变化，那另当别论，但是虔诚的宗教教徒和传教士都在千方百计地一字一句背诵圣经。正像牧师葛培理（Billy Graham）记忆的那样，他们不太可能弄错圣经的措辞。

《圣经》中最著名的曼德拉效应案例是一句名言："狮子与羔羊同眠。"不仅许多基督教徒（甚至包括像我这样的非基督教徒）都记得这句名言，甚至还记得绘有狮子和羔羊共眠的油画，画的右边标着《圣经·旧约》11：6，正是这句名言的出处。

现在，钦定版《圣经》说："豺狼必与绵羊羔同居，豹子与山羊羔同卧。少壮狮子，与牛犊，并肥畜同群……"

为了避免认为这是一个翻译的问题，我们可以浏览一下其他版本的《圣经》，例如新美国标准版《圣经》也说了类似的话："豺狼必与绵羊羔同眠"[8]。

《圣经》中另一个著名的曼德拉效应案例是主祷文，甚至好多非基督徒也听说过，"求你宽恕我们的罪过（译者注，吕振中译本）"，但如果你看马太福音版《圣经》6：12，它实际上说："免我们的债，如同我们免了人的债。"这可能是由于不同教派的新教教徒关于某个特定词语的翻译不同所致[9]。

知识链接

《圣经》是犹太教与基督教的共同经典，出于希伯来文 kethubhim，意为"文章"，后衍意为"经"；希腊文作 graphai，拉丁文作 Scripturoe，汉译作"经"。

基督教的《圣经》又名《新旧约全书》，由《旧约》《新约》组成。《旧约》共三十九卷，以古希伯来文（含亚兰文）写成，由犹太教教士依据犹太教的教义编纂而成，囊括了犹太及邻近民族从公元前 12 世纪至公元前 2 世纪的人文历史资料。

世界上共有一千八百多种语言的《圣经》译本，几乎所有民族的语言，甚至地区方言都已包罗。

1946 年出版发行的吕振中译本，是首个由中国人从希腊语和希伯来语直译成汉语的版本，该版本基于英国牛津大学苏德尔所编之希腊文本（Alexander Souter's Text），尽量表达原文意义并保持原文结构。

然而，这些只是有关《圣经》曼德拉效应的最著名案例而已，实际上还有许许多多不那么引人注目的案例，情节大同小异，或许更令人困惑不解。

第一部分
听起来像科幻小说

一些人相信，有些人或有某种力量正通过实际篡改《圣经》的经文，扰乱我们的现实，许多网站专门指出了这一点。

自宗教教徒诵读《圣经》以来，《圣经》真的改变了吗？虽然有人将其归结为翻译问题，但也有人认为有一股邪恶力量在作祟。当我们讨论曼德拉效应的可能解释时，也会讨论这个话题。

- **物理对象类**

记错电影大片《摩登原始人》中的字母"t"是另一类曼德拉效应，可能不会成为大家关注的焦点，也不太可能改变我们对宇宙的理解。但当数千人记得我们可以断定未曾发生的某个事件的细节时，交流就会变得有趣起来。当有物理证据而非仅仅是间接证据表明事情"过去一向"的原委时，交流就会变得更加扑朔迷离。

在《圣经》的最后一节中，有一件非常令人惊讶的事，也可以在网上或自己的记忆中找到，实物图片描绘了狮子和羔羊共眠的情景，并引用了《圣经旧约》的名言。这至少构成了一个间接证据：即个别《圣经》版本中名言用的短语是"狮子"，而不是"狼"，这表明《圣经》中的个别表述确实有所变化，与曼德拉效应的超自然解释、科学解释等解释无关。

研究实物类曼德拉效应时，偶然发现一些著名的艺术作品人物似乎正在改变坐姿或姿势。最典型的莫过于名画蒙娜丽莎（Mona Lisa），许多人声称她的微笑已经发生了某些改变。

也许更有趣的是有关罗丹（Rodin）的著名雕像《思想者》（The Thinker）的猜测[10]。雕像作品中，人物的手恰好放在下巴下，手托着下巴和嘴唇，手指向喉咙。现在，游客们观赏雕像时，最爱做的一件事情是模仿雕像人物的姿势拍照留念，来自世界各地的数百万游客都曾这样做过。

知识链接

奥古斯特·罗丹（Auguste Rodin，1840—1917年），法国著名雕塑艺术家，主要作品有《思想者》《青铜时代》《加莱义民》《巴尔扎克》《雨果》等。名言有"世界上从不缺少美，而是缺少发现美的眼睛"等。

那么，为什么会有大量模仿《思想者》姿势的游客照片和名画中，他们的手不是放在下巴上，而是放在额头上呢？

然而，不光游客是这样，经常为罗丹摆姿势当模特的乔治·萧伯纳（George Bernard Shaw）也是如此。在《思想者》雕像于伦敦首次展示的当晚，乔治也摆出姿势拍了一张照片留念。如果你瞧一眼科伯恩（Coburn）的照片，发现照片的标题甚至是"乔治·萧伯纳的思想者姿势"。然而，在这张照片中，乔治显然是把手放在额头上[10]。

更离奇的是，即使是罗丹自己撰写的涉及《思想者》的作品，也说雕像有一个紧握的拳头，而现在的它似乎没有。你可能会认为像罗丹这样的著名雕塑家不可能不会意识到这种差异。错误地记住50年前草图的细节是一回事，而在雕像旁边拍照，模仿姿势完全错误又是另外一回事了！

现在，有一个平淡无奇的可能解释。罗丹最初设计《思想者》的目的是将其作为《地狱之门》（The Gates of Hell）的一部分，而后者基于但丁的《地狱》（Inferno）（人物被称为"诗人"）。诗人（The Poet）坐在大门的顶端，俯视着每一个人。罗丹决定将它放大，创作成了一尊独立的雕像，这成为了他一生中最著名的代表作之一。

（a）

（b）

图2-1 乔治·萧伯纳的思想者姿势（Colburn，1906）[11]和罗丹的《思想者》雕像照片[26]。两者的区别显而易见。((a)是根据1906年康奈尔大学约翰逊艺术博物馆（Cornell's Johnson Museum of Art）原版底片所印，(b)由本书作者拍摄于斯坦福大学的康托艺术中心。)

第一部分
听起来像科幻小说

知识链接

阿尔文·兰登·科伯恩（Alvin Langdon Coburn）（1882—1966 年），20 世纪初美国摄影发展的关键人物，画意摄影主义艺术家，1906 年拍摄了乔治·萧伯纳的思想者姿势（George Bernard Shaw in the Pose of The Thinker）。

图片来源：网络

作品《思想者》（法语名：Le Penseur），又名《沉思者》，是法国雕塑家奥古斯特·罗丹创作的雕塑。

原作的石膏雕像收藏于法国巴黎罗丹博物馆（Musée Rodin），但还有很多用青铜或石膏铸造的复制品。大约于 1880 年，罗丹用石膏制作出了第一版比例较小的思想者，第一座较大的、用铜铸造的沉思者则于 1902 年完成，但直至 1904 年才对外展示。1906 年，在罗丹的追随者的组织下搬至先贤祠面前，后于 1922 年移至毕洪宅邸（Hotel Biron），即后来的罗丹美术馆。

如果有机会到美国斯坦福大学康托艺术中心博物馆参观罗丹作品展（那里有思想者和地狱之门的青铜铸像），你会意识到罗丹从石膏原型开始到青铜铸像经历了一个漫长的创作过程。然后用石头或者更常见的金属（通常是青铜）来制作。在使用石膏之前，他一定是先从草图开始。伴随《地狱之门》面世，最初的石膏雕塑被修复并在巴黎出售，后来铸造了许多的青铜雕像，其中第一件成型于 20 世纪 20 年代（罗丹死后），目前安放在美国费城罗丹博物馆入口处。

因此，有没有可能在他最初想象的版本中，作为地狱之门的一部分或作为一个单独的雕像，思想者的拳头是放在他的头上呢？而当乔治摆姿势拍照时，真正的第一个铜像还没有制作呢？当然是有这种可能的。然而第一个青铜雕像创作于 1904 年，而乔治的照片却是在 1906 年拍摄，并且就在伦敦青铜雕像的首次展览的当晚。而且，这真的无法解释清楚近年来在博物馆里青铜雕像旁，游客模仿雕像姿势拍照留念时将手放在前额的所有照片的原因。

以上曼德拉效应的案例中，我们看到有些不仅非常重大，而且高度相似，有些甚至还有间接的物证。尽管我见过的曼德拉效应案例并不是非常多，但这并不意味着它们不存在，这就是曼德拉效应的匪夷所思之处，无论你相信这是由于多条时间线的存在还是有更简单的解释。

曼德拉效应的可能原因

虽然已经有很多关于我们如何形成记忆，并将其储存在大脑中的研究，但时至今日，我们仍然不能完全理解记忆的工作原理。这意味着任何试图解释曼德拉效应的理论都只能是一种理论。下面让我们看看流行的相关理论。

尽管很多评论家都试图解释曼德拉效应，但迄今为止没有人能全面概括曼德拉效应的起源和意义。我之所以将这些案例分类，是因为不同类别的曼德拉效应可能更容易适用于某一特定的理论或解释。

这些有关曼德拉效应的解释是从与记忆相关的简单解释开始，接着是更具推测性的解释如宗教信仰或阴谋论，最后是更科学的解释——模拟多元宇宙的思想。在最后的一种解释中，曼德拉效应并不是一种反常现象，而是数字模拟多元宇宙如何运行的内在特征。

记忆或视觉的简单错误

有人问我有没有最简单的曼德拉效应案例？我的第一反应是与词汇和字母拼写错误相关的曼德拉效应案例，最有名的是贝贝熊（Berenstain Bears）的案例，这类曼德拉效应很可能是简单的错误记忆的结果。

有一个常见的练习，你让人们朗读下面这句话，然后请她或他告诉你背诵的内容（有关巴黎的春天）。

I LOVE

PARIS IN THE

THE SPRINGTIME

起初，人们通常不会注意到句子中多余的单词（如句子中的"THE"），除非

第一部分
听起来像科幻小说

你让他们在读句子时指出每个单词。

2011 年，发表在《实验心理学杂志：人类知觉与行为》(*Journal of Experimental Psychology: Human Perception and Performance*) 的一项研究表明：我们在阅读时经常会快速略过一些单词，大脑会迅速填满句子中略过的单词，通常达到 8%~30%[12]。这项研究的一个重要因素是单词的可预测性及长度：由于练习中重复单词在这种情况下非常短和常见（如"the"），因而经常会被忽略。

那么单词中的字母呢？正如美国亚利桑那州立大学副教授吉恩·布鲁尔（Gene Brewer）博士向《心理牙线》(*Mental Floss*) 杂志解释的那样："当回忆起某件事件时，你的大脑会利用这件事周围的记忆，从其他事件中提取元素或片段，并补充到将要回忆的事件环节去[13]。"

换句话说，Berenstain 和 Jif 拼写错误的一个可能解释是孩子们拼错了，也可能是报纸文章和学校教材拼错了。类似地，这也可以解释为什么在商标类和其他曼德拉效应中，通常是那些无关紧要情况下出现微小的变化。然而，大量的人拥有相同记忆的事实，使之成为一个很多人感兴趣的曼德拉效应。而且，曼德拉效应的简单解释只不过是让人无视部分非常重要和/或高度相似的数据而让人记住曼德拉效应。

蓄意的错误记忆

下面，我们开始探讨曼德拉效应产生的根源和原因。心理学家发现，如果告诉人们一个错误的事件，他们会将错就错，将其记成是一件正确的事件。法庭案件审理和测试实验中都曾发生过类似事情。美国弗吉尼亚大学的心理学教授吉姆·科恩（Jim Coan）说，他当年还在华盛顿大学上学时开发了一个"迷失在购物中心"[14]程序：科恩和他的家人们回忆了童年趣事，以及在购物中心里他的弟弟因迷路而焦虑的情形。他的弟弟后来认为这是一个真实的事件，但事实却并非如此。心理学教授伊丽莎白·洛夫特斯（Elizabeth Loftus）将这种方法应用于更多的人群以开展测试研究，发现高达 25% 的参与者记住了一些错误的事情。从那以后，这一解释在法庭上被用于"质疑受虐者证词的可信度，因为童年受虐的错误记忆有可能被心理治疗师蓄意植入。[15]"

错误记忆可以植入的观点是有根据的，绝不是无稽之谈。这很容易被外部势力或某些怀有恶意的人所盗用，专门植入错误的情节，以便让很多人认为"错误的事情"是真实发生的事情。对于曼德拉之死及类似的其他效应而言，这个解释似乎听起来并不合理。除非有报纸、电视台和广播电台等众多新闻媒体都在报道曼德拉于20世纪80年代去世的消息，或者后来为怀念他而追忆他的事迹，否则我认为这种解释根本站不住脚。事实上，乍一听蓄意植入错误记忆的解释像是一种阴谋论。

是否存在其他方法可以让错误记忆嵌入我们的正常记忆中呢？德泽-洛蒂格-麦克德莫特（Deese-Roediger-McDermott）心理学实验流程采用密切相关的词汇（如床和枕头）来表示列表中没有其他词汇（如睡眠）的含义，参与的实验者事先记住列表中的词汇[16]。这可能是由于记忆错误及其触发的关联记忆所导致。但尽管这种解释适用于简单的错误，但如果用于重大事件错误的解释大家不会接受，譬如人们记得比尔·克林顿（Bill Clinton）和其他国家的总统参加比利·格雷厄姆的葬礼，而有人却记得在格雷厄姆真正去世之前，与亲戚讨论过克林顿总统参加格雷厄姆葬礼之事。

知识链接

Deese-Roediger-McDermott（DRM）是研究错误记忆的经典范式，由于DRM范式的出现，错误记忆才真正作为一门与真实记忆相对的独立领域被探讨。Roediger和McDermott是在Deese的1959年研究基础上发展起来的。DRM范式一般在实验中分学习和测试两个阶段，在学习阶段要求测试对象学习一些词表，词表中的每一个词都与关键诱饵（critical lure）语义关联。关键诱饵是指在学习阶段不出现而在测试阶段出现且与学习过的词存在语义联系的特定词。测试阶段则让测试对象回忆或者再认。

1995年，亨利·罗迪格（Henry Roediger）和凯瑟琳·麦克德莫特（Kathleen McDermott）在《实验心理学杂志：学习、记忆和认知》（Journal of Experimental Psychology: Learning, Memory, and Cognition）上发表了一项知名研究，他们使用了若干单词表，证明人们"记得"并未出现或仅提到过的单词的可能性是很高的，这是一项针对错误记忆的开创性研究。

第一部分
听起来像科幻小说

一种更科幻的解释是，某些超出我们正常认知范围的超级心理学家将错误记忆植入部分人的大脑中，并开展实验研究。现在我们重新回到菲利普·K.迪克的科幻小说王国，发现在他的小说中错误记忆占据了显著地位。这个观点淋漓尽致地体现在由迪克作品改编的电影大片中，例如，《银翼杀手》（*Blade Runner*）中人形机器人瑞秋（Rachel）被赋予她童年从未经历的错误记忆，而《宇宙威龙》（*Total Recall*）中阿诺·施瓦辛格（Schwarzenegger）所扮演的角色仅需在脑海中植入记忆就可以抹去原来的记忆。两部电影大片中，记忆都是由一个外来的特务针对特定目的实施的记忆植入。

为什么要在很多人的大脑中植入错误记忆？目前我们尚无法知晓，只能猜测植入错误记忆的目的和方法。

捣蛋鬼：撒旦、精灵和反程序员？

至于宗教经文的变化，宗教人士经常给出的解释是他们已经注意到这些变化，那是因为有人或某些实体机构蓄意而为。这个人虽然在我们的时间和空间之外，但却可以影响我们的时间和空间，这意味着存在某种神圣或恶魔。大多数情况下，它被认为是某种邪恶的实体机构，正在扰乱上帝的语录。

有趣的是，基督教的"死党"网站上的文章不仅相信曼德拉效应真实存在，而且认为还可能存在其他实体机构正以某种方式干扰我们的时间线，并篡改上帝语录。

虽然他没有说是《圣经》，但事实证明，这个关于有人做出某种改变的解释比我最初认为的那样更接近于迪克的思想。迪克解释说，有一个程序员（Programmer）和一个反程序员（Counter-Programmer），他们各自进行着相反的更改，就像他们坐在棋盘前对弈，看看他们每次更改某个变量时会发生什么。这些改变可能发生在现在或我们所说的过去，但由于这些实体存在于我们所在的线性时间之外，即使这个改变发生在过去，我们也仍然可以察觉到跨越时间线的间接影响。

美国伊斯兰最高委员会创始受托人、苏菲教团主席、穆斯林神职人员沙伊赫·阿斯·赛义德·努尔扬·米拉赫马迪（Shaykh As Sayed Nurjan Mirahmadi）明确指出，在我们正常的时空观念之外存在着一些精灵。根据伊斯兰教传统，被真主（安拉）赋予自由的精灵有能力改变我们的时间线。

在伊斯兰教中有一种被称为哈菲兹（hafiz）的圣人，他能逐字逐句地背诵整本《古兰经》（Koran）。米拉赫马迪说，之所以一字不漏地背诵《古兰经》是因为即使《古兰经》的书面文字发生了变化，《古兰经》的原始措辞也可以通过所有哈菲兹们的记忆得以传承[17]。在某种程度上，这是现代为了防止篡改复制数据想法的一种古老做法，但这种做法的前提是假定精灵不干扰人类的记忆。

这提出了一个问题：为什么会有人蓄意更改一个或多个主要宗教的神圣经文呢？谁希望它改变呢？再一次，我们发现自己可能身处超人王国，而超人们可能想从我们所处的时间线之外的地方搞乱我们的时间线，而我们只能推测他们可能的动机而已。

多条时间线和时间旅行者

让我们从引发时间线改变的超人，转移到曼德拉效应的一个流行的可能解释上。这个解释与本书的主题更加息息相关：存在多条时间线。

不难发现，对不只是一条时间线的解释本身只需要两条具有不同参数和微小变化的时间线，并不需要完整的多元宇宙理论。存在时间线 A 和时间线 B，如图 2-2 所示。如果时间线 B 是共识时间线，则身处时间线 A 的人对事件的记忆将不同于世界其他地方人的记忆。

正如我在第 1 章中所阐述的那样，如果这听起来像是我们重新回到了科幻小说世界，你就会记得菲利普·K.迪克确信某条时间线的操纵是通过改变某些变量实施的。不仅仅是一些小的变化是这样，比如一个不同的电灯开关，或者因为时间线调整而产生的不同记忆；而且重大事件更是如此，

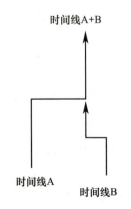

图 2-2　时间线的合并实例

第一部分
听起来像科幻小说

例如，第二次世界大战的终结，或肯尼迪遇刺事件的制止①。

当你考虑曼德拉效应的种类数量时，简单的两条时间线的解释可能不足以诠释它们，因为有些人可能会记住不同种类的曼德拉效应，从而产生一个组合数量的时间线如多元宇宙。

量子解释：平行宇宙、多元宇宙和可能的过去

本书的重点是探索一个更科学的框架，从而可以更好地解释曼德拉效应和量子物理学的一些不可思议之处，重新定义我们对时间和空间的理解。

量子力学有一种解释：考虑到跨越多个平行宇宙的多条时间线，每次作出决定时都会分岔产生一个新的宇宙。这将在宇宙中决定是发生曼德拉效应的组合，还是产生结合其他效应的组合效应。

在多元宇宙中，就像《绿箭宇宙》(The Arrowverse)中的世界一样，所有的可能性已经作为独立的世界存在。我们恰好处在曼德拉在2013年之前还活着的世界，而其他人仍然生活在多元宇宙中的某个世界。可能存在某个世界，曼德拉还活着，《圣经》也与我们世界的《圣经》不同，等等。但是，如何解释同一条时间线上的两个人对过去有着不同的记忆呢？

我想说的是，量子力学的不可思议之处在于它并没有排除多个可能的过去，就像它没有排除多个可能的现在或未来一样。本书第7章将详细讨论这个话题，并探讨延迟选择实验。匪夷所思的双缝延迟选择实验结果告诉我们，确实存在多个可能的过去，每当测量时选择一个可能的过去。如果将延迟选择实验和多世界

---

① 肯尼迪遇刺案发生于美国中部时间1963年11月22日，时任美国第35任总统肯尼迪在夫人杰奎琳和得克萨斯州州长约翰陪同下，乘坐敞篷轿车驶过得克萨斯州达拉斯的迪利广场（Dealey Plaza）时遭枪击身亡。迄今为止，肯尼迪刺杀案的真相依然尚未公开，已然成为美国历史上一个巨大的谜团。

如果能确定有多少人记得肯尼迪在达拉斯以外的城市遇刺，那将是一件很有趣的事情。在互联网上快速搜索一下，就会发现很多人对刺杀的细节有不同的记忆（包括一些人记得看到总统肯尼迪夫人杰奎琳·肯尼迪（Jackie Kennedy）手中有一把枪，显然这是不可能的，至少在我们的时间线上是这样，这是另一种曼德拉效应），虽然没有多少人记得在另一条时间线没有发生刺杀肯尼迪事件，或者是在另一个城市发生刺杀事件。

诠释结合起来，我们会得出结论：的确存在多个过去，就像存在多个现在和多个未来一样。

理论上，如果多元宇宙确实以这种方式分岔，曼德拉效应是否仅仅是为了记住众多宇宙中的一个？这是本书第二、三部分要详细探讨的主题之一。

CERN 与平行宇宙的隧道效应

在网上的曼德拉效应讨论区中，经常被抛出的一个推测性解释是曼德拉效应某种程度上由欧洲核子研究中心（European Organization for Nuclear Research，CERN）的某项实验引发。CERN 实验改变了时间线，或者更确切地说，接触到了另一条时间线或平行宇宙。

位于瑞士日内瓦附近的欧洲核子研究中心是大型强子对撞机（Large Hadron Collider）的所在地，拥有世界上最大的粒子加速器。在粒子加速实验中，粒子将被加速到令人难以置信的速度，某些情况下无数粒子一起被碰撞。自 2008 年启动运行以来，CERN 已经开展了许多次实验并取得了重要发现，其中包括 2021 年发现的希格斯玻色子[34]。

知识链接

希格斯玻色子（Higgs boson）是粒子物理学标准模型预言的一种自旋为零的玻色子。它是标准模型中最后一种未被发现的粒子。它可以帮助解析为何其他粒子会有质量。

希格斯玻色子被称为上帝粒子（God particle），这倒不是因为它无所不能，而是因为它是"该死的粒子"，难以觅到其踪迹。

希格斯玻色子理论最早在 1964 年由彼得·希格斯和弗朗索瓦·恩格勒等 6 位物理学家提出。因希格斯玻色子的理论预言，比利时物理学家弗朗索瓦·恩格勒和英国物理学家彼得·希格斯获得 2013 年诺贝尔物理学奖。

2021 年 2 月，欧洲核子研究中心的大型强子对撞机研究人员发现了罕见的希格斯玻色子衰变的证据。

欧洲核子研究中心研究平行宇宙吗？CERN 本身拥有一个研究团队，主要探索"科学家试图证实的具体物理理论"。事实上他们希望能够找到更高的维度，然后将其与我们的标准四维联系起来,声称"平行宇宙也可能隐藏在这些维度中[18]"。

网上流传着"欧洲核子研究中心应该对曼德拉效应负责"的说法,迫使其于2017年通过美国消费者新闻与商业频道(Consumer News and Business Channel,CNBC)发表一份声明:CERN科学家拒绝承认他们偶然发现了另一条时间线(据说其中包括唐纳德·特朗普总统的当选)①。

尽管他们一再否认,但粒子加速器是否会以某种方式开辟出通往另一个宇宙的黑洞或大门?物理学界认为,创造通向另一个平行维度通道的方法之一是黑洞。我们将在本书第 4 章**形形色色的多元宇宙**深入探讨。欧洲核子研究中心特别强调,可能有一天人类能够创造出微小的黑洞——**量子黑洞**,但"科学家们目前根本不确定是否存在量子黑洞[20]"。

知识链接

量子黑洞,即黑洞的量子理论,超出了与量子力学有关的通常的不确定性。这是因为黑洞看来具有内在熵,并使信息从我们所在的宇宙区域中失去。目前量子黑洞存在很大争议。

虽然欧洲核子研究中心排除了他们与其他平行宇宙接触的可能性,但并未排除未来通过创造微小的黑洞来探测其他维度现实的可能性。同时,欧洲核子研究中心也明确告诉我们,他们离做到这一点还有很远的路要走,而且大多数物理学

---

① 当被问及特朗普理论以及欧洲核子研究中心在各种涉及交替时间线的科幻小说和电影中的使用时,CERN 的发言人告诉 CNBC:这些富有想象力的作品是受到我们科学研究的启发而创作的,他们是为了捕捉读者或观众的好奇感而创作的小说作品,不应与实际的科学研究相混淆[19]。

家都认为：至少在目前，这种说法还不能合理解释曼德拉效应。

数字模拟多元宇宙

下面来谈一谈我最喜欢的曼德拉效应的一种解释，以及我深入探讨曼德拉效应的原因：我们生活在一个计算机生成的现实，或像电子游戏一样的模拟世界中。因此，在任何游戏中，任何参数都可以更改，任何场景都可以多次运行。每次某个变量发生变化都会在时间线上产生许多或大或小的连锁反应。

我们今天在计算机上运行的模拟主要是确定性过程，也就是说虽然不一定存在随机值或自由选择的过程，但仍然需要模拟运行一定数量的步骤，才能获得任何变化（无论多么微小）所产生的最终结果。混沌理论的基本思想是：参数的任何微小变化都会导致未来状态的巨大变化（也称为初始条件的敏感性）。这一话题将在本书第9章模拟、自动机和混沌中详细讨论。

模拟多元宇宙（Simulated multiverse）：一种在数字计算系统上模拟的宇宙，该宇宙可以分岔产生宇宙的不同实例，运行一段时间获取模拟结果，并将其合并回主宇宙。

我们将在本书第三、四部分通过大量篇幅探讨如何使用电子游戏和其他软件技术创建、维护、保存和评估计算机世界中的玩具宇宙。

知识链接

混沌（chaos），又称浑沌，英语 chaos 一词源于希腊语，原始含义是宇宙初开之前的景象，基本含义主要指混乱、无序的状态。作为科学术语，混沌一词特指一种运动形态。

汉语中混沌在我国传说中指世界开辟前模糊一团的状态。中国古代有关混沌的神话，最著名的莫过于盘古于混沌中开天辟地，详见三国时代吴国人徐整所著《三五历纪》。

曼德拉效应是否应该被彻底摒除？

如果一个人报告他看到了一种体形庞大的海洋生物，那么有理由予以驳回这一说法，因为这也许就是一种误认。然而，当看到某一现象的人数在不断

第一部分
听起来像科幻小说

增加时,我们至少应该更认真地审视可能发生的事情,而不是简单地将其置之不理。

说你不相信曼德拉效应是没有用的,因为相信曼德拉效应并不是一个信仰问题;从人们报告的意义上讲,它是实实在在的效应。不同的人难免会有时对无关紧要的细节有不同的记忆,有时对重大事件也有不同的记忆。当记错某一特定事件的人数变得足够多时,我们应该采用类似于其他大规模目击现象的方式来重新审视这种现象。

科学界通常研究大规模目击事件有些困难,比如1997年的凤凰灯(Phoenix Lights)UFO目击事件和1917年的法蒂玛奇迹(Miracle of Fátima),而这两起事件都被成千上万的人目击过。任何脑洞大开的研究人员不仅很难解释这些目击事件,而且无从下手迫使科学家轻易地对此弃之不理。

知识链接

凤凰灯UFO目击事件为近代少有的集体目击不明飞行物事件,700多人发现呈V字形排列的数个光点在夜空缓缓飞行。1997年3月13日晚上当地时间6点55分,美国亚利桑那州凤凰城的夜空中出现5~6个琥珀色的不明巨大光点,井然有序地排列成V形,缓慢而安静地从西北往东南方飞行。据统计,当天有多达2.4万人同时目击到了一架巨型UFO。当地记者特里普罗特克恰好拍下了当时的场景,事后他说他感觉这些光点不像是飞机,因为它们几乎是原地悬浮在天空。

法蒂玛奇迹,也称法蒂玛太阳奇迹。1917年5月13日,葡萄牙法蒂玛小镇上,路济亚(Lucia Santos)、方济各(Jacinta Marto)和雅琴达(Francisco Marto)三个小牧童自称在放牧时遇见一位周身发光的漂亮夫人,她要求他们三个在接下来每个月的13号来见她,人们都看不见那位夫人,当然都不相信,但是孩子们顶着压力,履行自己的诺言并告诉人们会有一个奇迹出现,在10月13日那天,七万人目睹了太阳在天空中盘旋、发光、坠落、又回到天上。

不幸的是,这是通过简单抛弃无用的数据,只专注于符合大多数科学家所认可理论的数据来实现的。但如果仔细观察,就会发现今天的科学框架并未拥有某种工具，实现真实调查大规模目击事件或其他短暂、零星的现象，因为这些事件和现象难以在实验室环境下按需重现。

包括心理学家在内的大多数科学家都普遍认为曼德拉效应仅仅是一种记忆错误的案例而已。我相信如果认真研究曼德拉效应，它不仅可以帮助我们揭示一些涉及时间本质的有趣事情，而且可以找到一些过去与未来关系的线索。正如本章开头时所说，我在这里绝不是要让读者相信曼德拉效应的真实性，或各种效应所隐含的多条时间线，而是将其作为我们探索的起点。

实际上，某些曼德拉效应可能确实只是记忆错误的案例。也许还有其他一些平淡无奇的解释。但是，我之所以选择在本章中深入探讨曼德拉效应，是因为它为思考多个过去的概念提供了一个非常强大的框架，这恰恰是模拟多元宇宙模型组成的一部分，而模型可以模拟多条时间线的分岔和合并。

正如爱因斯坦的相对论只是在极端情况下偏离牛顿力学定律，但它仍然揭示了宇宙如何运行的新特性，所以曼德拉效应可能只是提供了记忆的一种极端情况。曼德拉效应可能揭示出我们对空间和时间的理解有偏差，这也正是量子力学要告诉我们的结论：时间和空间并不是我们所认为的那样。

如果你在几百年前向著名的科学家们请教，询问他们关于有人看到石头从天而降的看法，他们会将其视为幻觉或错觉而置之不理。每个人特别是大多数科学家都知道天空中不存在岩石，那怎么可能从天空坠落岩石呢？

如果你在 50 年前向大多数物理学家请教，询问他们是否认为宇宙在作出每一个决定时的每一纳秒都会分岔产生平行的宇宙，他们可能会觉得你的想法听起来荒诞无稽。

以上案例中的问题很大程度上都与当时所处时代大多数科学家所认可的宇宙模型有关。正在膨胀或变化的宇宙模型可以让我们更好地理解宇宙及我们所处其中的位置。但是，要改变长久以来广为认可的模型确实非常困难，尤其是该模型已经深深扎根于拥有相同教义（宗教或科学）的大多数人群的头脑中。

50 年或 100 年后，我们是否会意识到，无视曼德拉效应的真正原因是我们一直以来脑海中所认可的错误的宇宙模型呢？

第一部分
听起来像科幻小说

辅助阅读材料
电影《曼德拉效应》中的量子模拟和时间线

2019年，人们对曼德拉效应的兴奋似乎达到了顶峰。同一年，我出版了《模拟猜想》一书，这一年也是电影《黑客帝国》发行二十周年。第一部涉及曼德拉效应的故事片是电影《曼德拉效应》。虽然电影《曼德拉效应》表面上讲的是稀奇古怪的多条时间线现象，但影片的创作者似乎和我们得出了同样的结论：如果存在曼德拉效应，那一定是因为我们生活在一个类似电子游戏的数字多元宇宙中。

知识链接

电影《曼德拉效应》是一部由 David Guy Levy 执导和编剧的科幻电影。查理·霍夫海默饰演了一名悲伤的丈夫和父亲，他对于大多数人都忘记或不正确记忆的随机事件十分着迷。《曼德拉效应》于 2019 年 10 月 23 日在 Other Worlds 电影节上首映，2019 年 12 月 6 日在美国公映。

图片来源：海报

电影《曼德拉效应》中的主角是电子游戏设计师布伦丹（Brendan），他不幸失去了女儿山姆（Sam）。布伦丹和妻子都为爱女的离世悲痛不已，布伦丹更是因无法接受女儿的死亡现实而神魂颠倒。他看着一本曾经读给女儿听的旧书 Berenstain Bears，惊讶地发现书名的拼写发生了变化。他发誓记得这个单词的拼写绝对是 Bernstein，也向他的姐夫马特（Matt）确认过：他们曾谈论过那是犹太人的习惯用法。

令他妻子懊恼的是，布伦丹陷入了曼德拉效应的"兔子洞"，并在网上找到了本章所提及的许多曼德拉效应的案例。最终，他找到了一位教授，而这位教授向他证实这种效应的发生可能是因为时间线的交替。随着螺旋式地掉入"兔子洞",布伦丹沉浸于曼德拉效应而不能自拔,他开始有了山姆还活着的交替记忆,并开始相信在另一条时间线上他的女儿没有死。

由于布伦丹是一名电子游戏程序员,他意识到曼德拉效应必定会发生,因为我们所知道的宇宙是在一台计算机,更确切地说是在一台量子计算机上运行。而且,每一个程序员都知道任何计算机程序都有可能因为程序的修改而崩溃。随着故事情节的发展,布伦丹在当地的大学找到了一台量子计算机,自己编写了一个可以让模拟崩溃和重置的程序,从而产生了一条稍微不同于现实的时间线,在这条时间线上他的女儿仍然活着。

除了在视觉上展示一个新手痴迷于曼德拉效应的历程外,这部电影还抛出了一些本书所探讨的相同主题。如果存在多条交替的时间线,那么这将是一个模拟的多元宇宙,而不是由某种量子计算系统所驱动的单一物理宇宙,那就更有意义了。如果真是这样,那么一切都是基于可以存储、处理的信息和代码,其中的某些变量可以更改,也可以从任意点重新运行。

第 3 章

模拟猜想

——我们生活在电子游戏世界中？

我们身处基础现实世界的可能性只有数十亿分之一。

——美国硅谷"钢铁侠"埃隆·马斯克，Code Conference（2016）

知识链接

埃隆·里夫·马斯克（Elon Reeve Musk），1971年6月28日出生于南非，企业家、工程师、慈善家、美国国家工程院院士。本科毕业于宾夕法尼亚大学，获经济学和物理学双学位。2002年6月投资创办美国太空探索技术（SpaceX）公司，出任首席执行官兼首席技术官。2004年出任特斯拉（TESLA）公司董事长。2006年与合伙人联合创办光伏发电企业太阳城（SolarCity）公司。2012年5月31日，马斯克旗下公司SpaceX的"龙"飞船成功与国际空间站对接后返回地球，开启了太空运载的私人运营时代。

图片来源：网络

我们可能生活在一个模拟的多元宇宙世界中，这是在深入探讨本书的最大前提。先列举一些我认为我们可能生活在一个类似于电子游戏世界模拟中的原因。

这一前提从根本上转变我们的思维方式，尤其是对所谓物质世界的理解。本章总结了我在《模拟猜想》一书中的一些结论，读过这本书的人可以快速浏览本章的内容。

从柏拉图和《吠陀经》到《黑客帝国》：虚幻概念的历史

认为我们周围的世界不是真实世界的观点并不是一个新话题。这最早可追溯到大约 5000 年前由被称为圣人的印度神秘人物所撰写印度教的基础文本《吠陀经》（*Vedas*）。物质世界是一种幻象（梵语中称为玛雅）的观点是印度教及其分支（包括佛教）的核心。

知识链接

《吠陀经》：印度最古老的文献材料和文体形式，主要文体是赞美诗、祈祷文和咒语，是印度人世代口口相传、长年累月结集而成的。"吠陀"的意思是"知识"、"启示"的意思。"吠陀"用古梵文写成，是印度宗教、哲学及文学之基础。《吠陀经》是婆罗门教和现代印度教最重要和最根本的经典。

事实上，认为我们周围的世界并不是真实世界的观点，以各种形式遍布世界上所有的主要宗教中。这是我在《模拟猜想》一书中曾经深入探讨的一个观点，本书第 14 章也将从宗教的角度对此进行探讨。

从古至今的哲学家们无一不在深入思考这个几千年以来的古老话题。静下心来思考现实本质的，不仅有痴迷喜马拉雅山探索的狂热神秘主义者，还有深更半夜在宿舍秉烛夜谈的大学生们。与科学家和神秘主义者不同，哲学家思考的角度处于他们之间某个有趣的中间地带，他们更能提出一些天方夜谭的大问题，但同时又能将逻辑和洞察力有机结合在一起，形成一些往往难以反驳的论点。

柏拉图（Plato）是最早提出该观点的西方哲学家之一。在《理想国》(*The Republic*)的《洞穴之喻》(*Allegory of the Cave*)中，柏拉图（通过他的导师和文学上的第二个自我）解释说，我们大多数人就像洞穴里的囚犯，被锁在墙壁上，只能看到洞穴开口对面的墙壁。洞外火或光的影子投射到墙壁上，就像一个古老

第一部分
听起来像科幻小说

的木偶戏。因为洞穴里的人只见过墙壁上的影子,所以他们只知道这些,相信影子的互动就是现实。

知识链接

《理想国》是古希腊哲学家柏拉图创作的哲学对话体著作,也是柏拉图的代表作。全书主要论述了柏拉图心中理想国的构建、治理和正义,主题是关于国家的管理。这本书涉及政治学、教育学、伦理学、哲学等多个领域,思想博大精深,几乎代表了整个希腊的文化。2015年《理想国》在英国"学术图书周"中被评为最具影响力的20本学术书之一。

柏拉图(公元前427年—前347年)是古希腊伟大的哲学家之一,也是整个西方文化中最伟大的哲学家和思想家之一。柏拉图认为精神是第一性的,物质是第二性的;认为现实世界不过是理念世界的微弱的反映,观念世界是真实的存在,而现实世界不是真实的存在。

柏拉图和老师苏格拉底、学生亚里士多德并称为"希腊三贤"。他创造或发展的概念有柏拉图思想、柏拉图主义、柏拉图式爱情等。

《洞穴之喻》:著名的《洞穴之喻》形象生动地表明了柏拉图政治哲学的基本理念:理想的国家具有唯一性,真正的哲学家适合做统治者;囚徒缺少的是自由而不仅仅是知识;理想国家须以宗教作补充。柏拉图的哲学思想标志着古典希腊城邦公共政治生活时代的结束,以及哲学与宗教时代的开始。

木偶戏:木偶戏是由演员在幕后操纵木制玩偶进行表演的戏剧形式。作为汉族传统艺术之一,木偶戏在中国古代又称"傀儡戏"。中国木偶戏历史悠久,普遍认为源于汉,兴于唐。三国时已有偶人杂技表演,隋代则开始用偶人表演故事。2006年5月20日,木偶戏经国务院批准列入我国第一批国家级非物质文化遗产名录。

柏拉图认为,哲学家可以用隐喻的方式打破枷锁,逃离洞穴去看看外面的世界。任何逃离洞穴的人,起初难免会被光弄盲,而看不清外面的世界(这是由于他们的一生都在黑暗的洞穴中度过所致),但他们的眼睛最终会适应外面光亮的世界。这些无拘无束的哲学家将不可避免地观察到一些看似奇妙的事情。哲学家会想，返回洞穴，告诉洞穴里的人们，外面的现实是什么样子。但是，洞穴里的人们开始，会对哲学家说法表示怀疑，最后会犹豫不决不愿放弃他们熟悉的被枷锁锁在洞穴中的生活。

这听起来有点像《黑客帝国》的情节，但事实确实如此。哲学家柏拉图等于将二千年之久的现实选择交给了尼奥（Neo），而尼奥只能从墨菲斯（Morpheus）赠与他的红色药丸（寓意逃离洞穴）或蓝色药丸（寓意继续待在洞穴）之中二选一（请参阅本章辅助阅读材料）。柏拉图似乎断言，如果真的给予人们选择的自由，大多数人会毫不犹豫地选择蓝色药丸，继续待在黑暗的洞穴世界中生活。

自柏拉图以来的几个世纪里，陆续有西方哲学家发表了自己关于洞穴之喻的观点。创建笛卡儿坐标系的法国哲学家和数学家勒内·笛卡儿（René Descartes）从 1637 年到 1641 年分别在《方法论》（Discourse on the Method）和《第一哲学沉思录》（Meditations on First Philosophy）（也称《形而上学沉思录》）中给出了一个略有不同的观点。笛卡儿首先考虑是否存在一个"拥有巨大力量且极为狡猾"的恶魔，而这个恶魔"用尽了所有的精力来欺骗我"。

知识链接

勒内·笛卡儿（1596—1650 年），法国哲学家、数学家、物理学家。西方现代哲学的奠基人之一。他将几何和代数相结合创立了解析几何学，首次对光的折射定律提出了理论论证，力学上发展了伽利略运动相对性的理论，发展了宇宙演化论、漩涡说等理论学说，是近代二元论和唯心主义理论著名的代表。代表作有《方法论》《几何》《屈光学》《哲学原理》等。

图片来源：网络

假如恶魔能够欺骗笛卡儿的感官，让他认为自己身处一个物质世界中，那么笛卡儿就不能确定自己是生活在现实世界中，而不是一个梦幻的世界中。"我会认为天空、空气、大地、颜色、形状、声音和所有外在的事物都只是梦中的幻觉而已，是恶魔设计的幻觉迷惑了我的判断。"

然而，笛卡儿唯一能确定的是他在思考和感知，由此诞生了他的名言："我思

第一部分
听起来像科幻小说

故我在"(I think, therefore I am)。而在另一个世界里,没有恶魔,但笛卡儿只是像无数个梦境那样,生活在一个梦幻的世界里,而这看起来却是完全真实的世界。

更多虚幻概念的现代版本

19世纪,哲学家、主教乔治·伯克利(坐落在旧金山海湾的美国加州大学伯克利分校以他的名字命名)进一步将柏拉图的哲学思想发扬光大。伯克利为两个直接与模拟猜想相关的哲学思想进行了辩护:唯心主义(认为所有存在的事物或者是精神的存在,或者依附精神存在)和非唯物主义(认为物质根本不存在)。

知识链接

乔治·伯克利是英国三位最著名的经验主义者之一(另外两位是约翰·洛克和大卫·休谟)。伯克利最著名的作品是关于视觉的早期作品《关于视觉新理论的论述》(*An Essay Towards a New Theory of Vision*,1709年),和2篇关于形而上学的作品《人类知识原理》(*A Treatise Concerning the Principles of Human Knowledge*,1710年)和《海拉斯和菲洛斯的三次对话》(*Three Dialogues Between Hylas and Philonous*,1713年)。

图片来源:网络

与唯心主义和非唯物主义相对应的是现实主义和唯物主义,它们都认为世界是存在的,并且与精神无关。当然,这只是传统科学的观点。相对论、量子物理学的出现让传统科学的这些观点遭遇了前所未有的挑战,我们将在后续的章节中深入探讨。

现代也有很多类似笛卡儿观点的版本,如"缸中之脑"(Brain in a Vat,B-I-V)和"玻尔兹曼大脑"(Boltzmann Brain)。

"缸中之脑"场景直接对应笛卡儿观点中的恶魔。在该场景中,物理缸里有一个实际的大脑,通过电线将通常由身体传回大脑的所有信号发送至大脑。从理论上讲,因为与大脑接收到的信号一模一样,所以大脑应该无法区分信号是源于人体还是缸外的计算机。缸中之脑场景甚至比《黑客帝国》中使用的脑-机接口

模拟多元宇宙

（Brain-Computer Interface，BCI）更为深奥；《黑客帝国》中，整个人都在大缸里，电线连接着人脑，其思路与"缸中之脑"异曲同工。由于没有人能够让大脑在人体之外存活，因此这只是一个思想实验而已。但在我们讨论模拟的背景下，这却是一个有趣的实验。

知识链接

缸中之脑："缸中之脑"是知识论中的一个思想实验，是美国哲学家、数学家与计算机科学家希拉里·普特南（Hilary Putnam）1981年在他的《理性，真理与历史》（Reason，Truth，and History）一书中阐述的假想。其实，"缸中之脑"是法国哲学家勒内·笛卡儿《第一哲学沉思录》中"恶魔天才"（Evil Genius）概念的升级版本。

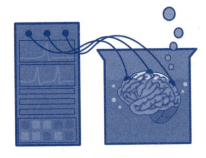

图片来源：网络

与"缸中之脑"假想相似的最早记录，可追溯至中国古代的"庄周梦蝶"。《庄子·齐物论》记载："昔者庄周梦为蝴蝶，栩栩然蝴蝶也，自喻适志与，不知周也。俄然觉，则戚戚然周也。不知周之梦为蝴蝶与，蝴蝶之梦为周与？周与蝴蝶则必有分矣。此之谓物化。"意思是：从前，庄周梦见自己变成了蝴蝶，感到无限的自由舒畅，竟然忘记了自己是庄周。醒后惊惶地发现自己是庄周，却又不知是庄周梦见自己变成了蝴蝶呢，还是蝴蝶梦见自己变成了庄周。

玻尔兹曼大脑的观点有点另类，一时可能让人无法接受，更像是一个它依赖无穷魔法现代物理学的看法。我们将在本书第二部分详细讨论。玻尔兹曼大脑悖论指出：在一个无限大的宇宙中，通过量子涨落，构成正常人类大脑的所有原子连同记忆必定会至少一次随机地聚集在一起。如果真是如此，人类的大脑会认为它有过去，并且生活在一个真实的宇宙中，但它却真的会有错误记忆[1]。

---

[1] 如果宇宙是无限存在的，那么许多玻尔兹曼大脑将随着时间的推移而形成，其数量可能比真正的人类大脑还要多。有可能你就是一个玻尔兹曼大脑，认为在阅读一本书之后大脑里填满了错误的记忆。这一观点与我们将要介绍的尼克·博斯特罗姆的模拟观点不谋而合。博斯特罗姆的观点是使用统计数据来说明我们更可能不在真实世界中。大多数物理学家对玻尔兹曼大脑的想法嗤之以鼻，认为大脑从量子涨落中随机产生所需的时间比目前已知的宇宙年龄要长。物理学家布莱恩·格林（Brian Greene）说，他确信自己不是玻尔兹曼大脑，但他却不能绝对肯定，我们的理论也不能确定。

第一部分
听起来像科幻小说

> **知识链接**
>
> 玻尔兹曼大脑是假想的产生于混乱中熵的涨落的自我意识。自我意识是一种低熵态。奥地利物理学家路德维希·玻尔兹曼（Ludwig Edward Boltzmann）曾提出一个观点：如果已知的低熵态宇宙是来源于熵的涨落，那涨落中也应该会出现许多低熵的自我意识，比如一个孤单的大脑，后将这种孤单的大脑命名为玻尔兹曼大脑。
>
> 路德维希·玻尔兹曼（1844—1906年）出生于奥地利维也纳，1866年获得维也纳大学博士学位，物理学家、哲学家、热力学和统计物理学的奠基人之一。作为一名物理学家，他最伟大的功绩是发展了通过原子的性质（如原子量、电荷量、结构等）来解释和预测物质的物理性质（如热传导、扩散等）的统计力学，并且从统计意义对热力学第二定律进行了阐释。

图片来源：网络

无论是几百年前的哲学家，还是几千年前的神秘主义者当然都没有使用计算机模拟或电子游戏的术语，然而他们确实使用了现代技术的隐喻。据称可能是世界上最早的宗教文献《吠陀经》（*Vedas*），使用了一种类似于游戏 Lila 的游戏（尽管对"游戏"一词的定义不同）语言暗示物质世界；而佛教大师们则经常通过梦的隐喻方式描述物质世界[①]。

菲利普·K.迪克于电子游戏还在起步时，在梅斯科幻大会上发表了著名的演讲。直到1999年，《黑客帝国》《异次元骇客》（*The Thirteenth Floor*）和《感官游戏》（*eXisten Z*）等电影渲染并解决了生活在类似电子游戏世界中的问题时，虚幻概念重新激起了人们的无限遐想。

辅助阅读材料
《黑客帝国》的完美模拟

对于那些没有看过《黑客帝国》的人来说，下面是一个非常简短的概要性总结。尼奥（基努·里维斯饰）过着一种滑稽的生活，在一个滑稽的办公楼里的一

---

① 梵文"Buddha"音译"佛陀"。字面意思是"觉者"或"知者"。

个滑稽的小隔间里工作。晚上，他却在网上过着另一种生活，入侵网络时遇到了一些称为"矩阵"（Matrix）的神秘东西。这让他有机会认识了以希腊梦之神命名的墨菲斯（Morpheus）（劳伦斯·菲什伯恩饰），尼奥问他什么是"矩阵"？

在这部里程碑式电影中可能是最著名的一幕中，墨菲斯告诉尼奥，他无法用言语描述"矩阵"是什么；他必须亲自去体验。然后，他让尼奥从红色或蓝色药丸中选择一个药丸。如果选择服用蓝色药丸，第二天早上他会在自己的床上醒来，一切照旧，不会有什么不同；如果选择吃红色药丸，他会醒过来。当然，如果他服用了红色药丸将发现自己是一个毕生都生活在座舱中的人，有一根电线（我们现在称之为脑机接口（Brain-Computer Interface，BCI））连接着他的大脑。电线用来向他的大脑传送一个超现实的多人电子游戏——矩阵，并捕捉他的心理反应。如果他愿意，BCI还可以向他的大脑传送其他模拟——小矩阵。正如墨菲斯告诉尼奥的那样：他毕生都生活在梦幻世界中。

为什么呢？事实证明，一群超级智能机器人已经奴役了人类，将人类接入计算机"矩阵"，控制了人脑的电流。

《黑客帝国》及其续集《黑客帝国2：重装上阵》（*The Matrix Reloaded*）和《黑客帝国3：矩阵革命》（*Matrix Revolutions*）（译者注，2021年12月《黑客帝国4：矩阵重启》上映）集哲学、科幻和动作于一身：他们跟随尼奥及其同伴的冒险经历，试图将人类从这种命运中拯救出来，已经成为文化的试金石之一。

知识链接

- 《黑客帝国2：重装上阵》是2003年上映的科幻动作电影。影片主要讲述了尼奥中弹复活后变成了无所不能的"救世主"，他将带领锡安基地的人民，打响对机器世界的反击战。

- 《黑客帝国3：矩阵革命》是2003年上映的一部好莱坞的科幻电影。中国香港电影武术指导袁和平担任动作指导。

影片承接第二集的故事，一场为寻找自由的漫长惊世战争正式展开。锡安的人们面临母体机械大军的入侵，人类也赌上所有武力，发动最大攻势，将整场战役由地面延伸到母体的天空，救世主尼奥与宿敌计算机特工史密斯也将展开一场绝命殊死战。

- 《黑客帝国4：矩阵重启》（*The Matrix Resurrections*）是拉娜·沃卓斯基执导的科幻动作片，于2021年12月22日上映。该片是《黑客帝国》系列电影的第四部，剧情

第一部分
听起来像科幻小说

承接《黑客帝国 3：矩阵革命》，讲述失去记忆的尼奥在矩阵中复活，他重新认识自己，并带领支持者救回复活的崔妮蒂，反抗机器统治的故事。

博斯特罗姆的祖先模拟理论及其模拟论证

2003 年，瑞典哲学家、现任牛津大学哲学教授尼克·博斯特罗姆（Nick Bostrom）发表了一篇具有里程碑意义的论文《你生活在计算机模拟中吗？》（*Are You Living in a Computer Simulation?*）。论文的主题思想超越了科幻小说范畴，自那之后我们今天使用的"模拟猜想"术语开始流行起来。

博斯特罗姆在其这篇著名的论文开篇写道：

许多科幻小说以及严肃的技术专家和未来学家的都预言，未来将有巨大的计算能力可用。让我们暂且假设这些预言正确。后人可能会用他们超级强大的计算机做的一件事是详细地模拟他们的祖先或像他们祖先一样的人。

博斯特罗姆的论点是一种特殊的模拟，他称之为祖先模拟（Ancestor Simulation），并用其来证明他的论点。我们将其添加至不断增加的定义列表中。

祖先模拟：由博斯特罗姆提出的一种特殊的模拟，指一个先进的技术社会决定运行对他们祖先的模拟。

例如，在我们周围的世界中，这就像是我们在创造一个发生在古罗马时代的完全沉浸式模拟，或者一千年后我们的后代可能会模拟我们——也就是他们 21 世纪的祖先。

博斯特罗姆认为计算能力可能不受宇宙时间尺度的制约，技术先进的文明有可能将整个星球的资源用于计算，估计这将提供足够的算力来模拟整个宇宙以及身处其中的人类。

博斯特罗姆在论文摘要中早早公布了结论，感兴趣的读者可以阅读论文以进一步了解细节[21]：

情况可能是这样：像我们这样的绝大多数人都不属于原始种族，而是属于原始种族的先进后裔所模拟出来的人。这样就有可能争辩说，如果真是这样的话，我们有理由认为我们很可能是生活在模拟思维中，而不是在原始的生物思维中。

论文的其余部分详细阐述了他是如何得出这一结论的，这需要至少一种文明才能实现他所称的"后人类（post-human）"时代，与我所说的模拟元点类似：一个技术文明能够构建如此复杂的模拟，以致其无法与物理现实区分。

三元悖论与模拟猜想

博斯特罗姆首先给出了一个大的假设，意识其实是一个计算问题。所以，如果有足够的算力，可以存储和处理一个人的所有记忆，那么可以利用这些信息创造出一个意识实体。他称之为衬底独立性（substrate independence），我们目前通过生物大脑所体验到的意识，可在其他媒介如硅材料中模拟。当然，博斯特罗姆的假设是一个非常有争议的话题。

博斯特罗姆将模拟之外的文明称为基础现实（base reality）。他说，尚未达到"后人类"阶段的文明是前"后人类"文明。这个说法非常别扭，这也是我坚持使用术语"模拟元点"的原因所在。

博斯特罗姆的论点离不开对宇宙时间线的思考，以及先进文明可能如何发展的问题。为了考虑这样的文明，我们必须从当前的技术出发，分析我们如何才能到达模拟元点，这正是我在前一本书中所强调的内容。这一过程可能需要十年、一百年，乃至一千年，但所有这些在宇宙时间里都只不过是电光石火的一瞬间而已。

论文中，博斯特罗姆提出了三元悖论，将其与每一种可能的概率结合在一起，称之为模拟论证（simulation argument）。结论是以下三种命题中，必定有一种为真：

（1）尚未有一个文明到达模拟元点。

（2）文明到达模拟元点，但决定不创造祖先模拟。

（3）文明到达模拟元点，创造了许多祖先模拟。

根据博斯特罗姆的说法，以上三种命题的概率加起来应该是100%，而每种情况的结论分别为：

（1）我们不在模拟中。

第一部分
听起来像科幻小说

（2）我们很肯定不在模拟中。

（3）我们很肯定在模拟中。

我们身在模拟中的概率有多大？

如果第一种命题正确，则没有任何文明曾经创造过祖先模拟的场景，我们生活在模拟中的概率肯定为零。

如果第二种命题正确，则我们肯定不是生活在模拟中的概率非常高。尽管一个文明禁止创造祖先模拟，并不意味着没有人曾经创造它们，因为总会有人做一些明令禁止的事情。

最后，如果第三种命题正确，一个或多个技术先进的文明到达了模拟元点，他们可能会创造许许多多拥有多种模拟思维的模拟。由此博斯特罗姆断定我们肯定身处模拟中，而且概率接近100%。得出第三个结论的方式是统计论证为主，数学论证为辅。

博斯特罗姆说，要考虑到已经到达模拟元点的文明的数量及其他们可能创造的模拟的数量。只要有至少一个文明到达模拟元点，他们就会创造出许许多多的祖先模拟，因为创造一个祖先模拟只是一个启动服务器，配置更多计算能力的问题而已。假如每个模拟都有数十亿，乃至数万亿个模拟思维，那么最终模拟思维的数量将大大超过生物思维的数量。

使用简单的概率计算公式，可以算出计算机模拟中模拟思维相对基础现实中生物思维的概率。基本上是模拟思维与生物思维的比率：

$$你生活在模拟中的概率 = \frac{\#模拟思维}{\#生物思维}$$

假设模拟思维的数量是生物思维的1000倍，概率变成99.9%。如果模拟思维的数量是生物思维的10000倍，那么概率就会提高至99.99%，以此类推，随着模拟思维数量的增加，概率会无限接近100%，但可能永远也达不到100%。

新闻网站和公共论坛上经常会出现博斯特罗姆观点的简化版本。你可以使用基础现实世界与模拟世界的比率，而不是使用模拟思维与生物思维的概率。假设

模拟多元宇宙

只有一个基础现实,而且身处基础现实之中的某个人到达了模拟元点,一个文明可以运行1000次、10000次乃至一百万次模拟世界。我们处于基础现实中的概率极小(千分之一、万分之一或百万分之一等)。

当博斯特罗姆被问及三种命题的概率时,他通常会说很难给出,但它们的概率总和必须是100%,这是因为只有其中一种最有可能是真的,而且它们是相互排斥的。在论文中,他说如果没有进一步的证据,可以假设三种可能性中的每一种都还有概率成立。在一次访谈中,他个人认为第三种命题是正确的可能性约为20%。

电子游戏和模拟

正如前文所述,虽然在我探讨模拟之前,模拟论证已经以博斯特罗姆论文的形式存在了十多年。但在我的案例中,是我在电子游戏方面的背景以及我对我们需要多久才能到达理论模拟元点的推测让我到达了这一点。

事实上,就在我体验那款让我惊艳的虚拟乒乓球游戏的同一年(2016年),埃隆·马斯克(Elon Musk)在一次会议上说过一句名言:我们身处基础现实(换句话说,我们不是生活在模拟世界中)的可能性基本上是十亿分之一。

马斯克以电子游戏为例说,如果我们回顾40年前的电子游戏,那时的游戏 *Pong* 基本上是一个点和两个上下移动的方块。马斯克说,40年后的今天,我们不仅有三维大型多人在线角色扮演游戏(massively multiplayer online role-playing game,MMORPG),还有采用虚拟现实(VR)和增强现实(AR)的游戏。如果我们继续不断地改进提高,总有一天,即使需要一千年或一万年,我们也终将到达模拟元点。然后,他采用简化的基础现实与模拟世界数量之比的论点,得出了概率为十亿分之一的结论。

博斯特罗姆观点的核心似乎是,如果基础现实中的任何文明曾经到达模拟元点,那么我们很可能身处模拟之中。

让我们回到马斯克的问题,以及我在2016年的虚拟现实经历让我思考的问题:我们所拥有的技术文明(也就是我们的文明)需要多长时间才能到达模拟元点?

第一部分
听起来像科幻小说

通往模拟元点之路

在《模拟猜想》一书中,我从简单的电子游戏出发,花了大量的篇幅详细阐述了技术开发的各个阶段,最后展望了未来的技术前景。在这里,我简要概括一下①。

第 0~3 阶段:从文字冒险游戏到大型多人在线角色扮演游戏

在计算机中探索世界的想法,源于 20 世纪 70 年代的文字冒险游戏《巨洞冒险》(Colossal Cave Adventure),而将文本游戏发展到顶峰的是 Infocom 公司游戏《魔域帝国》(Zork)和《银河系漫游指南》(The Hitchhiker's Guide to the Galaxy,又译《搭便车者的星系漫游指南》)。文字冒险游戏开创了玩家探索虚拟世界的理念,也代表了当前世界游戏状态的点点滴滴;随着游戏世界中玩家角色的冒险,游戏状态也在不断改变。我们将在第 8 章详细探讨游戏状态的构建过程。

> **知识链接**
>
> 巨洞冒险,又名 ADVENT、Clossal Cave 或 Adventure,是 20 世纪 80 年代初到 90 年代末最受欢迎的文字冒险游戏,被誉为"文字冒险游戏"的始祖。这款游戏还作为史上第一款"互动小说"(interactive fiction)游戏而闻名。1976 年,程序员 Will Crowther 开发了游戏的早期版本,后来程序员 Don Woods 改进了程序,添加了许多新元素,包括记分系统以及更多的幻想角色和场景。据称,这款有 46 年历史的传奇作品将以 Unity 引擎重制上市,名为 *Colossal Cave 3D Adventure*,并对应 VR 设备。

> 魔域帝国(Zork)是最早的含有互动元素的电脑游戏之一,以早期的巨洞冒险为原型。最早的版本在 1977—1979 年间由美国麻省理工学院的互动模型小组成员开发完成。1980 年由 Infocom 公司发行。《魔域帝国》自开发之日起,在道家太极学说的基础上,创造了独一无二的阴阳资源系统。阳表现为善,阴表现为恶。

---

① 为了更好地理解每个阶段,可以阅读《模拟猜想》或我的一些在线文章(每三个月左右更新)

模拟多元宇宙

第一款广泛流行的图形游戏 Pong、科幻游戏《太空入侵者》(Space Invaders) 和街机游戏《吃豆人》(Pac-Man) 直接引发了 20 世纪 80 年代的游戏机厅和家用游戏机热潮。直到图形街机游戏的工具与文本冒险的元素结合起来，我们才真正开始迈向模拟元点之路。最初的图形化角色扮演游戏（role-playing game，RPG）包括《国王密使》(King's Quest)、《塞尔达传说》(Legend of Zelda) 等。尽管这些游戏都是简单的 2D 单人游戏，但它们却拥有当今 3D 大型多人在线角色扮演游戏（如《魔兽世界》(World of Warcraft) 和《堡垒之夜》(Fortnite)）的许多元素，并且形式极为简单：游戏中玩家可以通过所扮演的角色/化身去体验和探索世界。

20 世纪 90 年代，射击游戏《毁灭战士》(Doom) 呈现了全新的 3D 环境，玩家在游戏世界中可以自由地探索，场景也会实时变化。《毁灭战士》首席程序员 John Carmack 后来成为 Oculus 的首席技术官，为现代虚拟现实的繁荣做出了巨大贡献。如今，大型多人在线角色扮演游戏可让数百万玩家参与，并让玩家独立地在终端（个人电脑或手机上）使用 3D 渲染技术，且只呈现玩家在游戏中的化身可以看到的游戏世界情景。这些技术很多是下一阶段所要采用的沉浸式技术，同时也为我们今天所说的元宇宙的发展奠定了基础。

知识链接

元宇宙（Metaverse）是利用科技手段进行链接与创造的、与现实世界映射和交互的虚拟世界，具备新型社会体系的数字生活空间。

元宇宙本质上是对现实世界的虚拟化、数字化过程，需要对内容生产、经济系统、用户体验以及实体世界内容等进行大量改造。元宇宙的发展将是一个循序渐进的过程，将在共享的基础设施、标准及协议的支撑下，由众多工具、平台不断融合、进化而最终成形。

元宇宙基于扩展现实技术提供沉浸式体验，基于数字孪生技术生成现实世界的镜像，基于区块链技术搭建经济体系，将虚拟世界与现实世界在经济系统、社交系统、身份系统上密切融合，并且允许每个用户进行内容生产和世界编辑。

元宇宙一词诞生于 1992 年的科幻小说《雪崩》(Snow Crash)。这部小说描绘了一个庞大的虚拟现实世界，身处其中的人们用数字化身来控制，并相互竞争以提高自己的地位。到现在看来，这一描述仍然是非常超前的。

关于元宇宙，较受认可的思想源头是美国数学家和计算机专家弗诺·文奇教授。他在 1981 年出版的小说《真名实姓》(True Names) 中创造性地构思了一个通过脑机接口并获得感官体验的虚拟世界。

第一部分
听起来像科幻小说

第 4 ~5 阶段：沉浸式 VR、AR、MR

基于 3D MMORPG，目前虚拟现实和增强现实令科幻小说更加接近现实。

2012 年，Facebook 公司通过收购 Oculus Rift 公司介入虚拟现实（virtual reality，VR）领域。之后 VR 技术获得了快速发展，许多大公司都争相推出自己的虚拟现实头戴设备。2018 年，史蒂文·斯皮尔伯格（Steven Spielberg）导演的电影《头号玩家》（*Ready Player One*）中，演员不仅可以通过头显体验 VR，还可以使用触觉手套、全身套装，甚至是全方位跑步机来增加沉浸感。现实世界中，随着虚拟现实的头显越来越小，多种 VR 产品正在研发中，而且有些 VR 产品已在市场上销售。

增强现实（AR）可以让我们通过在现实世界中放置数字化对象的同时，看到我们周围的虚拟世界和现实世界，因此比虚拟现实（VR）更具沉浸感。如今，这一切通常都可以通过增强现实眼镜来实现。AR 眼镜将虚拟对象渲染到你所身处的世界来增强视觉效果。尽管最初的 AR 头显（如微软的 HoloLens 头显）又大又笨重，但 AR 眼镜的尺寸正在逐渐变小，已经接近普通眼镜的尺寸。这意味着它们可能是一种更为社会公众所接受的登录虚拟世界的方式。沉浸感的 AR 技术已经可以植入智能手机，数字化的情景可以通过智能手机的相机，将其所捕捉的真实世界渲染出来（一个非常成功的案例是流行游戏《宝可梦 Go》）。

知识链接

虚拟现实：虚拟现实技术是 20 世纪发展起来的一项全新的技术。虚拟现实技术囊括了计算机、电子信息、仿真技术等，其基本实现方式是通过计算机模拟虚拟环境从而给人以环境沉浸感。

虚拟现实，顾名思义就是虚拟和现实的相互结合。从理论上讲，虚拟现实技术是一种可以创建和体验虚拟世界的计算机仿真系统，它利用计算机生成一种模拟环境，使用户沉浸到该环境中。虚拟现实技术将现实生活中的数据，通过计算机技术产生的电子信号与各种输出设备的结合转化为能够让人们感受到的现象。这些现象可以是现实中真切的物体，也可以是通过三维模型表现出来我们肉眼所看不到的物质。由于这些现象不是我们直接能看到的，而是通过计算机技术模拟出来的现实中的世界，故称为虚拟现实。

混合现实（Mixed Reality，MR）（包括增强现实和增强虚拟）指的是合并现实和虚拟世界而产生的新的可视化环境。在新的可视化环境里物理和数字对象共存，并实时互动。

Nreal 副总裁呼显龙认为混合现实硬件将会成为元宇宙的重要入口，为人们带来虚实结合的显性体验及更加自然的交互方式。

增强现实（Augmented Reality，AR）是一种将虚拟信息与真实世界巧妙融合的技术，广泛运用多媒体、三维建模、实时跟踪及注册、智能交互、传感等多种技术手段，将计算机生成的文字、图像、三维模型、音乐、视频等虚拟信息模拟仿真后，应用到真实世界中。两种信息将互为补充，从而实现对真实世界的"增强"。

《宝可梦 GO》（Pokémon Go）是任天堂、The Pokémon Company、Niantic Labs 联合制作开发的现实增强（AR）宠物养成对战类 RPG 手游。

《宝可梦 GO》游戏能对现实世界中出现的宝可梦进行探索捕捉、战斗以及交换。玩家可以通过智能手机在现实世界里发现宝可梦，进行抓捕和战斗。玩家作为宝可梦训练师抓到的宝可梦越多会变得越强大，从而有机会抓到更强大更稀有的宝可梦。

AR 和 VR 现在统称为 XR 或 MR（混合现实）技术让我们今天更加接近真实感的渲染。像素数已经大幅度提升：从第一个《井字棋》（*Tic Tac Toe*）儿童游戏编程用的旧 8 位 256 色像素，到今天的 32 位、64 位像素，乃至 4K 和 8K 的像素屏幕。AR 的兴起表明物理世界确实可以模拟，从而开启模糊宏观层次对象和信息之间的界限。

第 6 阶段：建造《星际迷航》的复制机和全息甲板

第 6 阶段包括 3D 打印和光场技术，它们代表了虚拟对象呈现或实际成为物

第一部分
听起来像科幻小说

理对象的重大飞跃。事实上，这些技术比以往任何时候都更像电影《星际迷航》中的复制机或全息甲板。

首先介绍光场技术。它将增强现实技术提升到一个全新的水平，完全不需要眼镜，并且能够将一个物体的立体化形象呈现在房间里。光场是研究光线如何从物体上反射，折射到房间或环境的不同部位。光场可以欺骗眼睛（最初需要戴眼镜，但最终的发展肯定是不需要戴眼镜），让眼睛认为房间里有一个实实在在的物体，而实际上它只是一幅全息图。随着将来性能更好、体积更小投影仪的出现，我们将能够使用光场的知识，在任何地方构建虚拟物体，实现对逼真数字化物体的重现。只要不去触碰它，它看起来就和其他物体一样真实①。

3D 打印机的基本思想是将任何物理对象建模为信息，并通过一系列 3D 像素打印成物理对象。虽然今天的打印机通常只能使用一种墨水（通常是单一颜色的热塑性塑料）打印，但 3D 打印机已经能够打印出更复杂的物体，如 1∶3 比例阿斯顿·马丁汽车模型和真枪，以及用病人自己的细胞通过一系列的处理 3D 打印成皮肤，可以更成功地移植到病人受伤部位的皮肤上。一个初创团队创建了一个 1∶3 比例的心脏模型，另一个团队正在使用 3D 打印技术打印血管。目前制造的最大的 3D 打印机正在地球低轨道上组装设备。所有这些都表明，虚拟对象和物理对象之间的界限正变得越来越模糊。

估计用不了多久，3D 打印机将能够使用不同物质的分子和原子作为像素来打印物理对象，物理对象和信息之间的界线将变得愈加模糊。就像皮卡德船长一样，当你说"来一杯热伯爵茶"时，很快眼前将摆着做好的一杯热腾腾的伯爵茶。

---

① 增强现实眼镜正变得越来越小，当你读这本书的时候，会有 AR 眼镜看起来像普通的太阳镜或眼镜，就像 HBO 发行的科幻类连续剧《西部世界》(Westworld)第三季中描绘的那样。剧中，一个人戴上眼镜，看起来他们是在和房间里的某个人聊天，实际上另一个人根本不在房间里，可能完全在其他别的地方。

同样有趣的是类似手套和紧身衣的触觉技术，可以通过仪器作用到皮肤上的微弱电信号来模拟触摸物体（如立方体或杯子）的感觉。正如《头号玩家》中所描述的那样，这些已经在研发中的技术有望让人感受到虚拟环境中发生的事情。

第 7~8 阶段：脑机接口和植入的记忆

现在，让我们脑洞大开，探索一下未来可能的技术领域。对于类似尼奥这样的人类，《黑客帝国》如此有说服力的一个主要原因是，通过一根连接到大脑皮层的电线，图像可以直接传送至大脑。尼奥的反应被记录下来，并发送到运行模拟的计算机系统中。结果，尼奥和其他所有参与模拟的人都被欺骗了，他们认为自己所体验的现实是真实的，就像一个永远不会结束的多人游戏一样。

要真正构建这样的情景，我们需要绕开当今的 VR、AR 眼镜，直接与大脑交互以使游戏世界可视化，并真正了解我们希望自己在游戏中做什么角色的意图。过去十年的脑科学研究进展表明，脑机接口并不像我们想象的那么遥远。包括 Neurable 在内的初创公司正在开发 BCI，从而利用大脑控制虚拟现实中的目标。另一家由硅谷钢铁侠马斯克投资的初创公司 Neuralink 声称，他们正在根据科幻小说作家伊恩·班克斯（Iain Banks）提出的概念开发包括植入物在内的高带宽、安全的脑机接口[1]。脸书（Facebook）和其他巨头正在收购 BCI 公司,其中大多数公司都涉及从脑电图（大脑信号）读取意图或肌肉对肌电图（电信号）的反应。所以，我们正朝着能够解读大脑意图的方向前进。但反过来，信号能传播到大脑不？

威尔德·彭菲尔德（Wilder Penfield）在 20 世纪 50 年代的实验表明，可以通过电信号在大脑内部触发记忆。这听起来像是电影《银翼杀手》里的科幻场景。而最新的实验表明，确实可以在大脑中植入记忆。2013 年，美国麻省理工学院的一个研究小组在研究老年痴呆症时发现，可以在老鼠的大脑中植入错误记忆，而这些记忆最终却与真实记忆的神经结构相同。虽然实现方式有很多局限性，但却为人类攻克老年痴呆症提供了一种技术可能。

---

[1] 马斯克投资了一家专门从事神经接口技术的公司——Neuralink。2020 年，Neuralink 公布成功在猪脑里植入设备，芯片可以读取猪大脑信号。不久，Neuralink 的研究表明植入芯片的猴子可以学习和玩电子游戏，同时监测到了其脑电波；猴子无视操纵杆与游戏断开的事实，继续使用操纵杆；猴子所不知道的是，芯片正在读取其大脑信号，并将其传送到游戏引擎。2021 年，Neuralink 演示了它的 BCI 可以用来让猴子 Pager 用意念玩乒乓球游戏。

脑-机接口的方法包括侵入式和非侵入式两类。Neuralink 的芯片采用侵入式方案，而 Neurable、Muse 和 openBCI 等公司则采用读取大脑信号的非侵入式头戴设备方案。

第一部分
听起来像科幻小说

如果人类记忆可以伪造，那么我们可能会进入史蒂芬·霍金曾经警告过我们的世界。霍金在哈佛大学演讲时说："历史书和我们的记忆可能只是幻觉。过去可以告诉我们是谁。没有了过去，我们就不知道自己的身份[22]。"。虽然他没有谈及菲利普·K.迪克科幻小说中所说的那种错误记忆，但我们会看到，我们在本书中讨论的模型引入了一种可能性，即过去并不像我们所想象的那样一成不变。

知识链接

史蒂芬·威廉·霍金（Stephen William Hawking，1942—2018 年），英国剑桥大学著名物理学家，现代最伟大的物理学家之一，20 世纪享有国际盛誉的伟人之一。

1963 年，霍金 21 岁时患上肌肉萎缩性侧索硬化症（卢伽雷氏症），全身瘫痪，不能言语，手部只有三根手指可以活动。1979—2009 年任英国剑桥大学卢卡斯数学教授，主要研究领域是宇宙论和黑洞，证明了广义相对论的奇性定理和黑洞面积定理，提出了黑洞蒸发理论和无边界的霍金宇宙模型，在统一 20 世纪物理学的两大基础理论——爱因斯坦创立的相对论和普朗克创立的量子力学方面走出了重要一步。代表作品有《时间简史》《果壳中的宇宙》《大设计》《我的简史》《在巨人的肩膀上》《黑洞、婴儿宇宙及其他》等。

图片来源：网络

黑洞信息悖论：霍金谈及他的黑洞信息悖论：信息可能落入黑洞，而从黑洞中出来的信息可能是随机的；因此，掉入黑洞的信息自然就被销毁了①。2022 年 3 月，加拿大科学家 Viqar Husain 等在模拟时考虑了量子引力在黑洞死亡时产生的影响，发现黑洞在死亡时会发出带有信息的引力冲击波，这可能会解决黑洞信息悖论。这篇论文发表在 2022 年 3 月出版的《物理评论快报》上。然而，作者引用霍金的话说明，如果不能确定一个单一的固定的过去，我们就会陷入困境②。

尽管我们离实现这些技术还有很长的路要走，但 BCI 技术在很多应用领域得

---

① https: //www.quantamagazine.org/the-black-holeinformation-paradox-comes-to-an-end- 20201029/ - "The Black Hole Information Paradox Nears Its End."

② Viqar Husain, Jarod George Kelly, Robert Santacruz et.al，Quantum Gravity of Dust Collapse: Shock Waves from Black Hole，sPhys. Rev. Lett. 128，121301 – Published 22 March 2022.

以稳步推进,尤其是在电子游戏控制、残障人士使用源自大脑的电信号移动假肢的治疗应用上取得了可喜的进展。

第 9~10 阶段:人工智能、模拟意识和可下载的意识

如今,人工智能(Artificial Intelligence,AI)的话题在硅谷和学术界不再陌生。但是与科幻小说和电影中描述的人工智能相比,我们今天所见的人工智能技术仍然处于相当原始状态。例如,如今大多数电子游戏中的非玩家角色(non-player characters,NPC)无法通过臭名昭著的图灵测试(turing test)。图灵测试是由计算机先驱艾伦·图灵(Alan Turing)提出的一款问答式的游戏,游戏中你无法区分你是在和人工智能对话还是在与他人对话。

知识链接

图灵测试:图灵测试由艾伦·麦席森·图灵提出,是指测试者与被测试者(一个人和一台机器)隔开的情况下,通过一些装置(如键盘)向被测试者随意提问。进行多次测试后,如果机器平均让每个参与者做出超过 30% 的误判,那么这台机器就通过了测试,并被认为具有人类智能。图灵测试一词来源于计算机科学和密码学的先驱艾伦·麦席森·图灵 1950 年的一篇论文《计算机器与智能》,其中 30% 是图灵对 2000 年机器思考能力的一个预测,我们已远远落后于这个预测。

图片来源:网络

更多图灵测试的细节可参见《模拟猜想》或互联网。这是人工智能系统的一个共同目标,许多评论员会追踪是否有人工智能角色通过了测试。

艾伦·麦席森·图灵(Alan Mathison Turing,1912—1954 年),英国数学家、计算机科学家、逻辑学家、密码专家、哲学家和理论生物学家。图灵对理论计算机科学的发展产生了巨大的影响,他用图灵机(可以被认为是通用计算机的模型)将算法和计算的概念形式化。图灵被广泛认为是理论计算机科学和人工智能之父。

尽管人类还没有完全理解意识,但人工智能是当今计算机科学中发展最快的领域之一。在国际象棋和围棋等传统游戏中,人工智能已经给人类带来了严峻的挑战。"深蓝"是第一台击败国际象棋冠军加里·卡斯帕罗夫(Gary Kasparov)的

第一部分
听起来像科幻小说

计算机。而 AlphaGo（阿尔法狗）程序不依赖规则，通过自我学习第一次击败了人类职业围棋选手，战胜了围棋世界冠军。我们将第 13 章探讨自我学习的游戏。

虚拟角色也开始变得更加逼真。中国新华社最近推出了像真人一样播报新闻的虚拟新闻主播，"她"在 YouTube 上拥有了数百万粉丝。游戏巨头 Epic 开发了虚幻引擎捏脸器 Metahuman Creator，可以快速便捷地生成非常逼真的人脸，其他游戏公司也纷纷效仿。我们已经看到人工智能与虚拟角色结合在一起，这样你就可以在线与他们交谈，感觉就像与虚拟角色进行一对一的对话[①]。

知识链接

MetaHuman Creator 是一款免费的云端工具，可以在直观的环境中创建你的数字人类。利用 MetaHuman Creator，你可以自定义数字形象的发型、面部特征、身高、身体比例和其他特征。工作原理是根据一个不断增长的、丰富的人类外表与动作库进行绘制，并且允许你使用直观的工作流程雕刻和制作想要的结果，从而创作出可信的新角色。在做调节时，MetaHuman Creator 会以数据约束的合理方式在库中的实际示例之间进行混合。你可以在五花八门数据库里选择一系列预设人脸作为创作起点，混合出你想要的人脸。

包括谷歌未来学家雷·库兹韦尔（Ray Kurzweil）在内，硅谷越来越多的人相信用不了多久，我们就能将大脑中的意识下载到计算机上。这将通过所谓的**神经连接组**（connectome）绘制的意识信息来实现，已经成为许多科幻故事的主题，从《黑镜》到《上载新生》（*Upload*），乃至尼尔·斯蒂芬森（Neal Stephenson）的《跌倒，或跌入地狱》（*Fall*）。可下载的意识是一个非常大的话题，我在《模拟猜想》一本书中曾深入探讨过，并提出了数字化后生活的概念。它还触及了角色扮演游戏与非玩家角色讨论的核心，以及现在所谓的意识难题。

---

① 虚拟影响者：截至 2021 年撰写本书时，网络上已经出现了 Lu do Magalu 和 Lil Miquela 两个拥有数百万粉丝的虚拟影响者。Lu do Magalu 在脸谱网上拥有超过 1400 多万粉丝，主要在巴西为人所知；Lil Miquela 在 Tiktok 和 Instagram 上有超过 200 万粉丝。另一个值得注意的是虚拟影响者 Seraphine，它是流行游戏《英雄联盟》（*League of Legends*）的角色之一；一个唱了 100 多首歌并拥有数百万粉丝的声音合成器 Hatsune Miku。这些都属于第一波虚拟影响者。毫无疑问，我们未来将会看到更多带有 AI 元素、更复杂的虚拟角色。最早的机器人之一是 Kuki，最初是作为一个聊天机器人开发的，但现在有了一个虚拟角色。

模拟多元宇宙

知识链接

库兹韦尔，出生于1948年，世界知名的发明家、思想家及未来学家，有着20年的精确预测纪录，他是光学字符识别（OCR）、文字转换语音合成、语音识别技术及电子键盘乐器等领域的先锋。先后获得狄克森奖、卡耐基梅隆科学奖等。曾获9项名誉博士学位，2次总统荣誉奖。多部畅销书的作者，1990年出版的《智能机器的时代》成功地预言了电脑将在1998年战胜棋王，该书获得了美国出版协会"最优秀的计算机科学著作"奖，现任奇点大学校长。

图片来源：网络

在本书后续章节中，我们将重新审视意识信息的绘制、加载或改变意识中的变量以及从自我游戏中学习的论点。现在，如果能够实现完全下载意识的副本，我们将能够到达并超越模拟元点。

到达模拟元点

正像我玩虚拟现实乒乓球游戏时，刹那间忘记了我所身处的现实世界，到达了模拟元点意味着：

（1）我们所感受的虚拟环境将与物理现实无法区分；

（2）我们将能够完全模拟虚拟角色，认为他们是在实际环境中。

如果我们所处的技术社会能够相对快速地到达模拟元点，这意味着什么呢？人们会逃到虚拟世界吗？当你能亲身体验到在佛罗伦萨旅游却不需要改变时差时，不免要问为什么要去意大利旅行？当你能亲身体验到泰姬陵的美食，却不需要饱尝消化不良的感觉时，不免要问还有什么必要非要飞往印度？当你能亲身体验到男女之间的欢爱，感觉就像和真人在一起一样，那为什么要把时间耗费在真正的人际关系上？

当在通往模拟元点之路上取得进展时，这些都是社会必须慎重考虑的问题。这引出了一个更大的问题：我们扪心自问过这些问题吗？或者套用美国科幻电视连续剧《太空堡垒卡拉狄加》（*Battlestar Galactica*）中的一句流行语："这一切以前发生过吗？"

第一部分
听起来像科幻小说

> **知识链接**
>
> 《太空堡垒卡拉狄加》(又译《银河战星》《星际大争霸》等)是美国科幻频道出品的一部军事科幻电视剧,由罗纳德·D. 摩尔所创作。
>
> 讲述了 12 个人类殖民地被机器种族赛昂人毁灭后,唯一一艘幸存的战舰卡拉狄加在舰长阿达玛的指挥下,带领由近 5 万名幸存者组成的舰队寻找人类的第 13 个殖民地地球的旅程。

图片来源:海报

回想博斯特罗姆令人震惊的模拟论点:如果任何文明都达到了模拟元点,那么我们很可能已经身处模拟之中了。

非玩家角色模拟与角色扮演游戏模拟

如果我们能够在通往模拟元点的路上取得进展,这意味着我们已经到达了我提出的、喜欢称之为模拟猜想的两个版本的位置:角色扮演游戏版本和非玩家角色版本。

提及《黑客帝国》或类似的沉浸式模拟时,这是经常曲解模拟观点的一个方面。要让博斯特罗姆的统计观点成立,所有或者部分身处模拟中的生物必须是模拟生物,而不能只是扮演模拟生物的生物。

不像《黑客帝国》中的尼奥(Neo)、墨菲斯(Morpheus)和崔妮蒂(Trinity)存在于模拟之外,祖先模拟中的意识生命只是程序和数据。在电子游戏世界中,我们将其称为非玩家角色模拟,就像你可能会与之战斗的幻想主题游戏中的妖魔一样。非玩家角色在电子游戏中很常见,尽管它们还不是很复杂;也没有真正将人工智能的新技术与虚拟角色结合,而只是将其与虚拟角色的外表相结合,但这已经变得越来越逼真,而且越来越接近现实了。

当玩电子游戏时,我们身处游戏世界之外,而只是在游戏世界中扮演一个角色或化身。当然,这更接近于角色扮演游戏模拟《黑客帝国》所渲染的情景。

你会注意到这些角色并不完全相互排斥,你可能是《魔兽世界》中的一个化身,也可能是角色扮演你的化身,而且你也可以看到许多类似妖魔的生物,它们由游戏引擎控制的非玩家角色。《黑客帝国》中的特工史密斯是采用人工智能的角色扮演游戏模拟。

尽管这两个版本的模拟可以共存，但博斯特罗姆的数学计算依赖于更多的非玩家角色（除非生物可以扮演数千个角色）。

虽然博斯特罗姆的论点令人信服，但同时将模拟理论带入了一个值得大家思考的话题，但它并不是唯一暗示我们可能生活在计算机生成的模拟世界中的论点。菲利普·K.迪克也得出相同的结论，理由五花八门，一个是多条时间线，还有我在本章开头提到的许多哲学概念：柏拉图的"洞穴"、笛卡儿的"恶魔"、伯克利的理想主义、甚至连"缸中之脑"都更接近于角色扮演游戏版的模拟：你（或大脑）是真实的，但你所感知的一切都不是真实的。

角色扮演游戏与非玩家角色的辩论与一场关于意识的古老而又旷日持久的对话相似。意识究竟是物质世界（即大脑和神经元）的结果，还是意识存在于物质世界之外，只存在于我们的身体中？它不仅是宗教与科学之争的核心，也是科学特别是物理学（我们将在本书后续章节中讨论其中的一些科学）本身的核心。它实际上催生了多元宇宙思想的量子力学解释，以避免将意识或观察作为物质世界的重要组成部分。

因此，博斯特罗姆在他的模拟观点中使用的"模拟猜想"术语仅适用于第三种情况，而这个术语却具有更广泛的含义，代表了我们可能生活在一个计算机生成的模拟现实中的观点，正如菲利普·K.迪克提出的那样及《黑客帝国》所渲染的那样。

角色扮演游戏版的现实不可避免地引发了与东方宗教（如佛教和印度教）以及西方宗教（基督教、犹太教和伊斯兰教）的宗教信仰（我在《模拟猜想》一书中深入探讨过）的比较。将在本书第14章模拟多元宇宙的内容中详细讨论这一切的意义，而不是在这里讨论宗教教义。

未来将走向何方？

现在，我们将把重点从本书第一部分的科幻概念转移到硬科学的方方面面，尽管硬科学听起来像科幻小说。模拟理论与物理学和多元宇宙到底有什么关系？神秘的观察者效应、多世界诠释和延迟选择实验等现代物理学中的一些令人困惑

第一部分
听起来像科幻小说

的发现都表明,空间和时间远不像我们想象的那么简单。

虽然我在《模拟猜想》一书中介绍了相关内容,但在本书中,我想重点介绍这些发现是如何不仅表明我们处于一个模拟的宇宙中,而且还表明我们处于一个模拟的多元宇宙中。在本书的第二部分,我们将探索多元宇宙、量子力学和时间的最新科学思想。

辅助阅读材料
《异次元骇客》和嵌套模拟

《黑客帝国》《异次元骇客》(*The Thirteenth Floor*)在同一年(1999年)上映,大致取材于德国电影《世界旦夕之间》(*World on a Wire*)(1974),该电影取材于1964年的小说《三重模拟》(*Simulacron-3*)。

图片来源:海报

知识链接

《异次元骇客》是由约瑟夫·鲁斯纳克执导,克雷格·比尔克、格瑞辰·摩尔领衔主演的科幻惊悚片。1999年5月28日在美国上映。

影片讲述了创造了虚拟世界的汉农·富勒突然死亡,其好友兼合伙人道格拉斯·霍尔却成了头号嫌疑犯,霍尔为了弄清真相往返于现实和虚拟世界的故事。

影片开始于1937年的洛杉矶,一位名叫汉农·富勒(Hannon Fuller)的绅士在威尔希尔大酒店给他的同事道格拉斯·霍尔(Douglas Hall)留了一张便签,上面写着他发现的一些不可思议的东西。我们很快意识到20世纪30年代的洛杉矶是一个模拟世界,外面的世界则是电影上映日期——1999年的洛杉矶,即当下世界。当富勒从模拟中走出来时,他被谋杀了,这与黑色惊悚片的感觉如出一辙。

富勒实际上是一家虚拟现实公司的所有者,该公司已经实现了包含虚拟像在内的真实感模拟或者我们今天所说的非玩家角色。这些非玩家角色一生都不知道自己身处模拟中。富勒的保护人霍尔是这部电影的焦点,他在富勒死后受到洛杉矶警察的询问。不知何故，富勒的女儿简（Jane）出现，接管了公司并关闭了模拟。

霍尔被指控谋杀了富勒，当他意识到富勒给他留下了一条信息后，他决定进入模拟世界。我们现在看到了模拟虚拟现实世界与物理现实无法区分的程度：霍尔扮演了一个生活在20世纪30年代洛杉矶银行职员约翰·菲茨杰拉德（John Fitzgerald）。霍尔作为他的用户接替了这个化身并闯入了模拟世界。霍尔退出模拟后，菲茨杰拉德再次成为非玩家角色，并在模拟中生活。

通过扣人心弦、引人入胜的复杂情节，一个本该将富勒的信息传递给霍尔的调酒师无意之中读到了便签。从本质上讲，便签上说，如果你开车到城市的边缘，你会发现你身处一个虚假的世界。在看到城市外面的模拟世界的边缘后，霍尔回到了1999年。

在这一点上（剧透警告），事情变得稀奇古怪。洛杉矶警察局的侦探们告诉霍尔，根本就没有简·富勒这个人，也从来没有过，富勒从一开始就没有女儿。让人困惑不解，霍尔试图弄清楚到底发生了什么，在某个地方找到了一个和简长得一模一样，但却不是名为"简"的女人。确切地说，这位杂货店的店员不曾记得见过他。

霍尔接着从他的便签信息中采纳了富勒的建议：将车开到一个他通常不会去的地方。他照做了，无意中发现了虚拟现实模拟的边缘：事实证明，1999年的洛杉矶也是一个模拟。简实际上是一个来自模拟（即来自现实世界的未来）之外的用户，她栖居在杂货店职员的身体里，就像霍尔从1937年开始对银行出纳员所做的那样。简最终通知霍尔，有数千个模拟正在运行，而他是第一个在其中开发模拟（通常称为堆叠或嵌套模拟）的人。

在1937—1999年的模拟世界中，霍尔的意识和身体发生了进一步的扭曲，最终逃离了模拟世界，并在2024年醒来，遇到了真实的富勒和他的女儿简，杂货店售货员的化身实际上就是富勒的女儿简。

这不仅仅是模拟的幻象接近于我们在创建虚拟现实、模拟现实时的想法，而且包括了许许多多的模拟、大量的非玩家角色和少量角色扮演游戏玩家，同时涉及堆叠模拟场景，以及为什么很难允许太多层级的嵌套模拟，因为他们将耗费同样巨大的计算能力。因此，模拟的创建者可能需要关闭嵌套模拟。

第二部分
那些看似遥远的科学

没有人真正理解量子力学。

——理查德·费曼

时间根本不存在,是我们发明了它。

——阿尔伯特·爱因斯坦

知识链接

理查德·菲利普·费曼（Richard Phillips Feynman，1918—1988年），美国著名理论物理学家，1965年，因在量子电动力学方面的成就而获得诺贝尔物理学奖。将复杂问题简单化，是费曼成功的重要原因之一，费曼式的简单，与中国传统文化中的"大道至简"精神吻合。

图片来源：网络

阿尔伯特·爱因斯坦（Albert Einstein；1879—1955年），爱因斯坦的光子假设成功解释了光电效应（因此获得1921年诺贝尔物理学奖），创立狭义相对论和广义相对论，开创了现代科学技术新纪元，被公认为是继伽利略、牛顿之后最伟大的物理学家。爱因斯坦的成功，很大程度上归结于他能找到适合自己的领域，并为之不懈努力。这与中国传统智慧中庄子的淡泊自守思想类似。

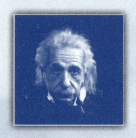

图片来源：网络

第 4 章

形形色色的多元宇宙

我相信我们生活在多元宇宙中。

——加来道雄（Michio Kaku）

知识链接

加来道雄，1947 年生，科学畅销书作者，美国加州大学伯克利分校物理学博士、纽约城市大学研究生中心的理论物理学教授，超弦理论（Superstring）的专家，代表作有《构想未来》《超越爱因斯坦》《超空间》《超弦论》《平行宇宙》《爱因斯坦的宇宙》《不可思议的物理》等。多次入围《纽约时报》和《华盛顿邮报》年度科学读物，还主持过多档电视科普节目，并在美国《60 分钟》《早安美国》以及《拉里·金直播在线》等节目中担任嘉宾。

图片来源：网络

本书的第二部分主要是探讨与量子力学和量子多元宇宙相关的科学。第 4 章将概述不同类型的多元宇宙；第 5 章将重点诠释量子力学的核心奥秘之一，通常被称为量子不确定性或观察者效应，并将其与模拟猜想联系起来。

第 6 章将讨论量子力学的多世界诠释（many-worlds interpretation，MWI），MWI 为多元宇宙理论提供了科学基础。第 7 章将阐述量子不确定性是如何比它看起来更加让人奇怪，因为它向我们展示了时间（过去和未来）并不是我们所认为的那样。我们最终的目的是，利用这些知识去探讨模拟宇宙、模拟多元宇宙可能的工作原理，详细诠释多条平行的时间线和多个可能的未来和过去。

源于科幻小说的多元宇宙

正如我在第 2 章中所说，有关平行宇宙话题的科幻小说数量在 21 世纪似乎正在显著增长。这与 20 世纪有关太空旅行和时间旅行类科幻小说的流行程度高度相似。

让我们先浏览一下科幻小说作家在过去几十年里描述平行宇宙的方式。本书的辅助阅读材料详细地探讨了许多平行宇宙的例子，因此下面只简要概述每个示例：

《滑动门》（*Sliding Doors*）和《罗拉快跑》（*Run Lola Run*）（1998 年）：严格意义上讲，这两部同一年上映的电影都不属于科幻电影。电影中，我们看到从一个单点分岔的多条时间线演化出了不同的故事情节及结局。在《滑动门》中，某条分离的时间线从第一条时间线分岔出来后，与原来的主时间线并行存在了一段时间，最后仍然与主时间线重叠并合并回到主时间线。另一方面，在《罗拉快跑》中，我们看到罗拉试图拯救男友曼尼（Manni），她通过多次回放发生的事情做出不同的选择。我们可以形象地观察现实世界中人们在压力大的生存环境中运行核心循环的真实情况。

《异次元骇客》（*The Thirteenth Floor*）（1999 年）：正如第 3 章所述，《异次元骇客》是最"懂"祖先模拟思想的电影之一。当主人公发现自己生活在一个模拟世界中时，身处模拟世界之外的一名角色扮演游戏玩家告诉他，他们的模拟只是"成千上万个中的一个"。模拟的独特之处在于，它是唯一一个反过来开发他们自己的祖先模拟或嵌套模拟的模拟。虽然我们仅仅看到嵌套的模拟，没有发现并行的模拟，但它们确确实实存在，意味着这也如实地展现了一个模拟多元宇宙。

《危机边缘》（*Fringe*）（2008—2013 年）和《相对宇宙》（*Counterpart*）：

第二部分
那些看似遥远的科学

（2017—2018年）：在21世纪，这两部广受欢迎的电视剧展示了单一平行世界的概念，平行世界以某种方式从原来这个世界分岔出去，但却同时保留了包括共同历史在内的许多相似之处。虽然分支产生平行世界的根源从未得到充分解释，但主要人物交替生活在平行世界和原先世界是两部电视节目的关键情节。两个电视节目都揭示了一些物理现象：或者打开了另一个宇宙的入口，或者引发主宇宙分岔，并创造出了第二个宇宙。

《旅行者》（*Sliders*）（1995年）：科幻电视剧《旅行者》是最为直接地诠释量子多元宇宙的案例。剧中，虫洞访问了其他宇宙，每个宇宙在某种程度上都与我们所处的宇宙不同，许多主要人物在不同宇宙中所扮演的角色也不同。它们是如何发展虫洞的呢？主角奎因（Quinn）展示了另一个平行宇宙中的自我，这个主题反复出现在其它多元宇宙类科幻故事中。

《暗物质》（*Dark Matter*）（2017年）：与此类似，小说《暗物质》的主人公杰森·德森（Jason Dissen）是一位生活幸福但职场失意的量子物理学家，他偶然遇到了另一个世界中的自己。作为一名物理学家，另一个世界中的自己职场更加成功，开发了一种可以将大型物体叠加的机器（我们将在后续章节中详细探讨），可以让每个人进入不同的宇宙世界，遇到不同世界的自己。另一个世界中的杰森非常聪明，但却热衷于窃取原世界版本中主人公杰森幸福的家庭生活，这难免导致混乱接踵而至。如果你喜欢阅读小说，并对多元宇宙旅行感兴趣，那么《暗物质》一书值得一读。

《闪电侠》（*The Flash*）/ **《绿箭宇宙》**（*Arrowverse*）（2014—2019年）和**《漫威多元宇宙》**（*The Marvel Multiverse*）系列电影和电视剧（2021年开始陆续上映）：在《闪电侠》和《绿箭宇宙》中，团队与拥有亿万身家的物理学家哈里森·威尔斯（Harrison Wells）合作到达了其他的地球。哈里森正在进行粒子加速器实验。令人万万没有想到的是，实验过程中却出现了偏差，阴差阳错地让人拥有了某种超能力，而且还让人有时空穿梭的机会，可以从地球一号（Earth-1）的主宇宙出发，穿越到另一个地球。横跨多个地球的故事情节错综复杂，让人眼花缭乱，但我们始终可以看到主角 / 超级英雄丰富多彩人生的一面，在某些情况下还不时涌现一号地球上未曾出现的新超级英雄。

模拟多元宇宙

知识链接

漫威多元宇宙

2022年5月,漫威公司推出的《奇异博士2:疯狂多元宇宙》(Doctor Strange in the Multiverse of Madness)在北美上映。

故事承接《蜘蛛侠:英雄无归》,奇异博士无意中打开了疯狂多元宇宙。事态失控后,他去找红巫女旺达帮忙。切瓦特·埃加福特扮演的莫度告诉奇异博士,宇宙最大的威胁其实就是他自己:一个邪恶的奇异博士突然现身。

图片来源:海报

为了提高在漫画领域的竞争力,漫威公司利用主流媒体电视节目宣传自己的多元宇宙概念。2021年,电视剧《洛基》(Loki)引入时间变异管理局(Time Variance Authority,TVA)。TVA的任务是在宇宙世界有机会绽放出现一个完整的多元宇宙之前,裁剪多条时间线。所有时间线都被形象地展现在一个古老的电视屏幕上,就像一株正在生长的结构状的树枝。变异的树枝分岔在其演变得太大之前被裁剪。洛基最终被告知,如果没有时间变异管理局强制执行单条"神圣的时间线",我们的世界将会陷入混乱,进入多元宇宙的战乱状态。这将是漫威"疯狂多元宇宙"的起点,众多电视剧和电影中继续上演多元宇宙主题的电影和电视节目,再次证明多元宇宙的概念已经成功地通过了十年的考验。

以上这些电影或电视剧大都有一个非常重要的共同点,即人物主角能够与一个或多个平行宇宙互动。这是如何实现的呢?虽然细节通常不会解释得非常详细,但经常涉及一些门外汉使用的物理术语(粒子加速器、虫洞生成器),甚至在某些情况下会引入可以穿越宇宙的超级英雄或超能力。

《滑动门》和重叠的时间线

在1998年上映的电影《滑动门》中,我们发现了一个生动形象的案例:多条时间线分岔,然后再合并。当时间线分岔时,就好像这两条时间线分支占据了同一时间，每个主角（或者更确切地说，每条分支时间线版本世界的主角，由格温妮丝·帕特洛（Gwyneth Paltrow）扮演）无意中发现了另外一条时间线分支上世界的其他人物，并预感到可能发生了一些其他事情。

电影的名字源于一个设置选择时间线的前提：在伦敦的某一天，海伦（帕特洛饰）的公关岗位的工作被解雇了。在回家的路上，当她试图搭乘地铁时，我们神奇地看到：一个版本世界的她坐上了地铁，而另一个版本世界的她刚好在滑动门外，错过了地铁。

由此触发了两条相互交织的时间线。在其中某一条时间线世界中，海伦恰好坐在詹姆斯（James）旁边，詹姆斯和她闲聊了起来，然后她很早回到家，发现她的未婚夫杰瑞（Gerry）和另一个女人在床上。她以一种非常"英国化"的方式开玩笑说，那天他们俩都被"解雇"了。

在这条时间线上，她决意离开杰瑞，重启自己的单身生活，创办了一家公关公司，后来却再次偶然邂逅詹姆斯，并与他开始交往。电影仅仅通过改变海伦的发型，让观众视觉上区分两条时间线上的海伦。

与之形成对比的是，返回到最初的时间线，海伦怀疑杰瑞出了什么问题，但她到家太晚，以致没有发现杰瑞与另一个女人在床上的行为。经过一系列的事件之后，她发现这条时间线上的她和杰瑞一样，都很痛苦。

电影《滑动门》很好地展示了一个事实：如果在时间线分岔处有一个宏观的决策点，每条时间线上可能会发生什么。这里，我就不再赘述整部电影的故事情节，但假设到最后，时间线合并只剩下了某一条时间线。然而，那就像许多平行宇宙的故事情节一样，有那么一点点记忆，似乎是从那不曾经历的时间线上渗透出来的！

科学家眼中不同类型的多元宇宙

美国哥伦比亚大学物理学和数学教授布莱恩·格林（Brian Greene）在他的著作《隐藏的现实》（*The Hidden Reality*）中，将可能的平行宇宙概括为九种类型，每种都源于不同的物理学理论。格林教授给它们起的名字五花八门，如绗缝多元宇宙（quilted muluniverse）、膨胀多元宇宙（inflationary multiverse）和量子多元宇宙，甚至还简要地提及了模拟多元宇宙。美国麻省理工学院物理学教授马克斯·特马克（Max Tegmark）在他的论文和著作中也提到了类似的观点，他发明了一种命名规则将平行宇宙分类划分为 I-IV 级[①]。

多元宇宙的分类一直是物理学家们争论的话题之一。本章参考了格林教授的《隐藏的现实》、迈克斯·泰格马克的《穿越平行宇宙》和加来道雄的《平行宇宙》和《超空间》（Hyperspace），将可能的多元宇宙归结为五种类型。在第 5 章深入探讨量子世界之前，我们快速浏览一下其他四类多元宇宙。

类型 I：通往其他宇宙之路的黑洞和虫洞

爱因斯坦的狭义相对论彻底改变了我们对时间和空间的理解。爱因斯坦 1915 年发表的广义相对论在宇宙学领域中掀起了一场波澜。爱因斯坦告诉我们，将时空想象成一个平坦的表面，如一块空无一物的平坦且均匀的桌布。当有物体放置在桌布上时，桌布上会留下凹痕（或者想象一下置于泡沫表面上的保龄球）。凹痕在时空结构中产生了曲率。爱因斯坦说，引力就是这种曲率的结果。从理论上讲，他预测时空的曲率会使光线发生弯曲。1919 年，英国天文学家阿瑟·爱丁顿爵士（Sir Arthur Eddington）在一次日食观测中证实了爱因斯坦有关光线弯曲的预言，这使得爱因斯坦声名大振，一跃成为世界上最著名的科学家之一。

---

① 平行宇宙的分类，代表性的有：

格林在《隐藏的现实》中将平行宇宙分为：①绗缝多元宇宙；②膨胀多元宇宙；③膜（Brane）多元宇宙（与弦论有关）；④景观（landscape）多元宇宙；⑤循环（cyclic）多元宇宙；⑥量子多元宇宙；⑦全息多元宇宙；⑧模拟多元宇宙。

而特马克将多元宇宙分为 1 级（遥远的空间区域）、2 级（膨胀气泡）、3 级（量子力学多元宇宙）和 4 级（基于其他数学结构的宇宙），最早以论文（题目为《平行宇宙》（Parallel Universes）形式发表在纪念约翰·惠勒 90 岁诞辰论文集《终极现实：从量子到宇宙》（Ultimate Reality: From Quantum to Cosmos）上。后在《穿越平行宇宙》（Our Mathematical Universe）中做了更为详细的阐述。

参考文献：

[1]https://www.thoughtco.com/types-of-parallel-universes-2698854.

[2]J.D. Barrow, P. C. W. Davies, and C. L. Harper, eds. Cambridge University Press (2003).

[3]Tegmark, Max. Our Mathematical Universe. New York: Vintage Books/Random House, 2014.

知识链接

广义相对论的验证

阿瑟·爱丁顿爵士（1882—1944年）是爱因斯坦及其相对论理论的坚定支持者。他率领观测队在西非普林西比岛观测1919年5月29日的日全食。这次日全食跨越南美洲和非洲，长达6分50秒，是自1416年以来持续时间最长的日全食。这次日全食与2009年7月22日著名的"长江大日食"同属沙罗周期136序列，都是全食时间很长的日食，几乎接近日全食的极限。

图片来源：网络

附图为爱丁顿拍摄日全食时太阳附近的星星位置。根据广义相对论理论，太阳的引力会使光线弯曲，太阳附近的星星位置会变化。阿瑟·爱丁顿、查尔斯·戴维森、皇家天文学家弗兰克·戴森爵士联名在1920年《皇家学会哲学会报》（Philosophical Transactions of the Royal Society）上发表了题为《根据1919年5月29日的日全食观测测定太阳引力场中光线的弯曲》的论文，结论部分明确地、满怀信心地宣称："索布拉尔和普林西比的探测结果几乎毋庸置疑地表明，光线在太阳附近会发生弯曲，弯曲值符合爱因斯坦广义相对论的预测，而且是由太阳引力场产生的"。这验证了从理论上看惊为天人、完美无缺的广义相对论。

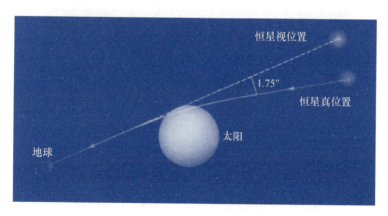

附图　爱丁顿拍摄日全食验证广义相对论理论实验原理图

2020年日本东京大学、日本理化学研究所、岛津制作所利用东京高达634米的新东京铁塔首次在地球上验证了广义相对论，并将结果发表在2020年4月19日《自然·光子学》。

广义相对论的进一步验证，贯穿了整个 20 世纪 20 年代。广义相对论的一个方面源于天文学家卡尔·史瓦西（Karl Schwarzschild）求解爱因斯坦场方程提出的一个观点：一颗密度极高的恒星会有一个非常高的重力场，这使得任何物质都难以逃逸。由此引发了奇点的预测，奇点的密度如此之高，以至于时空结构本身难免不出现裂缝。

20 世纪 60 年代，约翰·惠勒（John Wheeler）将这个奇点区域称为黑洞，自此以后这个名字一直沿用至今。尽管黑洞在科幻小说中经常出现，但曾经有一段时间，大多数科学家都认为根本不存在黑洞，而这只是施瓦茨柴尔德求解爱因斯坦场方程所产生的数学好奇心而已。方程表明作为黑洞一部分的奇点周围存在一个理论上的球体，经过奇点的任何东西（包括光）都无法逃脱奇点的引力。理论球体的边界被定义为**事件视界**（Event Horizon），而事件视界由奇点向外的史瓦西半径所定义。第一个黑洞直到 1964 年通过 X 射线天文才被发现（被称为天鹅座 X-1，Dubbed Cygnus X-1）。第一次拍摄的黑洞照片是在 2019 年公布的，**事件视界望远镜**动用了全球各地的天文望远镜收集的数据，如图 4-1 所示。

图 4-1　人类有史以来第一张黑洞图像（源于 NASA）

知识链接

事件视界，相对论中的一种时空界线。事件视界中的任何事物都无法对视界外层的观察者产生影响，同样事件视界以外的观察者无法利用任何物理方法获得视界以内的事件信息。事件视界是黑洞名称来源的根本原因，是黑洞的最外层边界，在此边界内连光都无法逃脱。黑洞视界的存在是我们无法直接观测黑洞的根本原因。

第二部分
那些看似遥远的科学

事件视界望远镜（EHT）是一个以观测星系中心超大质量黑洞为主要目标的计划，通过甚长基线干涉技术（VLBI）借助分布在世界多地的 8 个射电望远镜联合观测同一目标源并记录下数据，形成口径等效于地球直径的虚拟望远镜，将望远镜的角分辨率提升至足以观测事件视界尺度结构的程度。

图 4-2 为 2017 年 4 月观测到的活跃星系 M87 中心的超大质量黑洞影像，其中照片中间阴影部分是超大质量黑洞所在之处！该照片于 2019 年公布。EHT 观测到的黑洞不同于以往模拟影像，是人类历史上首张超大质量黑洞图像。这个超大质量黑洞位于 M87 星系中心，距地球 5500 万光年，质量约为太阳的 65 亿倍。

事件视界望远镜期望借此检验爱因斯坦广义相对论在黑洞附近的强引力场下是否会产生偏差，研究黑洞的吸积盘及喷流，探讨事件视界存在与否，并发展基本黑洞物理学。

2022 年 5 月 12 日，天文学家向人们展示了位于银河系中心的超大质量黑洞的首张照片。证明人马座 A* 天体是一个黑洞。天文与天体物理研究所的 EHT 项目科学家包杰夫（Geoffrey Bower）指出："我们惊叹于环的大小与爱因斯坦广义相对论预测结果出奇的一致。"

银河系（又称银汉、天河、银河、星河、天汉等），是太阳系所在的棒旋星系，包括 1000～4000 亿颗恒星和大量的星团、星云以及各种类型的星际气体和星际尘埃，从地球看

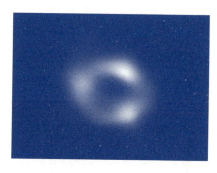

人马座 A*（Sagittarius A*：Sgr A*）

（图片来源：EHT）

银河系呈环绕天空的银白色的环带。总质量约为太阳的 2100 亿倍，隶属于本星系群，最近的河外星系是距离银河系 4200 光年的大犬座矮星系。银河系呈扁球体，具有巨大的盘面结构，由明亮密集的核心、两条主要的旋臂和两条未形成的旋臂组成，旋臂相距 4500 光年。太阳位于银河一个支臂猎户臂上，至银河中心的距离大约是 2.6 万光年。

参考文献：https://iopscience.iop.org/journal/2041-8205/page/Focus_on_First_Sgr_A_Results

那么，黑洞与平行宇宙有什么关系呢？

有些科学家认为，如果进入黑洞，就有可能进入虫洞，更正式的定义是爱因斯坦-罗森桥（Einstein-Rosen bridge）。虫洞会带你去哪里呢？答案有待商榷。但

许多物理学家担心，由于黑洞中存在时空扭曲，可能会有通向任何位置和任何时间的桥梁。

知识链接

爱因斯坦-罗森桥，俗称虫洞，是宇宙中存在的连接两个不同时空的狭窄隧道。理论上，透过虫洞可以做瞬时的空间转移或者进行时间旅行。虫洞的概念最早于1916年由奥地利物理学家维希·弗莱姆提出，20世纪30年代由爱因斯坦及罗森在研究引力场方程时同时发现。迄今为止，科学家还没有观察到虫洞存在的证据。

实际上，通过虫洞做时间旅行尚无法实现。这是因为虫洞中的引力非常大，任何物质都无法通过。但科学家们相信研究虫洞的价值是巨大的。虫洞的出现几乎可以说是和黑洞同时的。在史瓦西发现了史瓦西黑洞以后，理论物理学家们对爱因斯坦方程的史瓦西解进行了几乎半个世纪的探索。

有些科学家说，它会将你带到我们宇宙的另一个地方。《星际迷航》中常见一条主线是虫洞的存在，虫洞可以打开，并将星际飞船输运我们银河系遥远的某个位置（这基本上是20世纪90年代上映的两部电影《星际迷航：深空9号》(*Star Trek: Deep Space Nine*)和《星际迷航：航海家号》(*Star Trek: Voyager*)的剧情）。

物理学家弗雷德·艾伦·沃尔夫（Fred Alan Wolf）在其《平行宇宙》一书中讲述了20世纪60年代在加州大学洛杉矶分校与马丁·克鲁斯卡尔（Martin Kruskal）博士的会面。克鲁斯卡尔是一位备受尊敬的数学家，曾参与曼哈顿计划，绘制的宇宙图谱显示黑洞可能是通向平行宇宙的大门，尽管它与本书所要探索的平行宇宙有所区别。

当克鲁斯卡尔试图绘制黑洞史瓦西半径内的时空谱图时，发现由于时间减慢至静止状态，实际上存在两个奇点：一个是过去，另一个是未来，时间的方向彼此相反（例如时间在黑洞中向前，而在白洞中向后）。尽管约翰·惠勒创造了术语"黑洞"（他的研究成果将在后续章节中详细介绍），但物理学家们普遍使用术语"白洞"来命名克鲁斯卡尔的相反奇点。澳大利亚数学家罗伊·克尔（Roy Kerr）进一步发展了克鲁斯卡尔的求解结果（静止的黑洞），提出了一个旋转黑洞的求解结果，表明存在"无限多个平行宇宙"，表现为黑洞，可以通过虫洞直达黑洞。这些都可由今天所谓的彭罗斯图中描述，如图4-2所示。

第二部分
那些看似遥远的科学

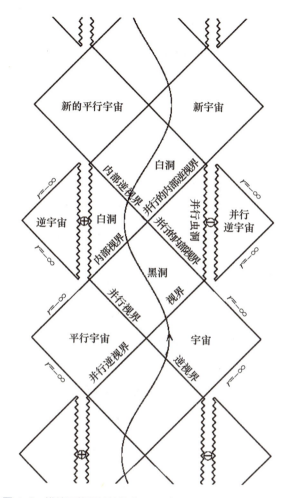

图 4-2 描绘可能通过旋转的黑洞到达的平行世界的彭罗斯图

知识链接

彭罗斯图（Penrose diagram）也称为共形图，或时空图。彭罗斯图由英国牛津大学物理学家罗杰·彭罗斯爵士的名字命名，用于描述时空中不同两点所发生事件的因果律的二维示意图。

当然，因为没有人能够证明通过黑洞可以到达某个平行宇宙，求解结果仅仅是理论，更不用说前面所介绍的各种宇宙了。即使黑洞的行为特性真是如此，我们也无法搞清楚是否有可能穿越它们——也就是说它们是否可以穿越。

从我们的角度来看，也许更有趣的是，黑洞的引力扭曲（更准确地说黑洞中心的奇点）幅度如此之大，不仅扭曲了空间，同时也扭曲了时间。例如在电影《星际穿越》(Interstellar)中，一艘前往黑洞附近行星的飞船发现他们正遭受巨大的时间膨胀效应。

有些科学家认为，黑洞或奇点可能会在时空中创造出所谓的封闭式时间曲线（Closed time-like curves），通过这条曲线可以让你返回到过去的某个时刻。虽然爱因斯坦的方程无法排除这些可能性，但物理学家们可能已经找到了穿越时间的方法。例如基普·索恩（Kip Thorne）和他在美国加州理工学院的同事们已经制定出了一种时间穿越的思路：利用虫洞在这样一个封闭式时间类曲线上发送一个目标。

当然，虫洞和黑洞都非常有趣。但是，由于目前很难接近黑洞的引力，平行宇宙只能是想像而已。而且，创造一个可穿越的虫洞的困难无法预料，绝对又是一个巨大的未知数，那一段时间中虫洞还得始终保持开放状态，并且不会在形成后立即坍塌，更是难上加难。从理论上讲，因为爱因斯坦的方程式并没有排除这一点，因而这可能是一种任意先进的文明都可能做到的事情。

有些物理学家相信，未来有一天，或许我们能够人为地创造出小型黑洞或虫洞，使我们能够穿越到一个不同的宇宙，或闯入一条新的时间线，就像有人指责欧洲核子研究中心的所做所为及其引发的曼德拉效应那样。

辅助阅读材料
《危机边缘》和单一的平行宇宙

从某种意义上讲，2008年首映的电影《危机边缘》(Fringe)是《X档案》在21世纪的精神传承。故事围绕边缘部门的工作所展开，这是一个主要由美国联邦调查局（FBI）和国土安全部组成的特别行动小组，由特工奥利维亚·德纳姆（Olivia Dunham）领导，她向曾任哈佛大学教授的沃尔特·贝肖普（Walter Bishop）求助。沃尔特过去的十年里一直待在精神病院，奥利维亚不得不通过帮助沃尔特离开精神病院来换取其子彼得·贝肖普（Peter Bishop）的帮助。通过帮

第二部分
那些看似遥远的科学

助。一开始是一个每周一次的边缘/生物科学插曲的节目，特别行动小组正在调查一件诡异的案件，结果发现有一个更大的故事情节，而且涉及平行宇宙。它围绕着一家名为巨能集团（Massive Dynamics）的神秘公司所做的工作展开，这家公司由曾和沃尔特一起工作的实验室老伙伴威廉·贝尔（William Bell）（由年长的莱纳德·尼莫伊（Leonard Nimoy）饰演，也是他最后饰演的角色之一）创立。

故事情节一波三折，沃尔特博士（彼得的父亲）在被送进精神病院之前已经失忆，不曾记得他所从事的工作（可能是和贝尔共同做的）。通过一系列的倒叙，发现沃尔特博士和贝尔博士共同发明了一种类似平板电视的观影设备，通过这个设备可以看到另一个世界发生的事情。那里的事情与我们身处的时间线上的情况相似，但略有不同。例如，兴登堡号飞艇在那个时间范围内从未发生过爆炸，而帝国大厦建造时在其大厦顶端预留有一个飞艇港口，现在仍然是一个繁忙的飞艇港口。随着剧情的发展，我们得知沃尔特不仅能够进入这个平行宇宙，而且在我们的时间线上，他的儿子虽然死于晚期疾病，但在那条时间线上仍然活着，只是生病了而已。沃尔特冥思苦想出了一种治疗他儿子疾病的方法，但对他的儿子来说已经太晚了，至少在我们的时间线上看是这样的。

在平行互动世界故事中，不乏出现犯罪情节的案例，例如彼得的妻子（在我们的现实世界中）对丈夫的病逝悲痛欲绝，沃尔特却从另一个宇宙世界中带来了另一个彼得，并治愈了他的疾病。当然，不可避免的是，这在另一个宇宙世界中引发了巨大的混乱。彼得·贝肖普被认为是林德伯格的婴儿，而这个婴儿被绑架后却再也没有找到。最终，每个组员都在另一个世界遇到了自己的二重身：沃尔特是国防部部长，奥利维亚的性格则判若两人，而彼得至少在一开始，奇怪的是在另一个宇宙世界中没有找到自己的二重身。另一个宇宙世界的分身被巧妙地称为"沃尔特乙"和"伪奥利维亚"。

《危机边缘》的故事情节跌宕起伏，曲折婉转，不仅有变形人，面向拥有特异功能的孩子开启宇宙间大门的实验，还有爱吃咖喱的秃顶外星人观察者。也许这里最相关的事情是，作为警示的众多实例之一，在引发种种问题的宇宙世界之间架起一座桥梁。这些问题不仅伴随着彼得和沃尔特，还有其他宇宙的结构问题以及由此引发的破坏。

模拟多元宇宙

类型 Ⅱ：膨胀的二重泡泡

下面介绍的两种平行宇宙都与宇宙学和膨胀宇宙有关，也与我所说的"无限魔法"有关。当某些事情无法解释时，物理学家和哲学家经常采用一个心理把戏是，让你想象无穷大，即一个大到无法想象的数字。因为它太大了，即使你减去无穷大，或者两个无穷大，你最终仍然会得到无穷大。从这个意义上说，无穷大是一个特殊的数，就像零一样，根本不是一个数字，而是一个"有效零"的占位符。

这种多元宇宙源于简单地假设我们的物理宇宙是无限的前提。目前我们所能观测到的宇宙的最远距离大约是 137 亿光年，这是宇宙学家根据宇宙背景辐射到达我们的距离计算出来宇宙的年龄。他们估计这是宇宙大爆炸以来的时间，大爆炸是目前最流行的宇宙起源的理论。

此外，物理学家还发现，其他星系不仅正在远离我们，而且也在彼此远离。事实上，它们正以如此快的速度远离我们，以至于在将来某个时刻，我们将再也无法观察到它们。这是因为我们的观测能力有限，只能看到那些以光速到达我们身边的物体。如果宇宙的某些部分以目前的膨胀速度继续下去，我们只能在某个时刻观察到它们，但同时将永远再也无法观察，因为源于它们的光将永远不会到达我们身边。

这是第一个心理把戏，我认为这是最简单的平行宇宙：在一个更大的、无限的空间里可观测宇宙的泡泡，也就是我们的物理宇宙。如果宇宙是无限大的，那么假如我们用无限大减去可观测宇宙的大小，宇宙还剩下多少空间？它仍然是无限的！这意味着我们将永远无法观察到**无限**大的空间。在那个空间里，假设存在各种粒子，可以将其放入一个与我们可观测宇宙大小大致相当的泡泡中。

这就是这种宇宙通常被称为幽灵宇宙（Doppelganger universe）的原因[①]，因为如果你想象可观测宇宙中的所有粒子数目，例如像 10^{80} 这么大的一个数字，当你往更远的方向考虑，那里也有一个相同大小的可观测宇宙，就像我们宇宙泡泡之

---

① 幽灵宇宙。格林称之为衍缝多元宇宙，泰格马克称之为第 1 级多元宇宙。它们都是宇宙长期膨胀演化的结果。

第二部分
那些看似遥远的科学

外还存在另一个泡泡。虽然每个气泡可能只有 10^{80} 个粒子,但粒子的总数本质上却是无限的。

这个观点是在可观测宇宙(即使都在同一个物理的、无限宇宙中)中其他气泡的某个位置,一组粒子聚集在一起形成像我们地球一样的星球,甚至会有另一个宇宙世界中的你,也许你正在阅读的是这本书的另一个宇宙世界的版本。假定有限数量的粒子,无限数量的本身却拥有许许多多粒子的气泡,每种模式都会在某个地方重复,说法有点像我们在第 3 章讨论的玻尔兹曼大脑。

老实说,我觉得这种多元宇宙难以令人信服,或者至少不太可能触发我们本书中所探讨的幽灵般的多条时间线。

这种多元宇宙的一个问题是不同宇宙之间需要有一个空白的空间;否则,那些在宇宙边缘的星球将能够观察到相邻的宇宙,意味着他们根本没有那么明显,而且相互重叠,如图 4-3 所示。

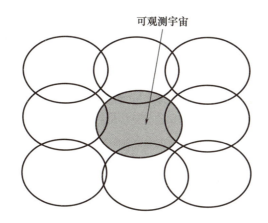

图 4-3 可观测宇宙的泡泡,每一个泡泡都有数十亿光年大小

知识链接

可观测宇宙(也称哈勃体积)是一个以观测者作为中心的球体空间,小得足以让观测者观测到该范围内的物体,即物体发出的光有足够时间到达观测者。根据科学家计算,可观测宇宙直径达 920 亿光年,甚至还要更大。科学家估计可观测宇宙中星系数量约为 1000 ~ 2000 亿个。

模拟多元宇宙

真实存在另一个"我"的可能性,不仅仅取决于所在宇宙粒子的形态与我们身处的宇宙泡泡完全一样,还取决于是否具有非常相似的历史。即使是多元宇宙的支持者也一致认为,尽管它们都是从大爆炸的同一部分演化而来,也意味着其他宇宙可能拥有与我们宇宙相同的一套物理规则和物理常数,但其他宇宙的历史与我们的宇宙可能不同。会不会有另一个宇宙版本的我和我的父母,他们和我有着一样的历史呢?

这是绝对不太可能的!因为初始条件的微小变化都可能导致结果的巨大差异,这是复杂性理论和混沌理论研究的一种现象。而相反的观点是,这对无穷大数量的宇宙来说根本不是问题,他们说即使那个宇宙版本的地球没有你,只有我,但在某个地方总会存在另一个幽灵宇宙,由于无穷大的魔法肯定存在同样的我们俩。可能存在无限多的宇宙,有着与我们完全相同的粒子,有着几乎无限多的我和无限多的你,每一个都有着不同的历史。

复杂性理论告诉我们,有些算法的运行会产生稳定的配置,而有些算法的运行结果则混乱无序,这意味着它们不可能以可预测的方式重复。有关平行可观测宇宙的假设有很多,但它确实向我们抛出了一些稀奇古怪的哲学和科学问题,感觉有点像在哲学和科学之间来回挥动。无限大成为了新的"上帝",能够挥动魔杖,使每一种配置无限次地出现[①]。

类型Ⅲ:暴胀的泡泡

在类型Ⅱ多元宇宙中,我们只需要假设宇宙是无限的,每个气泡宇宙(在这种情况下,意味着可观测宇宙)都是从相同的初始条件(量子涨落)演化而来的。它也在一定程度上依赖于膨胀,因为这意味着现在观察不到的宇宙永远也观察不到。这也意味着物理定律与我们宇宙的泡泡类似;由于宇宙气泡的速度远远超过光速,致使我们只是无法观察到它们而已。

还有另一种气泡宇宙,它的气泡非常奇怪,其物理定律也与我们的宇宙的不同。事实上,模型中的其他宇宙可能与我们的宇宙完全不同。

---

① 你可能会想,大多数物理学家应该不相信魔法或上帝!

第二部分
那些看似遥远的科学

这种多元宇宙在很大程度上依赖于宇宙暴胀理论（cosmological inflation），而宇宙暴胀的定义是大爆炸最初爆发后的指数增长阶段。暴胀时期的膨胀速度远比我们今天所看到宇宙的简单膨胀（星系彼此远离）快得多。我喜欢将暴胀和膨胀的区别想象成你以不同的方式给气球充气。如果你自己动手给气球吹气，只要你一直吹，气球就会慢慢充气膨胀，最终膨胀到你想要的形状。然而，如果你像专业的气球手那样将其连接到一台充气机器上，膨胀速度非常快，几乎是一瞬间，它从一个柔软无力的空气球快速变成为一个完全成形的气球形状。

宇宙暴胀（简称暴胀）的概念由美国麻省理工学院物理学教授艾伦·古兹（Alan Guth）提出，当时他正与同事们在斯坦福大学直线加速器中心工作，探索研究现有宇宙起源理论的问题。暴胀理论的基本观点是，暴胀期在大爆炸后很快就开始了（在这种情况下，我的意思是非常非常快，从大爆炸后大约 10^{-36} 秒 ~ 10^{-32} 秒）。这意味着宇宙暴胀的整个过程在大爆炸前的一秒钟就已经开始和结束了！古兹和他的同事们认为可能存在一段引力排斥期。

知识链接

宇宙暴胀理论是在 20 世纪 70 年代末和 80 年代初发展起来的。为解释大爆炸宇宙模型最初一刹那所存在的问题，阿列克谢·斯达罗宾斯基（Alexei Starobinsky）、艾伦·古兹（Alan Guth）和安德烈·林德（Andrei Linde）等理论物理学家根据粒子物理大统一理论，提出了一种仍属半经典理论的宇宙模型。三位理论物理学家因开创宇宙膨胀理论而获得 2014 年卡弗里天体物理学奖。

如前所述，爱因斯坦的广义相对论将时空描绘成二维桌布（或者泡沫），放置其上的物体在时空结构中形成了一个凹痕。凹痕定义了其他质量较小或较大的物体如何与其相互作用。在排斥引力作用的一段时间内，整块布料不会缩进，而是会迅速散开，因为所有的物体都会彼此远离。一旦快速暴胀完成，宇宙就会恢复到一种更为缓慢的膨胀状态，就像我们今天所看到的那样。

古兹教授和他的同事——斯坦福大学的安德鲁·林德（Andrew Linde）、塔夫茨大学的亚历山大·维伦金（Alexander Vilenkin）判断，这种暴胀绝不只是一次性事件。事实上，每次的暴胀发生都会将一小部分时空纳入到一个非常大的时空洞穴中。这个时空洞穴也许和我们的宇宙一样大！换句话说，每当暴胀过程发生时，一个全新的宇宙就会被创造出来，而这个宇宙是前一个宇宙的居民无法接近的。

格林（Greene）将这种多元宇宙称之为暴胀型多元宇宙（inflationary multiverse），其中每个宇宙都是由最初的大爆炸所产生的一个不同区域。然而，由于暴胀速度发生得非常非常快，以至于放大了在这一小块空间中发生的任何涨落（称为量子种子涨落），而正是这些涨落开启了整个暴胀过程。

在更静态、无限膨胀的幽灵宇宙中，我们依靠距离将两个宇宙分离，而且每个宇宙都是其他宇宙无法接近的。这些宇宙并不是由可以穿越的"虚无"的空间所分割，而是被一个无法穿越的鸿沟所分割，即使你的速度比光速还快也无济于事，因为它们可能依赖不同于我们宇宙的物理定律。

格林将大爆炸产生的原始宇宙比喻为一大块瑞士奶酪。每次宇宙暴胀发生时，都会在瑞士奶酪上产生一个新的小孔洞。在如图 4-4 所示的模型中，每个洞都被认为是一个泡泡宇宙或口袋宇宙[23]。

图 4-4　瑞士奶酪中的泡泡是一种可视化暴胀泡泡宇宙的方法

洞与洞之间有什么？通过与奶酪类比，不难发现洞与洞之间的区域（即奶酪）仍然不稳定，随时可能再次发生膨胀，从而形成一个新的泡泡宇宙。事实上，它甚至可能不具有与其他宇宙相同的物理定律。每个新创造的宇宙都是一个平行的宇宙，但是在我们的认知世界中，认为理所当然的许多物理常数值却各不相同。

第二部分
那些看似遥远的科学

精心调校原理和多元宇宙

这种多元宇宙能够更好地解决科学家们称之为"精心调校原理"的神秘问题（以及我们将在第 6 章讨论的宇宙类型）。

简而言之，精心调校原理是基于对我们周围宇宙一些特征的观察，而这些特征恰好适合星系、行星的形成；当然，也适合我们地球人类的出现。因为这些条件对我们地球人类来说是理想的，所以也被称为人择原理（anthropic principle）。

在暴胀的多元宇宙中，每个泡泡宇宙都包含星系、行星和我们所看到的一切。回想一下，当最初宇宙非常小时，每个气泡（或口袋宇宙）都是量子种子涨落的结果，而且每个快速膨胀的区域都创造出了自己的泡泡宇宙。

然而，如果这些原始变量或种子涨落中的任何一个发生了变化，我们可能会得到一个拥有完全不同的物理常数的完全不同的宇宙。下面列举了一些在我们的宇宙中进行精心调校的案例：

（1）麻省理工学院物理学家马克斯·特马克（Max Tegmark）和英国天文学家马丁·里斯（Martin Rees）进行了计算得出：如果宇宙种子涨落幅度（约为 0.002%）发生变化并逐渐变小，星系将永远不会形成[25]；如果宇宙种子涨落幅度越来越大，那将会产生其他难题，并引发更大的碰撞。

（2）根据里斯的说法，质子间的电磁力与引力的比值可以微调到大约 10^{36}。如果比值更小，那么它就只能是一个微小而短命的宇宙[24]。

（3）如果质子超重，哪怕只有 0.2%，那它就不能捕获住电子[25]。

（4）如果质子的电磁力减弱 4%，我们的太阳就会立即爆炸；如果质子的电磁力更大，碳原子和氧原子将不再处于稳定状态。

（5）霍伊尔态是碳 -12 原子核的一种能态，基态能级以上的能量为 7.656MeV。如果能态的能量低于 7.3MeV 或高于 7.9MeV，就不会生成足够的碳来维持我们所知道的生命，当然也包括我们人类[26]。

（6）暗能量是物理学家所说的一种力量，正在使我们的宇宙随着时间的推移而加速膨胀[27]。虽然我们无法知道它的确切值到底是多少，但我们可以估算其

模拟多元宇宙

密度约为 10^{-27}。特马克说,如果暗能量的密度可以通过一个旋钮,从最小可能值(10^{-97})调整到最大可能值(10^{97}),而你又试图找到合适的值,那就需要耗费九牛二虎之力才能找到合适的值。

在这种多元宇宙中,我们明白了多元宇宙提供精心调校和人择原理的基本原则。由于每个宇宙可能都有自己的重力值、宇宙常数、暗物质百分比值等,每个宇宙可能也有完全不同的物理定律。事实上,这是精心调校更具吸引力的原因之一。

特马克指出,我们可以想到的微调原因实际上可能只有三种[25]:

(1)**偶然**:我们宇宙的微调是一种偶然,即仅仅是一种巧合而已。

(2)**设计**:我们宇宙的精心调校是设计好的,是为生命而创造的。谁能创造这个呢?这必然是字面意义上神灵的高级生物,或者简单地从我们的角度来看就是神灵。特马克的观点也蕴含一层意思:我们可能身处一个专为我们人类而精心调校的模拟中。

(3)**多元宇宙**:存在无数个宇宙,其中一个恰好适合我们的生活,就是我们所处的宇宙。

许多人认为第一种"整个宇宙是一种偶然"是不可能的(当然,我们不能证明)。剩下的第二种解释是设计,而第三种解释是多元宇宙。有人说第二、三种解释相互排斥,你可以想象有一个或多个创造者,或者你可以想象多元宇宙中有无限个宇宙,但正如一句俗话所说,他们之间水火不相容。

知识链接

水火不相容,原文为"never the twain shall meet",意思是"when two things or people are completely different, unsuitable for each other, or are unable to agree",即"水火不相容,二者永远合不到一起"。

Twain 一词源于古英语 twegen,其含义等同于"two"。1892 年,拉迪亚德·吉卜林(Rudyard Kipling)在其作品中写了一句话:

Oh, East is East, and West is West, and never the twain shall meet.

意思是"东方是东方,西方是西方,两者永不聚!"

词语故事:祝融是古代中国神话传说中的火神,共工则是水神。传说共工素来与火神祝融不合,因水火不相容而发生惊天动地的大战,最后以共工失败而怒触不周山。

第二部分
那些看似遥远的科学

本书的重点是存在某个情景，两种解释（第二、三种解释）都正确。我们身处模拟中，而且是在某些先进种族的计算机系统上正在运行的许许多多的模拟之一。唯一允许运行超越某一特定点的模拟是生命起源的模拟。可能是祖先模拟，也可能不是；实际上，模拟的生命可能与我们人类完全不同。

在模拟多元宇宙中，我们不需要有无限多的死亡宇宙（没有生命存在的宇宙）。就像生物进化一样，任何驱动创造和宇宙之间发生的随机变化，也将对其产生的新宇宙分支进行裁剪，使之真正符合宇宙的标准。只有那些能够维持例如行星、恒星和生命的宇宙才能被允许在某一特定点之外运行。

即使我们单独考虑第三种解释，尽管泡泡宇宙可能适用精心调校原理，但是仍然不能解释我们的宇宙中量子现象的所有怪诞之处，更没有很好地解释其工作原理。而且，迄今为止所讨论的泡泡宇宙与时间线大相径庭，因此不太可能解释我们在本书中所探讨的时间线的分岔和合并。

类型Ⅳ：更高维度中的宇宙

让我们脑洞大开地想象一下，平行宇宙有可能隐藏在更高维度空间中。这个想法的前提是弦理论（String Theory），而弦理论是另一个关于宇宙如何运作的假想理论。爱因斯坦本人也没有找到一个能够将引力与自然界中的所有其他力（电磁力、引力、弱核力、强核力）结合起来的统一理论。另一方面，量子场论虽然可以解释和预测除引力外的另外三种力，但这也意味着它并不完整。

弦理论（更正式的说法是超弦理论）诞生于20世纪80年代，被誉为一种潜在的万物理论，可以整合爱因斯坦的相对论和量子力学。而量子力学表明，弦理论中万物都有基本的量子或粒子，甚至这些粒子都是很小的振动弦。弦振动频率考虑到了粒子种类的差异。

弦理论的一个副产品是在传统的三维（如果考虑时空需要四维）之外需要额外维度的空间。事实上，弦振动需要10或11维空间，以及物理学家们曾讨论的多元宇宙，而其中有些宇宙可能隐藏在邻近维度空间中。

模拟多元宇宙

尽管最初人们对弦理论充满了热情，但今天有些科学家仍然对弦理论有所怀疑，然而还有许多人认为它仍然是统一理论的关键。迄今为止，通过实验证实弦理论的任何预测仍然困难重重。最后，弦理论比广义相对论或量子场论更具推测性和争议性，而两者都已有实验验证的结果。

正是由于这个原因，以及弦理论所暗含的额外维度与本书关于多条时间线的讨论并不完全相关的事实，我不会花太多时间讨论这种多元宇宙。然而，就我们的讨论来说，这种多元宇宙的核心思想是额外维度空间隐藏在我们的视野范围之外，因而可以帮助我们想象一个可能存在多元宇宙的更大的坐标系。

超空间和超立方体：生活在额外维度空间

这些其他维度及其嵌入其中的宇宙会是什么样子呢？

自爱因斯坦以来，我们习惯将时间作为第四维度来讨论，并用其来描述多元宇宙的几何演变。但是维度的历史非常有趣。物理学家加来道雄（Michio Kaku）博士在他的《超空间》（*Hyperspace*）一书中对此进行了详述。

正是希腊人首先强调物理维度限于三维。我们在学校学过的欧几里得几何学的创始人欧几里得指出：点没有维度，线有一维（长度），平面有二维（长度和宽度），而立体有三维（长度、宽度和深度）。亚里士多德（Aristotle）及来自亚历山大的托勒密（Ptolemy）都认可欧几里得的观点，但更进一步强调指出没有其他维度。亚里士多德在《论天》（*On Heaven*）一书中写道："直线有一种大小，平面有两种大小，物体有三种大小，除此之外没有其他的大小，因为三种大小是全部。"，托勒密更进一步证明了没有更高维度的存在[28]。

但在19世纪，有限维度的观念开始受到质疑。尤其是乔治·弗里德里希·伯恩哈德·黎曼（Georg Friedrich Bernhard Riemann）打破了数学只能局限于三维空间的观点，提出了黎曼几何和任何形状都可以扩展到额外维度的想法。黎曼特别指出，毕达哥拉斯定理（即勾股定理）可以将直角三角形（$a^2+b^2=c^2$）边的二维版本，扩展到表示立方体边和对角线的三维（$a^2+b^2+c^2=d^2$），也可以扩展到四维、五维，乃至任意数目的维度。

第二部分
那些看似遥远的科学

知识链接

亚里士多德（公元前384—前322年），古代先哲，古希腊人，世界古代史上伟大的哲学家、科学家和教育家之一，堪称希腊哲学的集大成者。他是柏拉图的学生，亚历山大的老师，在哲学、美学、教育学、生物学、生理学、医学等都有贡献。主要代表作有《工具论》《形而上学》《物理学》《伦理学》《政治学》《诗学》等。

勾股定理，中国古代称直角三角形为勾股形，并且直角边中较小者为勾，另一长直角边为股，斜边为弦，所以称这个定理为勾股定理，也有人称商高定理。

公元前11世纪，中国古代数学家商高（西周初年人）就提出"勾三、股四、弦五"。西方最早提出并证明此定理的为公元前6世纪古希腊的毕达哥拉斯学派，他们用演绎法证明了直角三角形斜边平方等于两直角边平方之和。

虽然我们很难想象一个更高维度的立方体，也就是所谓的超立方体，但同样的原理可以应用于任何形状，并扩展到 n 维空间，即今天所说的超空间。

为了形象化地说明超立方体，我们使用二维正方形类比，它可以在三维中扩展为一个立方体，并在更多的维度中扩展为一个超立方体。意味着我们所看到的世界是一个四维（甚至是 n 维）宇宙向我们所能看到的三维空间的投影。

1884年，伦敦城市学校校长埃德温·阿博特牧师（Edwin Abbot）将这一想法写入了一部非常成功的小说，名为《平地居民：方先生多维空间浪漫史》（*Flatland: A Romance of Many Dimensions by a Square*）。《平地居民》虽然是一部描写英国维多利亚时代政治的小说，但却激发了公众的无暇想象力。小说中，平地居民不允许谈论第三维度的问题，所有的法律，包括有名无实的英雄方先生（Mr. Square）都是二维的。就像哲学家柏拉图在《理想国》一书中的那些离开洞穴的囚徒一样，方先生意识到可能还存在另外一个维度，并试图告诉他的平地人同伴，但他们却不愿意相信他的话。

20世纪20年代，爱因斯坦在世界范围内声名鹊起。在时间作为第四维空间的概念普及之前，第四空间维度的概念相当流行。加来道雄在他的《超空间》一书中简要介绍了他声称"看到第四维空间的人"——英国数学家、科幻作家查尔斯·霍华德·辛顿（Charles Howard Hinton）。加来道雄告诉我们，辛顿甚至为额外维度空间中的方向命名；就像我们说的左或右、上或下、前后，他说第四维度的方向是安娜（ana）或卡塔（kata）[28]。

在19世纪中期，黎曼提出了高维空间的概念，并被公众所接受，但它却并未真正被那些质疑高维存在证据的科学家所认可。黎曼的思想被认为是与现实世界无关的抽象数学，在爱因斯坦提出狭义相对论和广义相对论之前是这样。爱因斯坦的老导师赫尔曼·闵可夫斯基（Hermann Minkowski）创造了术语"时空"（space-time），时间被公认为是第四维度。

半个世纪后，即20世纪下半叶，黎曼几何成为包括弦理论在内的其他高维理论的基础。

如果我们周围还有其他的物理维度，就不难理解为什么还会有其他的事情发生，甚至可能整个其他的宇宙隐藏在这些维度中；因为我们就像"平地居民"一样，将永远无法看到更高维度的空间。如果确实存在平行宇宙，那么更高维度的工具集，无论它们是空间维度还是时间维度，都将非常有用。但它们在哪儿呢？它们就像四维主义者辛顿说的那样，就在那里，在安娜（或卡塔）下面！

辅助阅读材料
《相对宇宙》和平行宇宙共有的历史

在2017年首播，只持续播出了两季的电视剧《相对宇宙》（*Counterpart*）中，我们看到了一个双宇宙模型，更详尽地描述了这些宇宙世界之间的关系。霍华德·西尔克（Howard Silk）是一名老实本分的办公室职员，在联合国位于柏林的一家秘密机构工作。我们起初对这个机构知之甚少，但发现它隐藏着一个巨大的秘密。机构大楼建在一个怪异的地方，那里的物理实验可以触发宇宙分岔，大楼的下面有一条连接两个宇宙的隧道。

那里不仅有来自另一个宇宙世界的霍华德·西尔克——他比我们之前遇到的霍华德（间谍）更温文尔雅，而且几乎所有人在另一个宇宙世界中也都有另一个

第二部分
那些看似遥远的科学

版本。在类似冷战的背景下，这引发了有趣的问题，不禁让人联想起美苏在德国柏林墙进行的间谍交换，间谍被派去替换另一个版本的自己。在《相对宇宙》中，现实世界的意外分岔发生在1987年，所以在那之前，并没有太多有关分身的传说，而且人们认为只存在一个宇宙。1987年之前的两个霍华德是同一个人，因此，他们共有一段相同的记忆，直到现实世界意外分岔。也就是从那一点开始，宇宙开始分岔。在主宇宙分岔中，一场巨大的瘟疫意外引发另一个宇宙世界中的灾难，致使许多人命丧黄泉。宇宙成为了一个奇怪的世界，公共空间大多空无一物，可怕地预示了2020—2021年（在我撰写本书时）在我们这个宇宙世界中所爆发的全球性传染病。

像许多涉及平行宇宙的小说一样，《相对宇宙》虽然回避了宇宙分岔如何发生的科学问题，但难免不触及小说中常见的欲望类问题。如果有人死了，而你知道某个地方还有他的另一个版本，你会去看他吗？如果你和妻子（或丈夫）离婚了，你想念过去的他或她，结果你发现，在另一个宇宙世界中你们仍然在一起，你会去找你的幽灵化身，开启那个世界的生活吗？特别是冷战背景下，不可避免地引发一些道德问题，同时也会发出疑问：如果你在过去做出了不同的选择，视为一个特定角色的幽灵化身，现在的你会有多大的不同？

知识链接

《相对宇宙》是由J·K.西蒙斯、奥莉维亚·威廉姆斯等主演的科幻惊悚美剧，主要讲述了霍华德原本只是一个政府机构的小角色，但发现原来局中是在守护一道能通往平行世界的门，进而粉碎一系列阴谋的故事。第一季于2017年12月10日上映，第二季于2018年12月9日上映。

第 5 章

欢迎来到量子世界

> 如果你不为量子力学震惊，那你根本就没有理解它。
>
> ——尼尔斯·玻尔

知识链接

尼尔斯·亨利克·戴维·玻尔（Niels Henrik David Bohr，1885—1962 年），丹麦物理学家，哥本哈根大学硕士 / 博士，丹麦皇家科学院院士，哥本哈根学派创始人。他由于在原子结构理论的杰出贡献，获得 1922 年诺贝尔物理学奖。玻尔通过引入量子化条件，提出了玻尔模型来解释氢原子光谱；提出互补原理和哥本哈根诠释来解释量子力学。

玻尔的一生，追求世界的真实，与中国传统中的"诚"（如《周易·文言》中"修辞立其诚，所以居业也"）、传统文化中的科学求真（如《庄子·天下篇》中"一尺之棰，日取其半，万世不竭"）同条共贯。

图片来源：网络

在讨论量子多元宇宙之前，撇开模拟多元宇宙不谈，我们先简要介绍一下量子力学的关键思想，以及它与模拟猜想的关系。我在《模拟猜想》一书中，全面地探讨了两者之间的关系。量子力学的哥本哈根诠释（Copenhagen interpretation）肯定正确无疑，但为什么它比宇宙的唯物主义假说更加符合模拟猜想呢？我将在本章后续部分简要总结。但在本书中，我不想拘泥于此，第 6 章将专门探讨量子力学的流行解释、多世界诠释（many worlds interpretation，MWI）和模拟猜想之间的关系。

第二部分
那些看似遥远的科学

量子的特性

讨论量子力学的流行解释、多世界诠释，必然绕不开量子物理学中的测量问题。有时，这俗称为观察者效应（observer effect），或者更正式的说法是量子不确定性（quantum indeterminacy）。正应了玻尔关于量子力学的一句名言：如果你不为量子力学震惊，那你根本就没有理解它。

今天，我们大多数人都道听途说过量子力学的一些不可思议之处，但这并不是我们茶余饭后经常探讨的话题之一。这是因为我们认为量子力学离我们很遥远，而且它与我们的日常生活没有交集。它似乎只适用探讨非常小的亚原子尺度的基本粒子。

这恰恰就是量子力学的两难境地——一个世纪前，科学家们为解释光子和电子等亚原子粒子的行为特性，总结出了一套似乎有悖于我们所处宏观世界常识的物理规则和原理。但是，如果我们居住的世界是由原子构成的，而原子又是由亚原子粒子构成的，那么微观世界和宏观世界之间必然存在着某种联系。

知识链接

光子是传递电磁相互作用的基本粒子，是一种规范玻色子，在 1905 年由爱因斯坦提出，1926 年由美国物理化学家吉尔伯特·路易斯正式命名。

光子是电磁辐射的载体，而在量子场论中光子被认为是电磁相互作用的媒介子。光子静止质量为零。光子以光速运动，具有能量、动量、质量。

让我们先看一下量子力学的定义：

量子力学是力学的一个分支，它以数学形式描述了亚原子粒子运动及其相互作用，包括能量量子化原理、波粒二象性原理、测不准原理和对应原理等[29]。

与我们所敬仰的爱因斯坦一人提出的相对论不同，量子力学可不是由某一人提出，而是由包括玻尔在内的多位物理学家共同努力的结果。量子力学的提出和发展要归功于 20 世纪早期的一批科学家们，正是由于他们痴迷于探索未知的世界，才有了我们今天对原子以及原子世界内部结构的理解。

早在量子力学出现之前，学术界已经在使用术语量子（quanta）（复数形式（quantum））了；量子是一个用来指定最小离散量的术语。然而，自然界中确定的量仅以离散值存在的发现让人诧异。20世纪以前，牛顿的物理定律假设世界变化是连续的，数学成为描述世界的一种理想工具。

例如，数1和2之间可能有无穷多的数。在行星尺度上，你可能会想到小行星和行星的轨道。即使地球和火星相距数百万英里（1英里=1.609344千米），也没有理由不在如1.33AU、1.34AU或1.35AU处存在一颗小行星。

知识链接

火星是离太阳第四近的行星，也是太阳系中仅次于水星的第二小的行星和太阳系里四颗类地行星之一。火星具有和地球相似的自转周期、自转轴倾角，并且具有相似的季节变化，因而被认为是太阳系内与地球最相似的行星，也是最有可能进行星际移民的行星，是行星探测的重中之重。火星距离地球最近距离约为5500万千米，最远距离则超过4亿千米。

火星上有美国宇航局和欧洲发射的多个在轨环绕探测器，火星表面还有多个美国的火星车，其中包括"好奇"号、"毅力"号以及结束任务的"火星探路者"号、"洞察"号、"凤凰"号、"勇气"号和"机遇"号等。

2020年7月23日，我国首个火星探测器成功发射；2021年5月15日，"天问"一号着陆巡视器成功着陆火星，5月22日"祝融号"火星车安全驶离着陆平台，到达火星表面，开始巡视探测。2022年3月7日，"天问"一号在对"杰泽罗"撞击坑成像时拍摄到美国"毅力号"火星车。2022年6月29日，"天问"一号任务环绕器正常飞行706天，获取覆盖火星全球的中分辨率影像数据，各科学载荷均实现火星全球探测。"天问"一号任务环绕器和"祝融号"火星车均完成既定科学探测任务。"天问"一号一次任务完成了"绕、落、巡"，这在国际上属于第一次。

中国祝融号火星探测车和着陆器的合影
图片来源：新华社发（国家航天局供图）

第二部分
那些看似遥远的科学

未来我国还将发射天问二号、三号、四号等，其中天问二号是从小行星取样返回，天问三号是从火星取样返回，天问四号是去木星系。我国行星探测工程将在未来10～15年内完成，其中火星采样返回任务计划在2028年之前实施。

AU（astronomical unit）天文单位是天文学上的长度单位，曾以地球与太阳的平均距离定义。2012年8月，在中国北京举行的国际天文学大会（IAU）第28届全体会议上，天文学家以无记名投票的方式，把天文单位固定为149597870700米（约1.5亿千米）。

太阳系各大行星到太阳的平均距离：水星0.39AU、金星0.72AU、火星1.52AU、木星5.20AU、土星9.54 AU、天王星19.18 AU、海王星30.11AU。

但如果仅仅在1.2AU、1.6AU或2.0AU处存在小行星，那会是什么样子呢？如果把一颗小行星放在地球和火星之间的任何位置（如1.33AU），又会发生什么？如果它神奇地跳到了1.2AU或1.6AU呢？细细一想，这确实让人匪夷所思！在这种情况下，轨道的量子（最小离散值）是0.4AU。

丹麦物理学家尼尔斯·玻尔采用这个比喻诠释量子力学，让量子力学更容易让人理解。他提出了至今仍广受小学生们所熟知的原子模型——行星模型。这是一个经典的原子模型，其中电子围绕着原子核旋转，类似太阳系的行星围绕太阳转一样。当玻尔试图弄清楚原子的内部结构时，有一天他做了一个赛马的梦，梦中马在白色粗线画的跑道上绕圈奔跑，而且不允许马穿越某一跑道。

受赛马梦境直觉的启发，玻尔意识到电子的能量可能是一个离散的值或能级，电子的能量不会从能态如1.2逐渐过渡到2.0。

实际上，量子力学不是研究轨道，而是量子化，即能量和动量等物理量只能选取离散的值，而不是经典物理所阐述的连续的行为特性。

电子提升能级的方式是逐渐增加能量，当电子能量达到某个阈值时，电子将跃迁到更高能级（称为量子跃迁）。类似地，如果电子的能量减少，它将跃迁回较低的轨道，并在某个点释放一些能量。电子不允许位于离散能量

模拟多元宇宙

状态之间的任何位置，这可以认为是固定轨道，就像围绕太阳旋转的小行星一样。

玻尔不是唯一一个，也不是第一个在观察电子能量状态时发现其奇怪行为的学者。1915 年，玻尔提出了以其名字命名的玻尔理论，并于 1922 年获得诺贝尔物理奖。1900 年，马克斯·普朗克（Max Planck）研究了黑体辐射——黑体发出的不透明且不反射的辐射。普朗克发现能量发射不连续，只能是离散发射，将其称之为能量的量子，为量子理论的发展奠定了重要基础。

虽然爱因斯坦对量子力学的某些内容不感兴趣，但他唯一的诺贝尔奖并不是因为他提出的相对论，而是他在 1905 年发表的量子假设解释光电效应的研究。他在 1905 年的论文中指出[30]：

光线传播过程中，能量并不是连续地分布在不断增加的空间中，而是由有限数量的能量量子组成，这些量子位于空间中的各个点上，移动而不分裂，只能作为实体被吸收或产生。

爱因斯坦提出光的量子化就是我们今天所说的光子。因为光被认为是一种波，光作为光子的这种行为，就像粒子一样令人费解。事实上，苏格兰科学家詹姆斯·克拉克·麦克斯韦（James Clerk Maxwell）在 1861—1862 年期间研究电磁现象时，建立的麦克斯韦方程组也假设光是一种波。

知识链接

麦克斯韦（1831—1879 年），英国物理学家、数学家。经典电动力学的创始人，统计物理学的奠基人之一。

1873 年出版的《论电和磁》，也被尊为继牛顿《自然哲学的数学原理》之后的一部最重要的物理学经典。麦克斯韦被普遍认为是对物理学最有影响力的物理学家之一。没有电磁学就没有现代电工学，也就不可能有现代文明。

图片来源：网络

光子和电子都被认为是一种波，怎么也可能被量子化了呢？它们的特性怎么和离散的粒子一样了呢？

第 二 部 分
那些看似遥远的科学

量子力学：波粒二象性

波粒二象性为我们呈现通常是量子力学核心的实验——双缝实验，如图 5-1 所示。

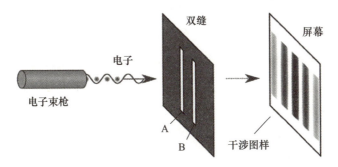

图 5-1 双缝实验：电子的行为特性像波或粒子

（图片来源 https：//en.wikipedia.org/wiki/File：Double-slit.svg）

知识链接

波粒二象性是微观粒子的基本属性之一。1905 年，爱因斯坦提出了光电效应的光量子解释，人们开始意识到光波同时具有波和粒子的双重性质。1924 年，德布罗意提出"物质波"假说，认为和光一样，一切物质都具有波粒二象性。2015 年瑞士洛桑联邦理工学院研究团队进行了一次"聪明的"反向实验：用电子来给光拍照，捕获了有史以来第一张光既像波，同时又像粒子流的照片。

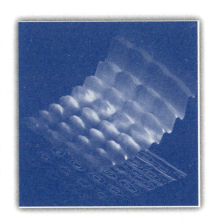

参考文献：L. Piazza1，T.T.A. Lummen1，E. Quinonez et.al，"Simultaneous observation of the quantization and the interference pattern of a plasmonic near-field"，Nature Communications，2015，6：6407

双缝实验最基本的问题是，如果在一个有两条狭缝的物体后面放置一个屏幕，让光线穿过狭缝，会发生什么？正常情况下，屏幕只有一个干涉图样出现。

干涉图样表明光呈现出了波的行为特性，穿过两个狭缝，并在屏幕上形成了图样。另一方面，如果光是由粒子或光子组成的，那么在屏幕上可以观察到穿过狭缝的两个粒子簇。但令人费解的是，当在每个狭缝附近观察单个粒子时，光的行为特性却会恢复为单个粒子的行为特性，屏幕上只有两个簇分别穿过狭缝A和狭缝B。

早在19世纪，光学双缝实验就得到了验证。但直到1927年，电子的双缝实验才得到验证，证实了这种行为特性绝不是只有光才有的一种奇怪特性。如果电子表现出与光相似的行为特性，那么其他亚原子粒子也可能表现出同样的奇怪行为特性吗？事实上，自此之后很多实验都表明，即使原子大小的实体也可能表现出量子力学所预测的同样奇怪的行为——波粒二象性。

知识链接

双缝实验

托马斯·杨（Thomas Young，1773—1829年）1801年进行了光的干涉实验，即著名的杨氏双孔干涉实验，首次肯定了光的波动性，并于1807年发表《自然哲学与机械学讲义》（A course of Lecturse on Natural Philosophy and the Mechanical Arts），书中综合整理了他在光学方面的理论与实验方面的研究，详细描述了双缝干涉实验。

薛定谔波函数

科学家们发现电子的行为特性尤其特殊。电子不仅可能只以某些能量状态（量子化）存在，而且实际测量时很难知道其精确的位置。这就是为什么物理学家现在用"电子云"（electron cloud）来指代电子可能存在的位置。

奥地利-爱尔兰科学家欧文·薛定谔（Erwin Schrödinger）也是量子力学的奠基者之一。1926年，在瑞士苏黎世大学工作年仅39岁的薛定谔却提出了一个以其姓氏命名的方程——薛定谔波动方程（Schrödinger wave equation），并定义了粒子的行为。薛定谔波动方程（简称薛定谔方程）为新发展的量子理论提供了数学基础（建立在普朗克、玻尔和爱因斯坦早期工作的基础上），描述了伴随粒子而来的概率波动。薛定谔方程在新发展的量子理论中地位非常重要，以至于它"与原子力学的关系就像牛顿的运动方程与行星天文学的关系一样"[31]。

知识链接

埃尔温·薛定谔（1887—1961年），奥地利物理学家，量子力学奠基人之一，发展了分子生物学。他因发展了原子理论，和狄拉克（Paul Dirac）共获1933年诺贝尔物理学奖。

他在德布罗意物质波理论的基础上，建立了波动力学。由他所建立的薛定谔方程是量子力学中描述微观粒子运动状态的基本定律，它在量子力学中的地位大致相似于牛顿运动定律在经典力学中的地位。他提出了薛定谔猫的思想实验，试图证明量子力学在宏观条件下的不完备性。

薛定谔善于与人交流，卓越的沟通交流能力助其成功人生。中国传统文化中，孔子"不学诗，无以言"的对交流素质培养的建议，《春秋左氏传》中一幕幕精彩对话，都对我们今天加强沟通交流助益极大。

图片来源 网络

当对某个特定的粒子求解波动方程时，可以获得一个显示不同物理事件如粒子位置概率的波函数。因为它是一个波函数，故包含了粒子可能存在所有位置的所有概率。波动方程只适用于单个粒子，却不适用于宇宙中的所有粒子。

根据量子理论，粒子没有一个确定的位置，至少在它被测量之前是这样的；只有一系列的概率来显示它可能在那里。

思考这个问题的一个好方法是想象你去一家电影院，你知道有一个特定的观众，但你却不知道这个观众在哪个座位上。薛定谔波动方程显示了观众可能坐的不同座位，剧院每个座位上方波的振幅表示观众在该特定座位上的概率；从技术上讲，概率是座位上方振幅的平方，但重点是概率波显示了空间中不同位置上的不同振幅，如图5-2所示。

模拟多元宇宙

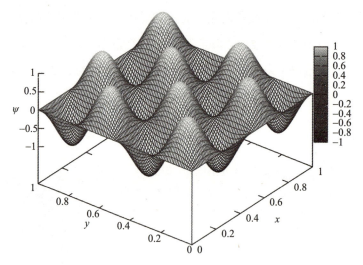

图 5-2 概率波的图形化表示 { 图片来源：https: //commons.wikimedia.org/wiki/File: Particle2D.svg}

哥本哈根诠释波函数的坍缩

哥本哈根诠释是最早将概率引入物理学的理论之一，让许多著名的科学家陷入困境，并开始挑战自牛顿和法国学者皮埃尔·西蒙·拉普拉斯（Pierre-Simon Laplace）时代以来持续几个世纪的观念——我们生活在一个纯粹决定论的宇宙中。

1814 年，拉普拉斯提出了一个著名的思想实验（现在称为拉普拉斯恶魔（Laplace's demon））：

如果有一个实体（恶魔）知道宇宙中每个粒子的所有初始条件（精确位置和动量），那么恶魔（或机器）可以根据经典力学定律，准确预测宇宙中每个粒子在未来或过去某个时刻的位置。拉普拉斯恶魔成立的前提是存在一个纯粹决定性（非随机性）和完全可逆的宇宙。

通过将概率引入宇宙中粒子的位置，量子理论颠覆的不仅是拉普拉斯恶魔，也颠覆了所有相信我们生活在完全决定性宇宙中的人。甚至爱因斯坦本人也不喜欢这个说法，由此他说出了一句反对量子理论的名言："上帝不会掷骰子"（God does not play dice with the universe）。薛定谔自己也对这种概率性的解释感到苦恼，

第二部分
那些看似遥远的科学

尽管他提出的薛定谔方程实际上确实能做出准确的预测。

即使新理论的奠基者们也在努力提出一种解释,来帮助理解究竟发生了什么。但不可否认的事实是:当测量一个粒子时,它将有一个确定的位置;而如果你没有去测量它时,它可能有很多可能的位置。

由此产生了量子力学的哥本哈根诠释:尽管粒子的位置可能以概率波的形式存在,但一旦要观察它(或者更精确地说是测量),它的位置就变成一个确定的位置。这被当时居住在丹麦哥本哈根的尼尔斯·玻尔和他的同事们称为"概率波的坍缩"(collapse of the probability wave)。

再回到前面我们所说的剧院观众的案例,就好像走进黑暗的剧院,用手电筒指着某一个座位,你就可以知道观众是否在那里。在那一刻,概率波被认为已经坍缩成了一个确定的现实,这个观众在或不在那个座位,所以剧院中那个观众位于其他座位的概率不再适用。

何谓"观察"?这一问题一直存在争论。观察是一个简单的测量设备,还是需要一个有意识的观察者?一种论点是,即使一个无意识观察者的测量装置也足以让概率波坍缩,因此有意识的观察者是不需要的。另一种观点则认为,即使测量设备记录了实验对象,仍有设备可能记录了多个不同的值,直到有意识的实体观察到测量,我们才能确定它确实是这样发生的(图 5-3)。

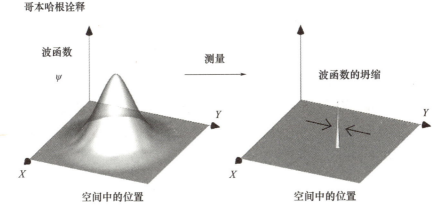

图 5-3 观察时波函数坍缩的案例(图片来源:http://afriedman.org/AndysWebPage/BSJ/CopenhagenManyWorlds.html)

由此引发了一个更广泛的讨论，不仅是对多个现在，而且对多个过去，抛出了一个时间及多条时间线全新层次的怪诞观点，我们将在第 6 章详细讨论。

量子叠加态和荒谬的薛定谔猫

既然每个人都认为粒子在被测量后会占据一个确定的位置，那我们不禁要问，在测量之前粒子在哪里呢？

粒子处于叠加态说的是粒子所有位置的超级集合。例如，一个电子可以向上或向下自旋。"叠加"一词源于薛定谔方程，因为可以将两个或更多的量子态相加，它们加起来会得到一个有效的量子态，而量子态却是其组成态的超级集合。薛定谔方程显示了粒子所有可能状态的叠加。

今天，提到一个粒子（或一个量子比特）处于叠加态时，我们指的是一个还没有确定值的对象。另一种思考的方式是，它同时有多个可能的值。

如果你觉得这个想法很荒谬，那你并不孤单。即使是薛定谔本人，也不喜欢一个对象同时处于多个状态（即叠状态）的说法。为了形象化说明这个想法有多么荒谬，他发明了著名的薛定谔猫的比喻。具有讽刺意味的是，薛定谔猫可能已经成为人们理解量子叠加态的最简单的一种方法，量子叠加态已经成为量子计算的基石。

在这个虚构的案例中，薛定谔将一只猫连同一小瓶毒药、单个放射性物质原子一起放入一个盒子里。一小时后，原子有 50% 的概率衰变产生放射性物质，释放出毒气杀死猫。显然，一小时后，猫活下来的概率为 50%，死亡的概率也是 50%。

因此，一小时后猫是死是活？常识告诉我们，猫是活的还是死的，不可能两者兼而有之。量子力学似乎暗示，在进行测量或观察之前，没有确定的状态：可以说是，猫既活着又死了——也就是说，处于两种状态的叠加。薛定谔自己创造了这个案例，但同时也指出这完全违背常识。

第一堵墙：客观与主观

事实上，新的量子理论出现，至少引发了两个让许多科学家感到不可理喻的

第二部分
那些看似遥远的科学

主要议题，我称之为"量子力学的两堵墙"。我们前面已经提到，爱因斯坦和薛定谔都不喜欢概率的说法。爱因斯坦关于"上帝从不掷骰子"的名言和薛定谔猫的论断都说明对象处于叠加态的想法是多么的荒谬。

而且，概率波的坍缩意味着科学家们在研究宇宙时试图强加在宇宙上的一堵中国墙（Chinese Wall）的破裂：观察者和被观察对象之间的墙。特别是约翰·惠勒（John Wheeler）生动形象地描绘了第一堵墙（从他的许多观点中得知）。惠勒的结论是，如果科学家们是公平公正的观察者，正在观察实验中所发生的事情，那么根本就不可能按照科学家们所构想的方式研究宇宙。

知识链接

中国墙（Chinese Wall）指投资银行部与销售部或交易人员之间的隔离，以防范敏感消息外泄，从而构成内幕交易。几十年前，监管机构为了限制投资银行利用自己的资讯优势和资金实力，发布歪曲事实的报告和分析研究评论，强行要求投资银行的"研究部门必须独立"。采用"Chinese Wall"一词作为其形象的称谓，意喻隔离要如中国的长城一样坚固。

约翰·阿奇博尔德·惠勒（John Archibald Wheeler，1911—2008年），美国物理学家。

获博士学位后，他在尼尔斯·波尔指导下从事核物理研究，1937年提出粒子相互作用的散射矩阵概念，1939年与尼尔斯·玻尔、苏联的弗朗克尔一起提出了重原子核裂变的液滴模型理论，1957年与米斯纳开始发展"几何动力学"，1969年惠勒在纽约的一次会议上首次使用"黑洞"一词，1983年他提出了参与式宇宙的观点。晚年因与玻尔、海森堡、薛定谔、伯恩、爱因斯坦等他人共同推动了量子理论的发展而成为物理学界的"元老"。

相反，惠勒得出的结论是，我们生活在一个"参与式宇宙"（participatory universe）中，根本不存在客观性这回事，因为必须在那里从事观察实验的科学家们实际上也是实验的一部分。我在《模拟猜想》一书中也引用了惠勒的话，并再次重申我的观点：

对于量子原理来说，没有什么比这更重要的了，那就是它破坏了世界是"摆在那里"的概念，观察者与世界被一块20厘米厚的平板玻璃安全地隔开。即使要观察像电子这样微小的对象，他也必须打碎玻璃，必须伸手进去…为了描述所发生的事情，必须划掉"观察者"一词，而采用新词"参与者"替代。从某种奇怪的意义上讲，宇宙是一个参与式的宇宙[32]。

从经典科学的角度来看，科学家不仅参与实验，而且是所参与实验的一部分的结论几乎是科学界的异端邪说。惠勒的意思是，实际上根本就不存在客观现实和主观现实之间的第一堵科学墙。或者，至少这堵墙是非常容易受影响的。而且，这陷入了一个唯物主义者竭力避免的困境：定义主观性和意识，或者承认它可能以某种方式影响物理世界。

普朗克说过，他相信科学家不可能完全理解物质世界，因为我们也是这个世界的一部分："科学无法解答自然的终极奥秘，这是因为归根结底我们自己也是我们要解答的奥秘的一部分[33]。"这几乎直接呼应了惠勒后来有关参与式宇宙的陈述。

不管是过去还是现在，仍然有许多物理学家坚持经典的观点，即存在客观的物理现实，而且尽管我们生活在其中，但我们不能也不能通过我们的观察或其他主观的心理体验，以任何方式影响我们的世界。正因为如此，许多物理学家认为任何测量装置都可能引发概率波坍缩，意识也并没有什么特别之处。爱因斯坦曾经是新量子理论的批评家，不喜欢需要观察者的说法，也只是半开玩笑地想知道老鼠的斜视是否算是观察。

无论你是将量子力学的解释确定为需要测量装置（它是被观察系统的一部分），还是需要意识（观察最初的坍缩或观察未来的测量值），你都可以看到这堵墙被竖立或拆除的重要性，完全取决于你选择如何定义这堵墙。面对拆除主观与客观这堵墙的质疑，促使科学家们不得不寻找哥本哈根诠释之外的另一种解释。

第二堵墙：小与大

然而，自从量子力学的第一个公式诞生以来，量子力学的正确性已经在实验中得到了验证。迄今为止，几乎每一个实验都一而再地完美地验证了量子方程所

第二部分
那些看似遥远的科学

预测的粒子分布。

为了解释像书桌这样大的对象之所以不会突然出现或消失，也不会显现概率的行为，玻尔在沙滩上画了一条线作比喻，指出这些规则只适用于非常小的对象。

相比较而言，爱因斯坦的广义相对论成功地预测了引力对光的影响。甚至爱因斯坦的狭义相对论有关时间膨胀的预测，其正确性也得到了实验上的验证。

知识链接

时间膨胀是一种物理现象：两个完全相同的时钟之中，拿着甲钟的人会发现乙钟比自己的走得慢。这现象常定义为是对方的钟"慢了下来"，但这种描述只会在观测者的参考系上才是正确的。任何本地的时间（也就是位于同一个坐标系上的观测者所测量出的时间）都以同一个速度前进。时间膨胀效应适用于任何解释时间速度变化的过程。相对论中，时间膨胀有两种情况：

（1）狭义相对论中，所有相对于一个惯性系统移动的时钟都会走得较慢，而这一效应已由洛伦兹变换精确地描述出来。

（2）广义相对论中，在引力场中拥有较低势能的时钟都走得较慢。

速度时间膨胀实验、引力时间膨胀实验、速度和引力时间膨胀结合实验等已经多次证明了时间膨胀的有效性。

这让科学家们陷入了一个奇怪的境地：一个理论适用于非常小的对象（量子力学），另一个理论适用于非常大的对象（广义相对论），但两个理论之间却隔着一堵"墙"。而这堵墙却似乎是哥本哈根诠释的支持者人为设置的。

关于这堵墙的主要反对意见是，我们所知道的宇宙由小粒子组成，因而这种奇怪的行为肯定对整体有一定的影响。

事实上，研究者多年来只将量子理论应用于亚原子尺度的粒子研究，但越来越多的实验证明暗示量子力学确实也适用于更大的对象。例如原子、分子大小的对象已经呈现量子的行为特性。今天，如果你和物理学家交谈，他们会说量子力学并非不适用于更大的对象，而是概率波的理论看起来更加完善了。

格林说，"有充分的理由相信，它适用于那些组成你、我和其他一切的庞大集合体"[23]。格林继续解释说，可能根本没有这样的一堵墙，因为概率波在较大的对象中分布得更少。例如，如果你扔一个棒球，它很可能会落在牛顿运动定律所说的地方。但"可能"并不等于100%；这意味着它有 99.9999% 的概率降落在牛顿方程预测的地方，还有 0.00001% 的概率降落在其他地方，如体育场外。

主观和客观、大与小之间的两堵墙让物理学家们意识到，量子力学为我们描绘了一幅与经典物理学，甚至爱因斯坦的相对论截然不同的世界图景，探索了另一种哥本哈根诠释概率波坍缩的解释，并让我们有了另一种选择：量子力学的多元宇宙解释，我们将在第 6 章详细探讨。

模拟和量子力学

我在《模拟猜想》一书中提出的一个论点是，只有当我们固执地坚持宇宙唯物主义观点时，量子力学的许多让人困惑的发现才会让人困惑。另一方面，如果我们采用以信息为中心的宇宙模型（模拟猜想的前提），那这些事情看起来根本就不足为奇。这里，我只想高度概括其中的一些论点。如果想知晓更多的细节，不妨阅读一下《模拟猜想》一书。

像素和量子

今天，物理学家们普遍认可普朗克的长度（1.6×10^{-35}）是测量任何物体的最小空间量。这表明了一种像素化，而像素是最小的可寻址空间单位。请注意，即使是在一个有 n 位像素的计算机屏幕上，你仍然可以实现涉及例如 1/2 或 1/3 个像素的数学运算，但这些计算却不能转化为渲染宇宙的物理屏幕。类似地，我可以写出一个包含 1/10 普朗克长度的方程，但我却无法在真实的物理世界中测量。

这似乎与量子理论中的量子概念一致，即特定的事物——包括粒子可能存在的能量状态——只能是特定的离散值。牛顿方程假设空间是连续的，事实证明宇宙可能比我们想象的更加量子化，这表明我们的宇宙也可能是像素化的。

计算机软件中，始终可以抽象地计算更小的值，但在计算机屏幕上渲染时，你却无法实际测量或绘制小于像素的任何物体。这就好像想让一个像素亮起来，可以不断增加连续的数字，直到达到某一个阈值，然后这个像素才能亮起来。

时间也是量子化的吗？这是一场公开的辩论。尽管科学家已经定义了普朗克时间——光穿过普朗克距离所花费的时间，将其作为最小的可测量时间单位。有些物理学家认为，量子理论如果要与爱因斯坦的广义相对论相统一，量子化的时间将非常有用。美国亚利桑那大学（University of Arizona）天文学教授威廉·蒂夫特（William G. Tifft）指出，空间和时间可能都存在量子化[34]。这就像一台拥有特定时钟速度的计算机，它只能测量这个速度的倍数。

根本没有物质这种东西，只有信息

我们大多数人都知道，一个像桌子一样坚固的物体，如果放大很多倍观察，大部分都是由"空"的空间组成的。事实上，由电子、质子和中子等亚原子粒子组成的原子本身大部分是空的。但是这些亚原子粒子呢？科学研究得越深入，就越能发现亚原子世界的奇异之处：粒子以概率波的形式出现，并以一定的概率存在于某个位置点。事实上，"粒子"的整个概念可能根本不是我们想象的那样，而仅仅是一组信息而已。

20世纪物理学界的巨人之一约翰·惠勒曾经说过，在他的一生中，物理学经历了三个阶段：第一阶段，我们假设万物都是固体粒子，这符合经典物理学；第二阶段，由于量子理论的出现，我们认为万物都是场；第三阶段，他推测万物实际上都是信息。正如我们在计算机科学世界中所想象的那样，我们所认为的粒子实际上是对许多是/否问题或比特的一组答案而已。惠勒创造了名言"万物源于比特"，这反映出他相信一切真实的东西实际上都来自比特。英国牛津大学的大卫·德伊奇（David Deutsch）将其修改为"每一个量子粒子实际上像在量子计算机中一样都是一个比特"，我们将在第10章"量子计算和量子并行"中详细讨论。

概率波的坍缩、量子不确定性

正如前文所述，有关概率波坍缩的解释让大多数科学家倍感困惑，也有悖于我们的常识。观察者效应引发了许多争论，并与我们正在进行的关于模拟宇宙的非玩家角色与角色扮演游戏模式的讨论息息相关。概率波坍缩需要有意识的观察者存在吗？或者如果存在任何测量，概率波坍缩还会发生吗？普朗克、尤金·维格纳（Eugene Wigner）和约翰·冯·诺伊曼（John von Neumann）等20世纪最伟大的物理学家均认为意识是必要的，而另一些人则试图避免这种可能性。普朗克写道："我认为意识是根本的，而物质是其派生物。"

没有人能够弄清楚，为什么存在量子不确定性。

我和许多人都认为模拟猜想提供了一个绝佳的答案。电子游戏能在几十年里取得这么大的进步，完全得益于不断发展的计算机优化技术。即使是今天的计算机也不可能实时渲染单个三维（3D）世界的所有像素；相反，信息以3D模型的形式存储在渲染世界之外，然后只需渲染特定角色从某个角度所看到的内容。总之，只渲染被观察到的内容。

许多模拟猜想的拥护者认为，量子不确定性仅仅是一种优化技术，其基本思想是相同的：只渲染正被观察到的内容，这样整个宇宙中的每个粒子都不必在同一时间被渲染，只渲染那些正被观察的粒子簇即可。其他的一切都处于叠加态，或者只是作为信息存储。如果我想保留一个关于计算机科学和信息理论的想法，让大家思考，那就是信息优化是我们完成看似不可能事情的关键技术途径之一。将量子不确定性和量子纠缠作为优化技术的介绍详见《模拟猜想》一书。

未来的自我和平行宇宙

量子力学告诉了我们关于现实、时间的奇奇怪怪的事情。首先，这意味着概率的存在，我们可能以多种叠加态存在。其次，时间在量子力学中是以非常诡异的方式存在，未来和过去的含义与我们日常生活所认知的含义完全不同。我们将在后续两章中深入探讨。

第 6 章

量子多元宇宙

现在，我们将回归多元宇宙主题，深入探讨与模拟多元宇宙最相关的一种多元宇宙——量子多元宇宙。第 5 章描述了一些科学家是如何对哥本哈根诠释感到困惑不理解，即使他们不能完全弄清其原因所在。

当然，量子力学的解释还有许多种，譬如冯·诺依曼·维格纳（von Neumann-Wigner）版和大卫·玻姆（David Bohm）版的哥本哈根诠释，前者需要有意识观察者，后者也称为玻姆力学（或者更正式地说，德布罗意·玻姆理论）。然而，有一种量子力学的解释是多世界诠释，它已经成为除哥本哈根诠释以外的最流行的解释。

类型 V：多世界诠释

具有讽刺意味的是，惠勒虽然是参与式宇宙（participatory universe）的倡导者，但他却在探索量子力学的新解释中扮演了重要角色。1957 年，惠勒在美国普林斯顿大学指导的学生休·埃弗雷特三世（Hugh Everett III），在其博士论文中提出了异于概率波坍缩的观点。他将概率波函数而非坍缩分解为不同的波函数，并尽可能地测量每一个波函数。尽管数学上可行，但所谓"退相干"的意义在于，如果你将波分解为独立的分量，那么每一个分量都将独立存在于一个独立的物理宇宙中（即没有其他分量存在）。

这意味着无论何时做出量子选择，都会创造出不同的物理宇宙。最初，埃弗雷特博士论文提出解释量子力学的理论晦涩难懂，后来被称为多世界诠释（many worlds interpretation，MWI），现在仍然受到许多物理学家的吹捧。多世界诠释理论被认可的过程颇费周折，这是一个极为有趣的故事。

惠勒最初支持埃弗雷特的多世界诠释理论，也认可他的数学表述，但实际上却不鼓励埃弗雷特坚持认为他的数学表述意味着存在许多物理世界的说法。这是因为玻尔和爱因斯坦关于量子力学的解释存在争议，当然这也不属于数学表述方面的分歧。

玻尔和他的同事之所以反对，是因为他们更接受概率波坍缩的哥本哈根诠释。同时，他们也对创造多物理世界理论的含义颇感不安。玻尔的一位同事指出这种说法更像"神学"[35]。毫无疑问，每个瞬间都有许多物理宇宙被创造出来的说法的确带有魔幻色彩（当然，除我们谈论的是一个模拟多元宇宙，我们将在本章的后续部分讨论模拟多元宇宙）。

当惠勒向爱因斯坦介绍这个想法时，爱因斯坦仍然在美国普林斯顿大学任职，他并不是很反对量子力学多世界诠释的说辞。这是因为尽管许许多多的实验都证实了量子力学，但他内心仍然不相信量子理论（或称概率波坍缩或多世界诠释）是宇宙真正运作的方式。

因此惠勒不想得罪认同两种量子力学解释中任何一方的科学家们，于是请埃弗雷特淡化多世界诠释术语的说法，以及许多不同物理世界的观点。埃弗雷特博士论文的题目一改再改，从《普适波函数法的量子力学》(Quantum Mechanics by the Method of the Universal Wave Function) 到《没有概率的波动力学》(Wave Mechanics Without Probability)，最后修改为一个更短的论文题目《量子力学的基础》(On the Foundations of Quantum Mechanics)，并删掉了部分章节内容。这是埃弗雷特1957年得以成功获得博士学位的原因[36]。

知识链接

量子纠缠，2022年10月，瑞典皇家科学院宣布法国阿兰·阿斯佩（Alain Asptet）、美国约翰·克劳泽（John F.Clanser）和奥地利安东·塞林格（Anton Zeilinger）共同获得诺贝尔物理学奖，以表彰他们"通过纠缠光子实验，证明贝尔不等式在量子世界中不成立，并开创了量子信息科学"。

第二部分
那些看似遥远的科学

惠勒博士论文的核心思想是量子退相干（quantum decoherence），这意味着先前处于量子纠缠或关联态的粒子可能会断开，并各行其道。在这种情况下，叠加态的粒子将分裂为两部分：一部分是实现了一种替代方案的波函数；另一部分是实现了另一个替代方案的波函数，即两种粒子分别坍缩到两个确定的波函数，依此类推。通过这种方式，你可以把退相干看作是叠加的对立面，叠加聚集了所有的可能性，而退相干则将每一种可能性单独提取出来。

知识链接

量子退相干，即"波函数坍缩效应"，是量子力学的基本数学特性之一。这指的是原本连续分布的波函数概率幅，在经历"观测"之后的瞬间退变为离散分布于某一特定点的狄拉克 δ 函数的现象。例如，退相干效应指的是"当没有人看月亮时，月亮只以一定概率挂在天上；而当有人看了一眼后，月亮原来不确定的存在性就在人看的一瞬间突变为现实。

埃弗雷特急于获得博士学位，不得不进行妥协，缩减了暗示创造许多世界的文字内容，并只专注于波函数的数学表述。他的博士论文答辩得以通过，然后开始了他在私营企业的新工作，因此他的博士论文多年来并没有引起关注，一直默默无闻。

多年后，作为埃弗雷特博士论文评阅人之一的布莱斯·德维特（Bryce DeWitt）改变了主意。当年他评阅论文曾给出了不少批评性的意见。而有意思的是，这时的惠勒反而对多重世界的观点有点冷淡而不太关注了。1970 年，德维特在杂志《今日物理》（*Physics Today*）上发表了一篇论文，详细介绍了埃弗雷特博士论文的工作。同时，为进一步推介埃弗雷特的观点，在美国普林斯顿大学出版社以专著的形式出版了 1973 年埃弗雷特的博士学位论文，名为《量子力学的多世界诠释》（*The Many Worlds Interpretation of Quantum Mechanics*）。事实上，正是德维特而不是埃弗雷特创造了"多世界诠释"这个迄今仍在使用的术语。

自 1976 年《模拟》（Analog）杂志上刊登的一篇平行宇宙故事开始，有关平行宇宙主题的故事层出不穷。最终，"多元宇宙"（multiverse）这一术语，或者更具体地说是格林等人使用的"量子多元宇宙"（quantum multiverse）术语开始出现，并逐渐为大众接受。

模拟多元宇宙

辅助阅读材料
电视剧《旅行者》和虫洞

在电视剧《旅行者》(Sliders)中,物理系学生奎因(Quinn)正在研究虫洞(在科幻小说中一种穿越宇宙的流行方式)的生成,正在接待来自平行世界的另一个"奎因"。另一个"奎因"演示了制作宇宙间穿梭装置的方法,奎因邀请米安·阿图(Maximillian Arturo)教授(由大牌明星杰瑞·奥康奈尔(Rhys Davies)扮演,他在《印第安纳·琼斯》(Indiana Jones)、《指环王》(The Lord of the Rings)等电影大片中都出演过角色。)和朋友们一起开始平行世界的探索之旅。他们一群人一起穿越到了不同的平行世界,而这部剧的前提是他们忘记了回家的路。所有的世界都或多或少偏离了我们自己的世界,我们所处的世界称为原始宇宙。平行世界是一个性别角色颠倒的世界,希拉里·克林顿(Hillary Clinton)是总统(这部连续剧是在她真正竞选总统之前播出),男性只能从事家务;苏联赢得冷战胜利,并主宰世界;核冬天(Tundra world)造成了深度冰冻,世界变成一片冰雪冻土的世界;最后但同样重要的,猫王世界(Elvis world)(请勿让我解释原因)。

> **知识链接**
>
> 核冬天假说是一个关于全球气候变化的理论,它预测了一场大规模核战争可能产生的气候灾难。
>
> 核冬天理论认为当使用大量的核武器,特别是对城市易燃目标使用核武器后,大量的烟和煤烟将进入地球大气层,而且可能导致极端寒冷的天气。核爆炸发生时,巨大的能量将大量烟尘注入大气层,有的还进入平流层。由于核爆炸所产生的烟尘微粒有相当大部分直径小于1微米,它们能在高空停留数天乃至一年以上;因为它们的平均直径小于红外波长(约10微米),对来自太阳的可见光辐射有较强吸收力,而对地面向外的红外光辐射的吸收力较弱,导致高层大气升温,地表温度下降,产生了与温室效应相反的作用,使地表呈现出如严寒冬天般的景观,称为核冬天。

第二部分
那些看似遥远的科学

宇宙之树还是单一的大型多元宇宙？

埃弗雷特实际上最初提出，如果反反复复测量一个粒子，究竟会发生什么？在这种情况下，他认为每次测量都会导致波函数的退相干，从而使它分裂成多个波函数。因此，如果继续测量某一特定粒子，你将会继续观察到这种分裂，如图 6-1 所示。

这意味着，每次做出量子决定时，退相干都会以一种完全确定的方式发生，并且在每一次测量时都会产生新的粒子。

如果假设每一次决定都是一个二元决策，那么我们现在可以形象化地描绘出一株二元决策的树状结构：一个世界分岔产生多个世界，每个世界实际上都是一个独立于其他世界的时间线（我们可以称之为"兄弟"时间线）。

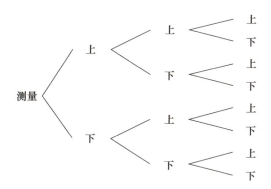

图 6-1　多次测量及其如何产生多个世界的示意图

埃弗雷特的意思是，存在一个巨大的波函数，它包含了所有可能的现实，代表了所有粒子态的叠加，将其称为普适波函数（universal wave function）。菲利普·鲍尔（Philip Ball）在《量子杂志》（Quanta Magazine）撰稿，言简意赅地描述了正在发生的事情：

……随着它（普适波函数）的发展，某些叠加态被打破，使得某些现实截然不同、彼此孤立……我们应该明白两个现实的分支之前都只是一个单一现实的可能未来[37]。

这意味着，随着"树"的"生长"，我们所看到的是可能的未来，每一个未来都在测量时成为现实。这就是为什么需要将多条时间线的概念和多世界诠释紧密联系在一起的原因。

薛定谔和平行世界的故事

事实证明，埃弗雷特并不是第一个提出这个想法的物理学家，但他却是第一个真正将其上升到理论体系的学者。事实上，薛定谔本人并不是概率波坍缩解释的支持者，他只在1952年都柏林的演讲中提及了一次，并解释这个想法可能"看起来很疯狂"。薛定谔并没有使用"平行世界"一词，而是描述了几段历史，解释说它"不是替代品，但实际上却是同时发生的"。当思考这个观点时，不论是从多个历史的角度，还是从时间和因果关系的正常理解的角度来看，都会感到无比震惊（我们将在下一章探讨）。如果不是多条时间线，那么"同时发生"的"多个历史"到底意味着什么？

不难发现，多条时间线、薛定谔的不同历史，以及量子多元宇宙的平行宇宙等都息息相关。

起初，物理学界并不认可薛定谔原先的推测，以及埃弗雷特关于多世界诠释的公式化定义。但随着时间的推移，大家没有找到比哥本哈根诠释更好的解释，因此越来越多的物理学家们逐渐接受并认可了哥本哈根诠释，认为这是量子力学最有可能的一种解释。但请千万不要搞错：迄今为止，这两种流行的解释都没有得到验证。事实上，两种解释的任何一种可能永远都无法得到验证，这就是它们之所以被称为最流行的量子不确定性解释的原因。

量子多元宇宙如何解释两堵墙

据我所知，许多物理学家最初更倾向于多世界诠释，而非哥本哈根诠释的一个原因是，他们不愿意接受听起来有点奇怪的名词"概率波的坍缩"，更不愿意接受听起来荒谬的另一个名词"观察者"。

第二部分
那些看似遥远的科学

从某种意义上说，多世界诠释消除了我们前面讨论过的两堵墙。一方面，它不需要承认意识的存在，尽管目前许多物理学家坚持认为意识不是概率波坍缩的必要条件，它是一种测量方式而已。

另一方面，多世界诠释也消除了玻尔和其他学者将量子力学限于亚原子粒子领域时提出的"非常小"和"非常大"之间的"隔墙"。如前所述，后来的实验虽然证实了量子效应似乎确实发生在较大的物体上，但是许多物理学家坚持认为棒球和其他物体也有量子效应，只是我们不经常观察到而已。

尽管棒球在其他地方消失或出现的想法听起来非常荒谬，但多世界诠释却给出了一个答案。其他的可能性正在发生，只是你看不到而已，因为它们存在于另一个宇宙。多世界诠释的结果意味着，对于非常大或非常小的对象，不需要单独的量子理论来解释。

量子多元宇宙之所以成为我们最感兴趣的一种多元宇宙，是因为量子力学方程的准确性已经一而再、再而三地得到了验证，实实在在潜移默化地影响了许多物理学家对量子多元宇宙的认同。

概率波发生了什么

在探讨量子多元宇宙，分析其与模拟猜想的关系之前，让我们先从概率波开始，简要回顾多元宇宙的一些重要内容。

哥本哈根诠释和多世界诠释都认为粒子的不同状态存在概率波。哥本哈根诠释中存在概率波的坍缩，它从图5-3的左图变为右图：从许许多多的可能性演变为单一的一种可能性。物理学家们提醒，由于我们不能完全理解概率波的坍缩，所以根本不存在一个能将你从A变换到B的数学公式；尽管几乎所有人都认为量子测量完成时，只剩下一种可能性，那就是它看起来像图5-3的右图。从这个意义上说，它依赖于一种称之为观察或测量的魔法。

另一方面，埃弗雷特的多世界诠释充分运用了复波函数的数学特性。从根本上说，双缝实验的结果表明，存在概率波的原因是屏幕上观察到的干涉图样与波的图样完全匹配；具体来说，我们观察到的干涉图样是相长干涉和相消干涉，即将波彼此相加或相减而产生一个复合波；从某种意义上说，就是这些波的组合，如图 6-2 所示。

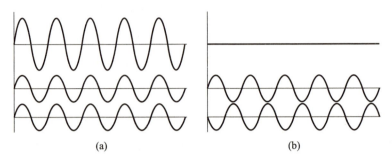

图 6-2　相长干涉（a）和相消干涉（b）示意图（图片来源 https://commons.wikimedia.org/wiki/File：Interference_of_two_waves.svg）

在埃弗雷特或德维特的世界观中，复合波正是各种波的组合。实际上，这是一个各种波的总和结果，也是各种单个波的叠加，看起来像图 6-2 顶部的线条（合成的波在顶部，由下面的两个波组成）。事实上，尽管我们认为两个波结合在一起产生合成波，但你也可以通过另一种方式，从顶部的合成波开始，产生退相干，或者分裂回其各自的波函数。

如果从复合波开始，我们如何得到一种简单的波？其他的干涉波会发生什么？实事求是地说，这意味着所有其他的可能性都在某个位置消失了。我们不禁要问，会在哪里呢？这就是其他平行宇宙的思想，因为波中的信息不允许破坏，所以无论是物理的平行宇宙还是其他类型的平行宇宙皆源于此。

实际上，概率波是粒子在所有可能的宇宙中所有可能状态的叠加波，并且每一种状态都相互干扰。现在，你就会明白为什么干涉实际上是量子多元宇宙理论中极其重要的一部分。它的理论基础是薛定谔波动方程，须在理论上加以解释。

多重宇宙：物理的、可能的还是数字的？

在讨论多世界诠释时，一个大的基本问题是，这些不同的宇宙是否真的存在，就像我们认为我们身处的物理宇宙是真的一样。埃弗雷特预感到一场即将到来的争论会因他提出的理论而爆发。旧的解释虽然存在很多可能性，但并不是所有的可能性都实现了；只有那些被测量的对象才被意识到（或者用计算机科学家的话说，被渲染）。

多世界诠释暗示的所有宇宙是否都是真实的物理宇宙，或者只是概率的争论尚无完全定论。埃弗雷特不厌其烦地说，它们是真实存在的物理宇宙，但是却没有办法证明这一点。这意味着，每次存在一个随机的决定——即投掷量子硬币——我们每个人就会被克隆了。事实上，多世界诠释每次进行量子测量时，从某种意义上说，整个宇宙都会被克隆。

马克斯·泰格马克（Max Tegmark）讲述了与布莱斯·德维特（Bryce DeWitt）的会面；德维特是 1970 年推广埃弗雷特理论的主要推动者，他回忆了他与埃弗雷特的会面。德维特告诉泰格马克，尽管他喜欢埃弗雷特的数学表述，但他向埃弗雷特抱怨，说他"没有感觉到自己被克隆了"。埃弗雷特反问他是否"感觉"到自己正以每秒大约 30 千米的速度绕着太阳转，德维特回答说没有。自此之后，德维特意识到他没有理由反对多宇宙理论[25]。

重温微调原理

现在让我们重温微调原理。如果存在多个宇宙，并且每个宇宙都有不同的基本常数，那么微调似乎才有意义。我们恰好身处一个适于星系、恒星和碳基生命存在的星球。当然，虽然我在本书的部分论点是宇宙呈树状结构蔓延，然后修剪分支，减少了任何给定时间内存在宇宙的数量，但是仍然意味着宇宙的数量非常多，仍然是一个天文数字。

建议的解决方案是某人或某物（设计师）在设置初始条件时调整某些变量，然后像计算机模拟一样按照确定性规则运行，这样我们的宇宙才能进化到当前的位置。

即使初始条件在多次模拟中随机变化，只有那些产生生命的条件可能引起模拟器的兴趣，其他的初始条件可能会被停止；因此，在模拟多元宇宙中，我们至少有一种修剪机制，它与我们运行模拟的方式一致。在本书第四部分中，我们将探讨多元宇宙图和核心循环的思想及其工作原理。

模拟多元宇宙

量子克隆和多元宇宙

从物理意义上讲,克隆自己的想法似乎非常愚蠢:目前,量子物理学家正再次将其归功于魔法。虽然从数学上讲,退相干没有问题,但是自然界中有没有什么东西可以瞬间复制自己呢?

你可能已经看到最近的新闻报道:量子隐形传态过程可以将粒子从一个位置传送到另一个位置。这听起来相当深奥,有点像《星际迷航》中将柯克船长(Captain Kirk)和斯波克先生(Mr. Spock)从通常驻留在轨道上的企业号(Enterprise)瞬间传送至行星表面的传送机。

量子隐形传态依赖一种纠缠,实际上并没有克隆一个粒子,甚至没有隐形传态一个粒子。它所做的是克隆(如果你愿意,也可以是瞬间传送)粒子所包含的信息。虽然我们可以通过与另一个粒子的量子纠缠来克隆一个粒子的信息,但却没有任何办法产生一个与旧粒子本身完全一模一样的新粒子。相反,这就像是将电子游戏的一部分信息应用到模拟宇宙另一部分的像素。

自然界没有什么东西能瞬间复制出大型对象。正如我们所发现的,即使是生物的基因克隆也必须从单一的细胞培育开始,而且需要一段时间。生物繁殖需要九个月的时间来创造一个新的迷你克隆人——婴儿;即使如此,他也不是一个完美的克隆。一般来说,由于自然界依赖算法,因而物理对象的创建需要一定的处理时间。

在多世界诠释中,你不仅仅是克隆一两次东西;每一次量子决策时,你都在克隆整个宇宙。这意味着你的克隆大约是每纳秒 10^{80} 个粒子(或者量子测量之间的间隔)。

更复杂的是,这些多个世界是否具有持久性?换句话说,如果一个粒子存在两种可能的测量值,那么每一个世界是否会分岔,并会无限期地继续存在?或者,在对粒子进行下一次测量时,它是否会与之前存在差异的其他宇宙合并?如果没有什么有趣的事情发生,那么有些宇宙会消失吗,还是会无限地增长?

虽然克隆物理对象似乎面临着巨大的挑战,但我们并不需要漫长的过程来克隆信息。事实上,这就是惠勒后来总结的结论,即宇宙由信息组成("万物源于比特"），似乎与模拟猜想、量子多元宇宙惊人地紧密联系在一起。想要克隆宇宙的信息要比想到克隆真实的宇宙容易得多。

这是信息论渗透到物理学的又一个案例。能量守恒原理是物理学的基石之一，而信息守恒原理在数字物理学这一新兴领域又得到了进一步的发展。

数字化表示的量子多元宇宙

在本书后续的两部分中，将详细地探索如何以数字方式表示世界，但思考多元宇宙的一种方式是，它是节点的集合；每个节点是该宇宙中所有粒子的特定配置，可以表示为一个非常大的二进制串。

如果物理宇宙中存在 10^{80} 量级的粒子，其中有 10 比特表征回答惠勒的"万物源于比特"假设的"yes-no"问题，那么我们需要 10^{81} 量级比特才能以数字方式表示宇宙中的信息（每个粒子乘以 10 比特）。

我们设想一个节点网络，如果每个节点代表这些比特的所有可能值中的一个，那么得到的网络很大程度上代表了多元宇宙，我们将在本书第四部分第 11 章介绍多元宇宙图。

宇宙分岔时，它所做的就是移动到一个相差 1 比特的节点上。这个模型需要的信息实际上只是每个节点之间的差异。如果从宇宙中以所有可能的节点作为所有可能的比特值开始，我们就不需要不断地复制信息（这可能会导致海量的信息）。事实上，我们甚至根本不需要知晓节点的具体数目，因为它们与其相邻的节点数完全相同，只是有 1 比特的差异而已。

虽然物理学家们喜欢依靠无限的魔法，但数字物理学家和计算机科学家则讨厌处理无限数量的任何东西，包括无限数量的信息。计算机科学的内容大部分都是关于如何最好地优化信息存储和信息的算法处理。

节点框架的迷人之处在于，即使这些平行宇宙根本不是宇宙，而是不同的理论时间线，它也能同样有效地工作，并且可以在需要时运行。在这种情况下，时间线将是节点的特定集合。但是，由于节点与其相邻节点没有太大差异（仅相差 1 个比特），我们可以显著降低信息需求（如通过识别图像中大多数像素都是白色，压缩处理电影大片《权力的游戏》（*Game of Thrones*）中的冬季场景图像）。这将是多元宇宙图的精髓，一种以数字化方式表示多元宇宙的有效方法。

模拟猜想与量子多元宇宙

让我们直面模拟多元宇宙讨论，并结束本章的内容：我认为数字多元宇宙比物理多元宇宙更有可能用于信息的存储、压缩、克隆和处理。在量子力学中，如果我们多次运行整个过程，则概率波表示某些事情发生的概率。事实上，这就是概率的一种定义：如果多次做某件事，那么就有多种可能的未来。

我们所知道的能让我们多次运行宇宙的唯一机制就是模拟宇宙。如果在一台计算机上运行，则会以串行或并行的方式运行多个场景。在这个模型中，一条单一的时间线将是一次模拟运行，我们称之为现在与过去或未来的时间线将只是这个理论（巨大但不是无限大）节点网络中的一个特定节点。

在《模拟猜想》一书中，我认为模拟猜想不仅解释了潜在的机制，而且也解释了与哥本哈根诠释相关的大爆炸问题。因此，我认为模拟猜想可以更好地解释MWI（同样，模拟猜想也比唯物主义假说好得多）。

让人欣慰的是，理论日趋完善。模拟多元宇宙让我们不必在哥本哈根解释或多世界诠释中做出选择，也可以同时选择两者。我们所看到的宇宙是一个信息的宇宙，根据需要在当前时刻运行（或呈现），并且能够在这个非常庞大的节点集合中导航至任何位置。

毫无疑问，从现有物理学的角度来看，这个认知是一个巨大的飞跃。但在本书中，我们不禁要问两个问题：如果是多元宇宙，那它是什么？它将如何工作？

在我们的案例中，一个基于信息的模拟多元宇宙为我们提供了一个比唯物主义假说更好、更容易理解的框架来思考平行运行的多条时间线。

然而，为了更正式地探讨时间线，我们必须尝试回答一个看似简单，但却稀奇古怪的问题：时间是什么？这个问题非常难回答，我们将会看到同样的量子实验给我们带来了量子荒谬，甚至当我们思考过去和未来时，也会变得更加不可思议，也许会给传统的时空观念的棺材钉上最后一颗钉子。

第二部分
那些看似遥远的科学

辅助阅读材料
《绿箭宇宙》电视节目之《无限地球危机》

《无限地球危机》(*Crisis on Infinite Earths*) 是 2019 年美国哥伦比亚华纳兄弟联合电视网上基于 DC 漫画的多个电视剧节目（统称为《绿箭宇宙》系列）的跨界电视节目。也许，这是科幻电视制作史上量子多元宇宙的最好案例之一。《绿箭宇宙》是第一部以超级英雄剧集《绿箭侠》命名的多元宇宙，后续节目涉及多元宇宙的有《闪电侠》(*The Flash*)、《超级少女》(*Supergirl*) 和《明日传奇》(*Legends of Tomorrow*)、《蝙蝠女侠》和《超人与露易丝》(*Superman & Lois*)。虽然闪电侠和绿箭侠都生活在称之为"地球 -1"的同一个地球上（只是在不同的城市，或者可以说是在同一条时间线上），但许多其他的超级英雄都生活在不同的地球上。

例如《超级少女》的世界最初位于地球 -38 上。《超级少女》讲述的是拥有超能力的卡拉·丹弗斯（Kara Danvers）的故事，她和堂兄克拉克·肯特（Clark Kent，又称超人）一样，小时候被从氪星（Krypton）送到地球。某些地球上不存在超人，而在另一些地球上不存在超级少女。在某个地球上，超人被蝙蝠侠布鲁斯·韦恩（Bruce Wayne）杀死。

知识链接

氪星，距地球 27.1 光年，位于南天星座乌鸦座。氪星环绕红矮星 LHS 2520 运行。LHS 2520 体积比太阳小，温度也不及太阳。氪星由美国著名天体物理学家尼尔·德格拉斯·泰森发现。

在美国 DC 漫画公司作品里，氪星是超人克拉克·肯特（Clark Kent）的故乡，已被毁灭。

图片来源：网络

模拟多元宇宙

由于使用《闪电侠》中星际实验室的技术，或英雄们开发的特定超能力可以与不同的地球交流，因而不同的世界之间可以互动，有时甚至可以在不同的世界之间穿越。

这不仅建立了一个几乎无限扩展的叙事结构，拥有回溯几乎所有内容的能力，还建立了如《无限地球危机》等一系列独特的跨界电视剧。这些跨界电视剧从周一的一个节目（如《绿箭侠》）中通过时间线或地球穿越开始，然后在周二晚上的下一个节目（如《闪电侠》）中继续，以此类推，贯穿一周。故事情节错综复杂，任何超过十岁或十几岁的青少年都很难分辨出谁来自哪个地球。

在《无限地球危机》中，存在一个独特的个体——"监视者"（Monitor），他们可以观察到在不同的地球和整条时间线上发生的事情。与以前的挑战不同，当特定的地球处于危险时，整个多元宇宙的存在将面临着源自一个名为"反监视者"（Anti-Monitor）的威胁。"反监视者"回到了时间的起点，找到了一种方法不仅可以摧毁一个地球，还可以在它们分岔出独立的时间线之前摧毁了多元宇宙中的所有地球。

为了让结局更加扣人心弦、不乏味无趣，不仅各路英雄（闪电侠、超级少女、超人等）陆续在不同电视节目中粉墨登场，而且同一个英雄在不同世界中的角色也泾渭分明：例如一个超人由布兰登·劳斯（Brandon Routh）扮演，他是电影《超人归来》（*Superman Returns*）主角；另一个超人扮演者是汤姆·韦林（Tom Welling），他在电视剧《超人前传》（*Smallville*）中扮演年轻的克拉克·肯特（Clark Kent），创造了一个故事、人物和演员史诗般地重叠。

剧透警报：地球被摧毁后，英雄们穿越时空到达消失点，并从消失点返回到时间的起点，尝试重新设定时间线。这导致时间线再次向前延伸，但在新出现的地球上，很多事情大相径庭：有些变化很小，而有些却变化很大。首先，虽然大多数地球仍然存在，但其中的几个地球即地球-38号（超级少女居住的星球）和地球1号（《闪电侠》《绿箭侠》和《明日传奇》（*Legends of Tomorrow*）的星球）都合并到一条新的时间线上，称为主世界。这些超级英雄们现在不仅在同一个地球上（不再需要多元宇宙跳跃技术来彼此见面或一起工作），而且以前在不同地球上的超级英雄们间的合作也开启了新的篇章！

第 二 部 分
那些看似遥远的科学

  这不仅是一个很好的多元宇宙的虚构案例，包含了我们星球的不同版本和我们自己的不同版本，而且还展示了同样的时间线再次运行可能会产生截然不同的结局，甚至导致类似曼德拉效应的情况——不同的人记住不同的历史。例如在新的主世界中，莱克斯·卢瑟（Lex Luthor）不再是一个反派人物，而在某种程度上是超级英雄们的一个盟友。

第 7 章
过去、现在和将来的本质

时间是什么？如果没有人问我，我还知道；可当我想要向问我的人解释时，我却茫然不解了。

——圣·奥古斯丁（Saint Augustine）

知识链接

出自圣·奥古斯丁的《忏悔录》（The Confessions）。

圣·奥古斯丁（354—430 年），又名希波的奥古斯丁（Augustine of Hippo），罗马帝国基督教思想家。他的著作颇丰，重要的作品有《忏悔录》《论三位一体》《论自由意志》《论美与适合》等。

从某种意义上说，基于量子测量分岔产生的多个平行世界，意味着存在多个未来世界、多个未来的我们，而每个未来的我们在可能的未来世界中拥有截然不同的人生。

但是，与过去相比，未来意味着什么呢？正如圣·奥古斯丁所说，只要你不去具体地解释它，这似乎是明白而清楚的。事实证明，许多物理定律都是时间可逆的：无论你是在时间上前进还是倒退，它们都同样有效。唯一能阻止我们倒退的是热力学第二定律，它说熵（或无序）随时间增加。

第 二 部 分
那些看似遥远的科学

> **知识链接**
>
> 热力学第二定律是热力学基本定律之一。
>
> 克劳修斯（Rudolph Clausius）表述为：热量可以自发地从温度高的物体传递到温度低的物体，但不可能自发地从温度低的物体传递到温度高的物体。
>
> 开尔文—普朗克表述为不可能从单一热源吸取热量，并将热量完全变为功，而不产生其他影响。
>
> 熵增表述：不可逆热力过程中熵的微增量总是大于零。在自然过程中，一个孤立系统的总混乱度（即"熵"）不会减小。

但我们也能拥有多个过去吗？在本章中，我们将深入探讨物理学中时间和空间的定义，但最重要的是时间的量子定义。在量子力学中，我们从波粒二象性开始，容易产生一种有悖常识的想法：粒子不是在某个固定位置，而是以概率云或概率波的形式分布。一些科学家已经得出结论，这些可能性中的每一种都可能存在于各自独立的平行宇宙中，实际上是一条面向未来移动的独立时间线。在本章中，我们难免会产生疑问：过去是否也以某种叠加态或概率波的形式分布？如果果真如此的话，这将让我们对时间的工作原理产生一个非同寻常的看法。

相对论有关时间的观点

在爱因斯坦的狭义相对论中，时间的流逝是不同的，它取决于你前行的速度。这就是著名的时间膨胀效应（time-dilation effect）所引发的结果，已经出现在多部科幻小说中。时间膨胀意味着当你快速旅行时，时间流逝得会更慢一些。如果你以 90% 的光速旅行一天（或一周或一年），时间对你来说会过得更加缓慢，这意味着世界其他地方可能要过几百天（或数周或数年）。

孪生悖论最能说明这一点。假设有一对孪生双胞胎，爱丽丝（Alice，喜欢冒险）和玛菲特（Muffet，喜欢宅在家里），她们几乎同时出生。如果爱丽丝离开地球，并以非常高的速度（越接近光速，效果就越明显）到达某个地方，那么爱丽丝最终在生物学上会比她的孪生姐妹玛菲特年轻。如果爱丽丝旅行一年，她会发现自己才老了一岁。

但是，她留在地球上的孪生姐妹玛菲特，可能要比她大很多岁。在极端情况下，如果爱丽丝的速度非常接近光速，那么地球上可能已经过去了数百年（或数千年），爱丽丝离开时留在地球上的每个人（包括她的孪生姐妹玛菲特）不仅在生物学上年龄大，而且可能已经去世很多年了。

时空图和世界线

爱因斯坦或相对论的时空观可以表示成一系列的时空图。在科学探索中，每当想到空间时，我们自然会想到坐标系统。三维物理世界可以认为是一系列的坐标 (x, y, z)。爱因斯坦根据他所推导的方程和直觉，证明了时间和空间密切相关。然而，时间和空间相关？难以想象！爱因斯坦早期的物理学老师赫尔曼·闵可夫斯基（Hermann Minkowski）是第一个提出采用最著名的时空图来阐明相对论运动中粒子运行原理的学者，也是最早将时间作为空间的第四个维度（向辛顿先生致歉，他的第四维概念包括安娜和卡塔的方向，已在本书第 4 章中讨论）的学者。

知识链接

闵可夫斯基（1864—1909 年），德国数学家，在数论、代数、数学物理和相对论等领域有巨大贡献。他把三维物理空间与时间结合成四维时空（即闵可夫斯基时空）的思想为爱因斯坦的相对论奠定了数学基础。

一个非常简单的示意图如图 7-1 所示。横轴表示空间中的位置（本例中只使用一个维度 x 轴），纵轴表示时间。另外两条虚线表示一个对象（或一个粒子）的世界线，即粒子如何在空间和时间中移动。

在基本时空图中，如果一个对象在空间中处于静止状态（在一维空间中，它既不向左，也不向右移动），那么当时间向上行进时，它的世界线会垂直向上移动（x 不变）。如果对象在移动，当时间向上行进时，它的世界线会向右或向左漂移（x 变化）。对象移动得越快，世界线向右（或向左）倾斜的幅度就越大。在这个示意图中，一个移动速度非常快的对象在相同的时间（t 轴）内将覆盖更多的距离（x 轴）。

第二部分
那些看似遥远的科学

图 7-1 中，时间总是向前行进，并且取决于粒子移动的速度，它对时间的感知（或者它的惯性参考点）会发生变化。粒子的世界线是一条类似时间的线，它显示了粒子在时间（向上移动）和空间（向左或向右移动）中的行进。

当然，图 7-1 中时空的空间部分被极大地简化为一个单一维度。将空间维度从一个轴扩展为两个轴（因此存在一个 x 轴和一个 y 轴，或者一个空间坐标平面，或者还有一个垂直于空间平面的时间轴）后，将形成如图 7-2 所示的图形。在扩展的时空图中，光锥由一束光定义，从原点 t=0 开始，然后以光速向外穿越整个空间。图中，光速几乎为一条对角线，它所包含的区域呈两个锥形，一个在原点上方，另一个在坐标轴下方。光可以到达未来的区域，或以低于光速的速度行进在未来的光锥中，而过去的光锥则包含了光可以从过去到达现在的区域。

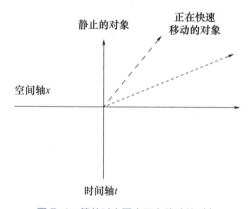

图 7-1 简单时空图中正在移动的对象

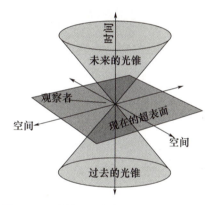

图 7-2 用光锥表示未来和过去事件的时空图
（图片来源：https://en.wikipedia.org/wiki/Light_cone#/media/File: World_line.svg）

块状宇宙：时空瞬像

尽管本书中没有非常深入地探讨相对论，但其实时空图最重要的一点是展示了一种将时间空间化的方法，并在同一幅图中包含空间。时间在图中是用坐标表示的，这对于洞察宇宙如何运转，以及事物如何从一个时刻到下一个时刻的变化非常有用。

但是，这并不是以某种空间化的方式显示时间的唯一方法，我们将在本书第三部分采用元胞自动机和第四部分采用多元宇宙图探讨显示时间的其他方法。这里所

143

模拟多元宇宙

介绍的显示时间的方法卓有成效,不仅扩展了闵可夫斯基的思想,而且将一系列瞬像按时间顺序堆栈在一起。与电影的视觉感类似,连续的 2D 帧代表着彼此相邻的 3D 世界。每一帧都在另一帧前后出现,通过将它们一帧接一帧地连续可视化,我们可以在屏幕上跟踪对象,如图 7-3 所示。事实上,正是受此启发,托马斯·爱迪生(Thomas Edison)发明了现代电影艺术,通过逐帧播放图片来显示对象的动作。

图 7-3　一帧帧连续移动的图片让我们产生了移动的错觉

如果认为时间是一系列连续的离散值,那我们可以想象宇宙的每一帧瞬像都有一个(或全部)粒子处于特定位置,这与电影一帧帧的像素没有什么不同。下一时刻,电影的每一帧像素都会发生微小的变化,以此类推。时空瞬像的集合会让我们有一种在时间中穿梭的错觉,或者在时空中创建图片,即使对象本身没有移动,移动的只是一帧帧的图片而已。

知识链接

《奔跑中的赛马》是 1878 年由迈布里奇(Eadweard James Muybridge)拍摄马(加州州长利兰·斯坦福所有)奔跑的照片。

埃德沃德·迈布里奇(1830—1904 年),英国摄影家,以最早拍摄动物及人类动作的分解照片而著称。1867 年以拍摄约塞米蒂风景照片赢得最初声誉。1878 年,使用 24 台照相机拍摄马奔跑时的连续照片《奔跑中的赛马》,证明马奔跑时四蹄腾空。1879 年发明活动幻灯机,可连续放映照片而产生动态效果,奠定了电影的观念和技术基础。出版有《动物的动作》《人体动作》等。

图片来源:网络

第 二 部 分
那些看似遥远的科学

在约翰·巴罗（John Barrow）《宇宙的起源》（*The Origin of The Universe*）的基础上，有些物理学家们将一帧帧的集合称为时空块状宇宙（block universe）理论，如图 7-4 所示。一般来说，假设瞬像之间的差异符合（非量子）物理定律，那么这个模型必然符合爱因斯坦的相对论。

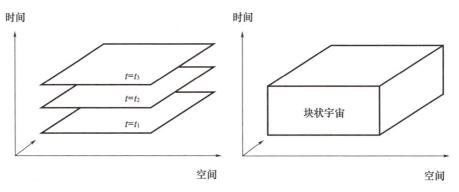

图 7-4　块状宇宙示意图：瞬像的堆栈

（图片来源：https://towardsdatascience.com/quantum-gravity-timelessness-and-complex-numbers-855b403e0c2f）

知识链接

约翰·巴罗（1952—2020 年）英国宇宙学家，理论物理学家和数学家，同时也是一位科普作家和业余剧作家。英国剑桥大学应用数学与理论物理系数学科学研究教授，擅长应用哲学的方法来阐述物理宇宙学。《宇宙的起源》等 15 部科普作品被翻译成了 28 种语言，深受世界各地读者的喜爱。曾荣获洛克天文学奖和英国皇家格拉斯哥哲学学会开尔文奖章。主要作品有《艺术宇宙》《无限大的秘密》《大自然的常数》《不论》《天空中的圆周率》等。

图片来源：网络

观察量子现象时，我们意识到这种简单的时间决定论可能像它向前行进一样过于简单；我们虽然将时间上的瞬间表示为瞬像，但它们不适于简单的块状宇宙模型。

模拟多元宇宙

惠勒和延迟选择双缝实验

如果时间在瞬像中流逝,粒子变成波,波变成粒子等观点还不足够让人困惑,那么我们现在讨论量子物理学中另一个让人困惑的话题,这可能会让我们重新定义过去和未来的概念。

正如双缝实验揭示了波粒二象性一样,我们关于从过去到未来行进的简单的时间概念,也受到了约翰·惠勒所提出实验的质疑。1978年,惠勒发表了一篇文章,提出了他称为延迟选择双缝的实验(delayed-choice,double-slit experiment)。

目前惠勒提出的延迟选择双缝实验有很多版本,而且未来还将会有更多的新型实验版本涌现。在最基本的实验版本中(图7-5),激光通过嵌有透镜的狭缝,触发粒子以某种方式分裂(透镜的作用与原始双缝实验中的两条缝相同)。除此之外,与最基本的双缝实验类似,还有一个探测屏。当探测屏观察到干涉图样时,就像一般的双缝实验中一样,光束呈现波的特性。

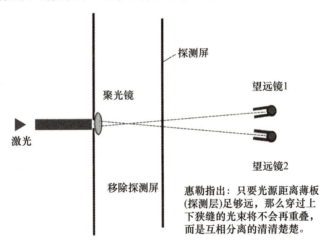

图7-5 惠勒延迟选择双缝实验

(图片来源:Patrick Edwin Moran https://commons.wikimedia.org/wiki/File:Wheeler_telescopes_set-up.svg)。

然而,实验中配置了两个探测器(图7-5中,探测器为望远镜),以便于测量光子穿过透镜后是向上还是向下传送;这相当于原始实验中光束是穿过一个狭缝，还是另一个狭缝。一个光子不能同时向上和向下传送，这意味着光子处于粒子工作模式，而不是波动模式。

显然，当探测屏上出现干涉图样时，两个探测器无法探测到任何光子。然而，如果探测屏距离镜头足够远，则会存在一个瞬间，光虽然已经进入透镜，但却无法到达探测屏。惠勒提出，直至光穿过透镜后、抵达探测屏之前，才能做出探测屏是留在那里、还是移除的决定。如果光只能选择一个方向（到达探测器 1 或 2），它必须在光到达透镜时做出决定，而且需在决定移除探测屏之前完成。

惠勒进一步指出：如果没有移除探测屏，探测屏上会出现干涉图样；而当移除探测屏时，望远镜显示光只到达了两个探测器中的一个，并将显示一些稀奇古怪的图样。这表明，即使是在光穿过狭缝和透镜后，无论测量与否，波粒二象性仍然存在。

通过类比，这意味着未来的决定（是否移除探测屏）正在影响过去的决定（如穿过透镜时的方向）。

惠勒从理论上提出了延迟选择实验。随着时间的推移，科学家们已经发现了多种验证其正确与否的方法，实验结果与惠勒的理论预测结果惊人的一致：无论光穿过透镜后决定是否移除探测屏，光都保留了波粒二象性。

惠勒的结论是，即使测量发生在粒子向哪个方向选择之后，量子粒子直至被测量的那一刻才能被确定。

将来（或过去）的测量？

延迟选择实验（也称延迟测量实验）的不可思议之处得到了进一步的验证：实验的第二部分中，粒子在测量之前将传播更远的距离，惠勒的结论仍然有效。这意味着，进一步验证了粒子向哪个方向（或最初的双缝实验中的狭缝）行进的决定是在过去某一时刻做出的。

2017 年，意大利科学家通过卫星发射激光，在更远的距离上开展了惠勒延迟选择实验，发现结果与距离较短的实验完全一致。

模拟多元宇宙

知识链接

卫星版的延迟选择实验

基于意大利航天局的马泰拉激光测距天文台（MLRO），物理学家们在超长的空间尺度上验证了惠勒的延迟选择实验，将上一次的实验记录 144 千米扩大到现在的 3500 千米，进一步验证了惠勒观点的正确性。

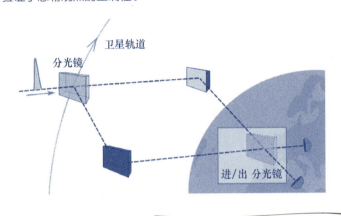

实验中，光子在决定它是作为波还是粒子通过几个狭缝中的某个狭缝后，经过数千千米的传播到达卫星。从光子第一次进入实验的时间来看，测量显然是很好的进入了未来。

然而，直到测量开始，研究人员发现光子仍然同时表现出波和粒子的特性。这意味着未来的某件事（观察）正在影响过去的某件事（穿过狭缝时，光子是选择像粒子还是像波一样通过）！

惠勒进一步提出了宇宙版的延迟选择实验，他预测实验结果将比发射激光到卫星的数千千米的实验更加令人震撼。有时称之为宇宙延迟选择实验或银河系延迟选择实验，如图 7-6 所示。

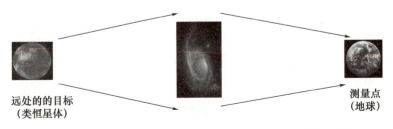

图 7-6　宇宙延迟选择实验（本图系译者采用网络公开图片加工合成）

第 二 部 分
那些看似遥远的科学

在设想的宇宙延迟选择实验中，一个非常遥远的类恒星发光星体向地球发射光。发光星体不仅非常明亮，而且它必须是我们已知最遥远的星体之一，可能在数十亿光年之外。

假设在类恒星和地球之间存在一个如恒星系或黑洞之类引力巨大的目标，但它离我们有一百万光年远。巨大引力的存在自然会引起光的弯曲，光将不得不决定是沿着一个方向，还是另一个方向绕过它（实际上，由于对象是一个三维天体，因而方向至少有两种选择，这里我们只是简化地假设为两种光偏振方式）。

假设我们在地球上安装了两台望远镜，并将其对准银河系。这样一台望远镜只能捕获到从左边绕过来的光，而另一台望远镜只能捕获到从右边绕过来的光。再一次，光决定是向左，还是向右传播应该是早在遥远的过去（也许是在一百万年前）就已经做出了！是否测量它的决定是通过未来一百万年后在地球上安装望远镜来做出的（从类恒星体发光的角度来看，光需要做出的选择是从类恒星体的左边还是右边绕过它）。

如果这还没让你感到惊讶，那么套用尼尔斯·玻尔的话说，你可能还没有完全理解量子力学。粒子在一百万年前就必须做出决定，但量子力学却告诉我们，现在的决定是在测量时做出的。

过去、现在和未来

在经典的唯物主义宇宙模型中，过去已经发生了，它不能受到其后发生的任何事情的影响。然而，如果觉得量子力学似乎还不够荒谬，那么延迟选择实验却似乎敲响了唯物主义宇宙模型的丧钟，并引发了一些重大问题的思考。过去存在吗？它会受到现在的影响吗（就过去而言，现在就是未来）？倘若如此，那么现在是否会受未来的影响？

一些物理学家们将这个概念称为逆向因果关系（retrocausality），这意味着"原因"在未来，而"结果"却在过去，这是一个极具争议的话题。即使惠勒本人也不认可逆向因果关系，他的想法可能更加不可思议：在观察之前，过去是不存在的。

惠勒总结道："只有观察一种现象时，它才会成为一种现象……"；他还说："除非记录到现在时，过去才会存在"，而宇宙"并不存在，它独立于所有的观察

模拟多元宇宙

行为之外"[38]。

从某种程度上来讲，惠勒的结论与薛定谔的观点（直至测量，同时存在的多个历史）背道而驰。

以上这些都是本书探讨的多条时间线问题的主要观点。如果存在多条时间线，那就意味着不仅有多个未来（大多数人可能认为这是可能的），而且还有多个现在（一般认为这是不可能的），最后还有多个过去（似乎完全没有意义）！

源自多元宇宙的瞬像

为了更好地理解多个现在和多个过去的思想，也许可以融入我们之前将时间空间化的概念。

本章开头提出瞬像块状宇宙集合，为了阐述量子现象和量子多元宇宙，如何改变这样的一组瞬像集合呢？

牛津大学教授戴维·多伊奇（David Deutsch）在《真实世界的脉络》(*The Fabric of Reality*)一书中探讨了这一观点。他认为块状宇宙中的瞬像观点总体上与经典力学一致，一旦我们引入量子力学，事情就会变得非常复杂。这是因为量子测量的结果确实是随机的，也就是无法根据牛顿定律的公式计算粒子前进的方向。因此，对于 t 时刻的每个选择，在 $t+1$ 时刻下一帧瞬像存在两个可能。因为这两个未来的瞬像都是由于叠加态而存在，所以在任何图中，每个时刻点的单一视图在技术上都是不正确的。

知识链接

戴维·多伊奇（1953—）英国物理学家，牛津大学教授，量子计算方面的先驱。1998年，获英国物理学会的保罗·狄拉克奖，2002年获第四届国际量子通信奖，2019年获首届中国"墨子量子奖"。代表作有《真实世界的脉络：平行宇宙及其寓意》（曾入围1998年隆普兰克科学图书奖）和《无穷的开始：世界进步的本源》。

图片来源：网络

第二部分
那些看似遥远的科学

多伊奇认为，我们可以在每个 t 时刻想象多帧瞬像，而不是单一的一帧瞬像。（假设在同一水平面上）同一时刻的瞬像可能彼此相邻存放，而下一帧瞬像（时刻 $t+1$）则垂直存放在瞬像之上。从上到下观察一帧帧瞬像，看起来就像经典的块状宇宙——单一时间线的瞬像。

理论上，你可以体验一个由一帧帧瞬像定义的多元宇宙。通过在特定的水平面（或时刻 t）拍摄所有的瞬像，显然可以观察到那一时刻所有可能的多元宇宙状态。如果向上看，你可以观察到可能的下一帧瞬像；如果向下看，你可以观察到可能的前一张瞬像，综合起来构成了所有可能宇宙状态的超级瞬像。

多伊奇称"特定时刻的物理现实实际上是一个'超级瞬像'，由整个空间的许多不同版本的瞬像组成"，非常复杂，让人眼花缭乱。我做了适当简化，t 时刻瞬像如图 7-7 所示。

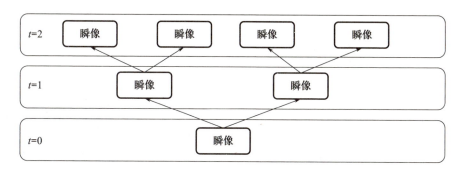

图 7-7　t 时刻瞬像的简化版本

多伊奇还指出，这些瞬像不会让你预测到将会发生什么，而是展示可能会发生什么。多伊奇总结说，这不是一个"时间的量子理论"，而是一种利用量子思想和原理来形象化多元宇宙的方法。

如果我们将世界想象成一系列的瞬像，但不一定是以块状宇宙的线性顺序，而是以量子的方式，这些瞬像会是什么样子呢？事实上，在电子游戏中我们将这些世界的瞬像称为游戏状态。在本书第三部分，我们将阐述如何构建世界的数字瞬像，涉及量子计算以及它如何融入模拟宇宙（和多元宇宙）的概念。在本书第四部分，我们将论述如何将一帧帧瞬像排列成一个复杂的图像，考虑多条导航路径以不同的方式探讨时间线。

模拟多元宇宙

现在我们必须意识到，以双缝实验、量子多元宇宙理论和延迟选择实验为代表的量子力学，无一不在告诉我们关于宇宙的本质以及过去、现在和未来本质的一些诡异而疯狂的事情。

辅助阅读材料

《星际迷航：下一代》和《昨日的企业号》

在《星际迷航：下一代》（*Star Trek: The Next Generation*）第三季《昨日的企业号》（*Yesterday's Enterprise*）中，"企业号-D"航母舰长皮卡德（Picard）和船员们遭遇了一件"怪事"（科幻小说中经常使用，但鲜有解释的术语）。他们偶遇了"企业号-D"的前身——时间旅行世界的"企业号-C"航母。而在现有的时间线中，之前的"企业号"航母是在紧急响应克林贡（Klingon）警戒部队发出的求救信号时，不幸落入罗慕兰人（Romulans）的陷阱而惨遭摧毁。

知识链接

《星际迷航：下一代》，又译《星际旅行：下一代》是科幻电视系列剧《星际迷航》的第二部。故事情节时间设定在《星际迷航：原初系列》80年后的24世纪，描述的是一艘新的星舰和新的船员组在宇宙中探险、船员们经历第一次接触、时间旅行、剧中剧、自然灾害，以及在冒险途中其他前所未有的经历。该剧1987年上映，并先后获艾美奖、雨果奖等。

图片来源：海报

在称为时间线切换的过程中，"企业号-D"突然发现他们无意中闯入了一个新的时间线世界——美国正与克林贡帝国交战。当然，包括舰长在内，没有一个船员知道他们身处另一条时间线上。他们有我们可能称之为时间线失忆症的症状；不过坦白地讲，这种表述并不十分准确。从技术上讲，之前时间线上发生的事件并没有在"企业号-D"身上重演。但不知何故，我们认为他们是同一艘舰船。在

第二部分
那些看似遥远的科学

新的时间线中，我们看到的皮卡德船长是一艘战舰的战时舰长。

然而，"企业号-D"的船员又是如何知晓发生了蹊跷之事呢？除了外星人吉南（Guinan）（由乌比·戈德伯格（Whoopi Goldberg）饰演）外，他们一无所知。吉南对现实和时间线拥有第六感，她偶然间发现了一些不对劲的地方，而现实已经发生了改变。尤其是，她无意中碰见了塔莎·亚尔（Tasha Yar）（《星际迷航：下一代》第一季连续剧中已经去世的角色）良心驱使她必须有所行动。虽然她并不认识塔莎，但在这条时间线上，我们看到塔莎认识她。吉南拜访了皮卡德，告诉他"有些事情不对劲"，事情并不像他们设想的那样。在一个场景中，她告诉皮卡德应该还有一些孩子在舰船上，而在这个存在战争的时间线世界中，舰船上不可能有孩子们的存在。皮卡德请求她说得更详细时，她却无法回答，但她对事情在最初的时间线上应该是什么样子，有一种难以名状的感觉。

直觉也告诉皮卡德，确实可能有些事情不对劲。他纠结于如何处理"企业号-C"：是否要将其送回异常点，但如果送回那里肯定会舰毁人亡。事实证明，如何决定是一切的关键。如果"企业号-C"返回去，保卫克林贡的前哨必遭摧毁，但与克林贡人的战争将永远不会发生。事实也证明，战争进入到了一个非常艰难的阶段，美国正处于溃败的边缘。

最后，他们决定将"企业号-C"和塔莎及时送回，塔莎的未来不属于战争。正如最初发生的那样，罗慕兰人摧毁了"企业号-C"，美国也从未与克林贡帝国开战。

简而言之，我们发现"企业号-D"又返回到了它最初的时间线上。返回到过去的塔莎·亚尔现在反倒成为了一个时间残留，而且是一个根本不再存在的时间线的残留。

在这条时间线——即《星际迷航：下一代》中"企业号-D"现在的时间线上，只有吉南对其他时间线保留了一些模糊的残存记忆。正如菲利普·K.迪克所说，"残存记忆的印象是一个线索，表明在过去的某个时间点改变了某一个变量，就像它重新编程运行了一样，正因为如此，分岔产生了新的平行世界。"

在时间旅行的奇怪结果中，更让人困惑的是，我们在后续的一集中得知塔莎回到了过去，并和一个当地罗慕兰人结婚，成为了一位幸福的母亲。但在我们的时间线中，因为塔莎早已去世多年，让皮卡德和其他船员感到非常的不可思议。但由于另一条时间线的时间残留，她是如何被送回过去的，这一切都让人困惑不已，而她的女儿现在都已经长大成人，变成一个漂亮的大姑娘了（因此由同一名女演员丹尼斯·克罗斯比（Denise Crosby）扮演）。

第三部分
构建数字模拟世界

宇宙的历史,等效于一场庞大的正在运行中的量子计算,宇宙本身就是一台量子计算机。

——赛思·劳埃德,《编程宇宙》(*Programming the Universe*)

知识链接

赛思·劳埃德（Seth Lloyd）(1960—)美国麻省理工学院机械工程和物理学教授，在《自然》《科学》等发表多篇学术论文，提出了第一个量子计算机的技术可行性设计，证明了量子模拟计算的可行性，证明了香农噪声信道定理的量子模拟，设计了纠正量子错误和降低噪声的新方法，2012年获国际量子通信奖。

图片来源：网络

宇宙真的是一台巨大的量子计算机吗？根据劳埃德的说法，答案是肯定的。劳埃德解释说，宇宙中所有粒子之间的相互作用不仅传递能量，也传递信息——换句话说，粒子不仅碰撞，而且计算。最终，整个宇宙的计算是什么？他说："这是它自己的动态进化。""随着计算的进行，现实展现出来。"《编程宇宙》一书通俗易懂，以一种原始的、令人信服的现实视角揭示了我们的世界。

参考文献：Lloyd, Seth, Programming the Universe (New York: Vintage Books/Random House, 2006; 中译本 2022 年由中国科学技术大学出版社出版，张文卓译)

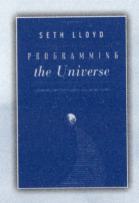

图片来源：网络

第 8 章
模拟世界的多条时间线

迄今为止，物理学家们提出的多元宇宙模型要么涉及多个实际物理宇宙，要么涉及坍缩为单一物理世界的概率波。当量子物理学初具体系成为一门学科时，信息论才刚刚起步；但随着时间的推移，越来越多的物理学家开始意识到，粒子携带的信息可能和物理粒子本身同样重要。事实上，随着亚原子粒子领域物理学研究的不断深入，物理学家发现他们要找到一种称为"物质"的希望越来越渺茫。这引出了惠勒的名言："万物源于比特（it from bit）"，我们已在本书前面第 5 章详细探讨过。

正如我在本书前几章所述，量子力学的两种最流行的解释（多世界诠释和哥本哈根诠释）更有可能是在数字宇宙，而非物理宇宙中。所谓的"更有可能"是指我们可以少借助一些魔法之类抽象的概念（宇宙如魔法分裂成多个宇宙，或者波函数如魔法坍缩），而是多阐述一些至少我们都能够理解和建模的过程。

本章将使用简化的计算机游戏技术和第 9 章我们称为"元胞自动机"的简化计算机程序，来探索如何实现简单的数字多元宇宙。如果你认为真的是"简单"，那就上当了：简化的计算机游戏技术和元胞自动机"虽然名义上非常简单，也不需要很多编程或计算机科学知识，但其功能依然非常强大。

最后，本书第三部分的第 10 章将阐述量子计算激动人心的前景。利用宇宙（乃至多元宇宙）非常魔幻的结构实现超乎想象的计算任务，有助于我们更加深入地了解模拟多元宇宙可能的工作原理。

模拟多元宇宙

奠定数字世界的基础

让我们从非常简单的电子游戏世界说起。大约20世纪70年代和80年代初，街机游戏（Arcade Game）开始兴起并日趋流行，文字冒险游戏代表了通向模拟元点的重要一步。文字冒险游戏是第一款真正让我们切身感受到了一个庞大而复杂的游戏世界，而且真正实现了在电子游戏世界中发挥无限想象和探索的世界。

第一款文本角色扮演游戏（role-playing game，RPG）是《巨洞冒险》（Colossal Cave Adventure）。RPG游戏开启了一种广受欢迎的文字冒险游戏，最具代表的游戏有《魔域帝国》（Zork）和《星陨》（Planetfall）。更为重要的是，RPG游戏带动了后来新一代图形RPG技术研发，开启了像素技术渲染玩家探索绚丽多彩虚拟世界的基本模式。

知识链接

《巨洞冒险》（Colossal Cave Adventure）是威尔·克劳瑟（Will Crowther）于1976年制作的文字冒险游戏，灵感主要来源于他丰富的洞穴探索经历。游戏最初叫《冒险游戏》（Adventure，又译《冒险者》《大冒险》）。后来程序员唐纳德·伍兹（Don Woods）改进了游戏，并为它添加了许多新元素，包括计分系统以及更多的幻想角色和场景。

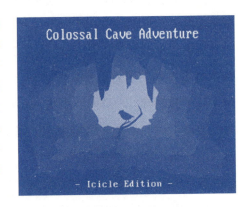

图片来源：网络

《巨洞冒险》是最初的文字冒险游戏，也是所有冒险游戏的始祖。还作为史上第一款"互动小说（interactive fiction）"类游戏而闻名。玩家在这款游戏的主要目标是找到一个传言中藏有大量宝藏和金子的洞穴，并活着离开。

《巨洞冒险》于2023年初推出3D版本，强调以第一人称和VR技术，从而为玩家提供更加逼真的洞穴探险体验。

第三部分
构建数字模拟世界

尽管已经很多年没有玩过文字冒险游戏,但时至今日,我仍然非常喜欢。这是因为我在推出游戏《井字棋》(Tic-tac-toe)之后,采用初中时所学的BASIC语言开发的第一款游戏就是角色扮演游戏,如图8-1所示。

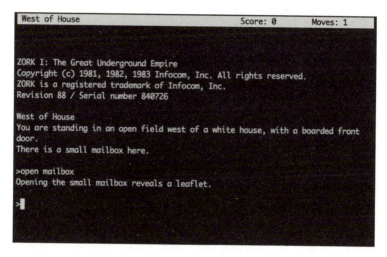

图8-1 游戏《魔域帝国》的屏幕截图:巨大的地底帝国

我在《模拟猜想》一书总结了文字冒险游戏要探索的游戏世界的关键组成包括:

- 巨大的游戏世界(游戏世界的环境描述)
- 玩家游戏状态(player game state)
- 世界游戏状态(world game state)
- 非玩家角色(non-playable characters)
- 玩家命令串(player commands)

尽管开发游戏并不是本书的主题,但为我们展示了如何渲染一个非常简单的游戏世界,以便于帮助我们更好地理解数字宇宙乃至数字多元宇宙的运行原理。

游戏世界

文字游戏世界通常类似于角色扮演桌游《龙与地下城》(Dungeons and Dragons)

模拟多元宇宙

中的战役，由游戏世界中一系列可供玩家前往的独立地点或房间组成。在最初的文字冒险游戏《巨洞探险》中，房间是地下洞穴复合体中的洞穴（部分洞穴基于肯塔基州的猛犸洞穴实际场景，原作者威尔·克劳瑟喜欢探索洞穴）[39]。

知识链接

猛犸洞穴是世界上最长的洞穴，位于美国肯塔基州中部的猛犸洞国家公园，是世界自然遗产之一。猛犸洞以古时候长毛巨象猛犸命名，属于喀斯特地貌，绵延676千米（2021年9月数据）。

传说该洞穴于1799年被猎人罗伯特·霍钦发现，1838年被弗兰克·戈林（Frank Gorin）收购。后来戈林的奴隶史蒂芬·毕肖普（Stephen Bishop）利用一年多的时间探索了猛犸洞穴，为地下飞地命名，创建了一个半古典、半民俗的地形结构，并赋予它们诸如斯泰克斯河、雪球室、小蝙蝠大道和巨蛋之类饶有趣味的名称；同时整理了盲鱼、沉默蟋蟀、蝙蝠等自然历史奇观。

猛犸洞以溶洞之多、之奇、之大称雄世界。猛犸洞中的10英里对游客开放，由255座溶洞分五层组成，上下左右相互连通，洞中还有洞，宛如一个巨大而又曲折幽深的地下迷宫。

游戏中，每个房间都有文本描述，可能还包含实物。玩家使用文本命令导航，或者捡起实物（将其放入玩家随身携带物品中），然后将其丢弃在游戏世界中的不同地方，从而同时影响玩家和游戏世界的状态。

游戏命令（如查看物品、捡起、丢弃等）通过键盘输入，而导航命令（如往北，往南，往东等）则让玩家从一个房间前往另一个房间。虽然游戏开发者通常有一个连接不同房间的地图，但玩家却不得不通过不断探索游戏世界，重新绘制地图。手绘版的《巨洞冒险》地图如图8-2所示，可以在互联网上搜到，指引更好地探索游戏世界。

这里，我们最关心的是游戏状态（game state）的呈现方式，以及玩家执行动作时游戏状态的变化。为什么呢？因为我们只要了解世界数字化的表示方式，就能明白如何从一个状态移动到另一个状态，从而定义数字世界中的时间线。

第三部分
构建数字模拟世界

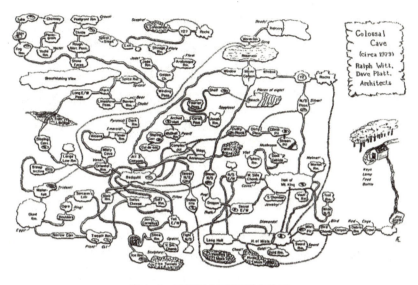

图 8-2　手绘版《巨洞冒险》地图

世界的表示

我们将创建一个非常简单的文字冒险游戏框架,并将其称为**模拟世界**(SimWorld),以便于探索构思游戏状态的简单表示方式。

假设**模拟世界**有 15 个可供玩家探索的房间,其示例地图如图 8-3 所示。

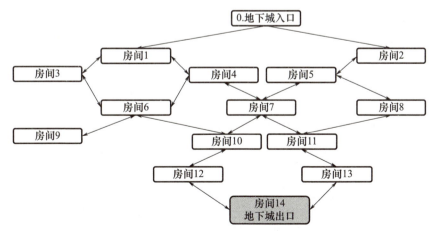

图 8-3　模拟世界的游戏世界——简单的房间路线地图

模拟多元宇宙

游戏中，玩家从地下城 0 号房间（Room #0）开始，沿基本方向如东西南北，分别输入命令 E（东，East）、W（西，West）、S（南，South）、N（北，North），或者输入命令 U（上，Up）或 D（下，Down）探索地下城。最后两个命令（U、D）分别表示通过陷阱门、打开环绕地下城洞穴入口。假设**模拟世界**的终点是在地下城之外，即我们所定义的第 15 个房间（房间是从 0 开始编号，Room #14）。

为了实现这样一款游戏，我们需要记录哪些数据？主要有三种：一种是**静态**数据，另外两种是随玩家键入的命令和游戏的进程实时更新的**动态**数据。总之，我们认为这才是完整的**游戏状态**。

- **游戏世界描述（静态）**：定义了玩家探索的虚拟世界，如图 8-3 所示的数字世界。最值得注意的是，它包含了每个房间的描述。在最早的游戏中，房间的描述是存储在磁盘中的文本，最初（略微成熟）图形角色扮演游戏技术是将游戏世界的每个房间表示为一张图片。后来，图形化的 MMORPG 采用 3D 模型表示世界，并根据玩家位置，实时渲染虚拟世界，玩家可以在游戏世界中任意畅游。世界描述还包含房间之间的链接信息（即地图），通常存储为某种类型的数据结构，或者数学家所说的节点图。

- **玩家角色状态（动态）**：文字冒险游戏中需要存储玩家的哪些信息呢？显然，首先是玩家所处房间的信息。同时，我们也希望有一种方式衡量玩家们的表现，也许是在固定的游戏里程碑上不断升级，鼓励玩家探索游戏世界。简化的游戏可以忽略游戏关卡。玩家还可以捡起物品，并将其放入随身携带物品。

- **游戏世界状态（动态）**：在最开始的游戏世界状态中，唯一需要记录的是不属于玩家角色的物品位置信息。捡起和丢弃物品是玩家改变世界状态一个非常简单的案例。也可以想象玩家改变世界的更加复杂的方式，包括打开/关闭房间门等。

物品可能是**模拟世界**中唯一复杂的元素，可以放置在任何房间或玩家随身携带的物品中，意味着它们可能是玩家状态或游戏世界状态不可或缺的一部分。

第三部分
构建数字模拟世界

游戏状态的表示

创建一个简单电子游戏两个最主要的任务是：定义数据结构和编写程序代码。尽管编写的程序代码受游戏编程采用的编程语言、操作系统或计算机硬件等影响千差万别，但不同游戏的数据结构却惊人的一致，这也是我们之所以要专注于此的原因。

模拟世界有 15 个房间，每个房间都有自己的名称和文字描述。假定模拟世界有 4 种物品：帽子、木棒、炼药神器和魔法宝典。因为游戏世界地图通常一成不变，所以它并不像游戏状态的动态部分那样让玩家享受探索的乐趣，游戏状态的动态部分通常包含：玩家位置（player location）；物品位置（object location）。

虽然今天我们可以使用更高级的计算机编程语言如 C#、Python 或 JavaScript 去开发游戏，采用数据结构如 JSON、NoSQL、SQL，但计算机编程语言和数据最终都得转变为可存储或处理的比特。

通常，游戏开发的一项重要任务是优化，以便尽可能使用最少的比特数目表示所需的信息。早期的计算机由于内存昂贵，存储也主要是软盘或盒式磁带，信息的存储问题更为突出，现在的计算机互联网多人游戏为了提高计算机处理速度、减少互联网响应时间也还是如此。尽管现在的计算机存储技术和 CPU 处理速度今非昔比，但时间更多耗费在通过计算机互联网（或手机无线数据流）发送比特。比特是最简单的信息存储形式，其值是 0 或 1。

知识链接

比特（binary digit，BIT），计算机专业术语，是信息量单位，是由英文 BIT 音译而来。比特也是二进制数字中的位，信息量的度量单位，为信息量的最小单位。

图片来源：网络

模拟多元宇宙

下面，让我们看一看如何在数字世界中呈现动态的游戏状态。经验丰富的程序员可能会嘲笑这种数据格式的简化做法，但当明白从单一的数字世界转向数字多元宇宙时，我们重点关注比特的原因就会变得明朗起来，不再认为我们是将时间耗费在毫无意义的事情上了。

玩家位置：由于模拟世界有 15 个房间，所以需要 4 比特表示玩家所在的房间。在计算机语言中，8 比特为一个字节，4 比特为半个字节。因此，半个字节可以表示 Room #0（二进制 4 位：0000b）到 Room #14（1110b）[100]。数字后面的字母"b"告诉我们，这是一个二进制表示的数字。程序员会发现使用 4 比特足够了，但是还有一个额外的值，第 16 个值或者 1111，我们还没有使用。

物品位置：如果总共有 4 个物品，采用 2 比特即可表示出完整列表：Object #0（或 2 比特，00b）到 Object #3（或 11b）。然而，对于每件物品，我们必须记录它的位置，或者它在哪个房间。需要 4 比特（与玩家位置相同），但我们可能还有物品，因此需要一个包含 4 个位置的数组（或列表），每个位置对应一个物品，表达如下。

- 物品（0）：帽子在 Room #0（或 0000b）
- 物品（1）：木棒在 Room #2（或 0010b）
- 物品（2）：炼药神器在 Room #14（或 1110b）

我们通常会预留一个值，将其用于指定某个特殊的值。事实证明，可以使用额外的房间——第 16 个房间 Room #15（如果我们从 Room #0 开始编号，则第 16 个房间编号为 Room #15）来表示物品不在地图中的任何房间中，而是在玩家的随身携带物品中，表达如下：

- 物品（3）：魔法宝典在 Room #15（或 1111b）

数字 15（1111b）的使用毫无特别之处，也可以采用从 1 开始，而不是从 0 开始房间编号，并将 0 作为其特定的随身携带物品房间。

游戏世界用语

最初，你只能在一个时段内玩电子游戏；如果你结束了游戏，下次无法继续，必须从头再来。如果可以保存游戏状态，从上次终止游戏位置重新开始，继续上次未完成的游戏，而无须一切从头再开始时，一个巨大的创新想法脱颖而出。

要达到上述目标，需要将游戏世界的物品等信息序列化，将其保存到某个位置（计算机磁盘或游戏服务器）。本质上，这意味着将内存中的比特保存为以后可以重新读取的格式。因此，比特的长度及其含义、格式必须前后一致（例如前4比特代表玩家位置，而后4比特表示 Object #0 位置、帽子等）。

熟悉电子游戏的人都清楚，到目前为止，本书所讨论的游戏状态不仅非常幼稚，而且简单至极；显然，以上的种种努力还不足以开发出一款游戏，但我们只是在阐述游戏状态的概念，而不是去开发一款真正意义上的游戏。

为了表示前面所述的游戏状态，我们可以使用几个字节的信息，并将每个数据块存储在半个字节（或4比特）信息中。

现在，我们只需要3个字节（总共24比特）就可以表示整个游戏状态，并将其保存在计算机内存或磁盘中。还可以通过互联网将少量的比特信息发送至服务器上，这样玩家可以下载到其他不同的计算机上，如果这台计算机上也安装有模拟世界的游戏软件，那么玩家可以从上次那台计算机保存退出时的游戏状态点继续玩，无须重新开始游戏，更不会错过一个游戏关卡。

前面所讨论游戏状态的数字表示如表8-1所列，显示玩家在 Room #5（二进制中，5是0101b）中，玩家的装备有帽子和炼药神器，可以用一串比特表示：0101 0000 1111 0100 1111 0011b。也可以以图形化的方式分解，从而在表8-1中可以清楚地分辨出按字节（和半个字节）排列的方式。

表 8-1 以字节形式表示的简单的游戏状态

字节 1		字节 2		字节 3	
第1个半字节 4比特	第2个半字节 4比特	第1个半字节 4比特	第2个半字节 4比特	第1个半字节 4比特	第2个半字节 4比特
（玩家位置）	（未使用）	物品（0）位置（帽子）	物品（1）位置（木棒）	物品（2）位置（炼药神器）	物品（3）位置（魔法宝典）
0101	0000	1111	0100	1111	0011

现在，我们可以采用一个非常紧凑的方式表示整个动态游戏。事实上，这只需要 20 比特位即可，因为字节 1 中第 2 个半字节中还剩下 4 比特没有使用，也可以将其存储玩家的关卡或其他信息。

在计算机语言中，一个字（word）通常是一系列字节（扩展为若干比特）的集合，它定义了计算机可以快速加载处理的基本信息块。一个字的大小可以是 4、8、16、32、64 比特等。在我们的例子中，3 个字节加 1 个半字节可以表示基本的游戏状态，所以我们可以将整个游戏世界存入一个 4 个字节（或 32 比特）的字中，并保留一些比特用于扩展！

非玩家角色及其历史：食人魔和地下城的门

假设我们想在游戏中添加一个食人魔（Ogre）这样的非玩家角色（NonPlayable Character，NPC）。与想要攻击你的食人魔不同，我们假设他只是一个像怪物史莱克（Shrek）一样脾气暴躁的食人魔，而且他根本不喜欢你，只是想让你离开他的地下城。因此，他愿意打开上了枷锁的地下城大门，让你离开。

而且，我们假设食人魔像玩家一样可以在不同的房间里游荡。如果你们恰好在同一个房间，食人魔为了摆脱你，会为你打开 4 扇门中的一扇。4 扇门的位置虽然可以存储在世界描述中，但每个门的状态以及食人魔的位置却都需要存储在动态的游戏状态中。

在文字冒险游戏中，如果你和食人魔在同一个房间，可能会看到如下文本：
- 你在较低的地下城里。西面是一个通道，东面是一扇似乎上了锁的门。
- 你看到一个站在黑暗中怒视着你的食人魔，满怀期望地指向东边那扇上锁的门。

在这个练习中，由于我们并不太关注游戏代码，更不会为这个示例编写游戏代码，我们所关注的只是游戏状态的表示，那又如何修改游戏状态来实现这一点呢？

我们需要存储食人魔的位置以及追踪每个门的状态，各需要额外的 4 个比特。因为地牢有 4 扇门，每扇门只有两种状态（上锁或解锁），这样可以很容易地用 4 比特表示，每扇门 1 比特：0 表示门上锁（默认值，除非食人魔帮助你），

第 三 部 分
构建数字模拟世界

1 表示未上锁。

现在，在游戏状态中添加一个字节，将整个模拟世界的单词包含在 32 比特信息中：

字节 4：食人魔位置占 4 比特（如 0101）和门的状态占 4 比特（门全锁为 0000，门全部打开为 1111）。

游戏的保存和重启

最初发明保存游戏状态和加载游戏时，我们的想法是让每个玩家只能保存一个游戏状态，这样当你中途需要关闭计算机或者去吃晚饭时，计算机会保存你离开游戏时的状态，下次重启游戏可以继续玩。一个复杂的因素是，游戏程序最初是在主机上运行，所以可能会有不同的玩家在不同的时间段，但却可能在同一台计算机上玩，所以游戏状态不得不存储在不同的文件中。

最早的图形化计算机游戏，例如 1961 年面市的第一款电子计算机游戏《太空大战》(*Space War*) 和 1973 年美国雅达利公司推出的经典乒乓游戏《*Pong*》，都还没有保存游戏状态的功能。保存图形化的游戏状态自然需要比文字冒险游戏更多的比特数目。但是，随着计算机内存和磁盘容量的快速增长，图形化的游戏成为大势所趋，游戏开发者没有理由不这么做。例如在图 8-3 所示的《太空侵略者》(*Space Invaders*) 游戏中，你可以通过保存每个外星人的状态来保存游戏状态：每行 11 个外星人，总共 5 行。

知识链接

《太空侵略者》是日本 TAITO 于 1987 年发行的射击类街机游戏。玩家需要操作一台外观类似于炮台的自机，在屏幕底端对上方不断移动中的敌人进行射击，并躲避敌方发射的子弹。敌机组成的阵列每隔数秒便会向我方底线逼近一步，若自机被击坠三次，或敌方逼近屏幕底端的我方阵地，则游戏失败。游戏中由像素构成的外星人形象是史上最著名的电子游戏，同时也是流行科幻形象之一。《太空侵略者》让电子游戏成为主流文化。

模拟多元宇宙

图 8-4 中，共计 55 个外星人。假定每个外星人有 8×8 组像素，故有 55×64 像素 = 3520 像素。假设每个像素是 1 比特（如只有一种颜色），可以用 3520 比特或 440 字节保存整个游戏状态。四舍五入到最接近 2 的次方，这意味着 512 字节足以存储《太空入侵者》的游戏状态。

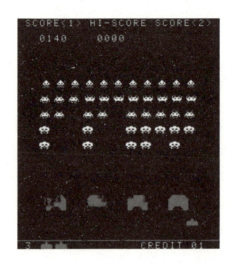

图 8-4　经典的街机厅游戏《太空侵略者》

现在，你可能会觉得模拟世界非常简单，根本没有必要保存游戏状态。但是，如果有更多的非玩家角色（可能是龙和精灵（Elves）），更多的房间（如 256 或 1024 个房间，或者像《无人深空》(No Man's Sky) 游戏那样拥有 1800 亿亿颗行星），更多的障碍物（不仅是门，还有林林总总的不解之谜等待玩家去探索），因而在一个时间段内难以完成游戏。甚至在模拟世界中，我们也可能存储不同的游戏状态，从而表示游戏的不同玩点：

- V1——等级 5，等级较低，地下城中食人魔有能力打开 2 扇门；
- V2——等级 6，等级较低，地下城中食人魔从龙族那里获得了地下城开门钥匙，可以打开任何一扇门；
- 等等。

保存多个游戏状态实际上是我详细介绍如何用比特构建游戏状态的一个关键所在，这也是多人游戏在服务器上存储多个游戏状态的方式，每个玩家会配备一个账号。

第 三 部 分
构建数字模拟世界

上下文切换

大家不禁要问，游戏状态的表示与我们讨论的多元宇宙和多条时间线有何关联呢？我之所以如此详细地阐述如何以一种"袖珍"的紧凑型方式呈现游戏状态，正是为了让我们更好地了解如何使用比特。

在图形化的冒险游戏中，只有当玩家角色你进入房间时，物品才会在每个房间中以图形化的方式渲染呈现。食人魔或其他非玩家角色只有和你在同一个房间时，才会渲染呈现房间的情景；否则，物品和非玩家角色仅仅作为等待渲染的信息存在而已。游戏状态是为玩家你呈现的信息。

关键是玩家可以在玩游戏的过程中，突然加载以前所保存的游戏状态。不仅游戏世界的状态发生改变（物品的位置），而且玩家角色和所有非玩家角色会突然嵌入，并退回至游戏中前一个玩点的状态。

保存和加载游戏状态的过程类似于计算机科学中的上下文切换（context switching）。这实际上变成一种在类似模拟世界这样非常简单的游戏中拥有多条时间线，并在不同时间线之间切换的方法。

虽然我学会了开发简单的文字冒险游戏，最初使用 8 位家用电脑（Commodore 64），后来是 Apple IIc（可采用小型黑白电视机作为显示器），但直至我到美国麻省理工学院上学，才学会上下文切换和多进程处理计算机技术。在那个时代，类似最早的苹果电脑（Macintosh）的多窗口图形用户界面（GUI）很受计算机使用者喜爱，我很好奇计算机处理器如何能够同时运行多个窗口。当时我学的计算机编程都是单线程，虽然我对计算机微处理器的内部结构知之甚少，但我很确定微处理器每次只能执行一条指令。

知识链接

Commodore 64，也称为 C64、CBM 64 或在瑞典被称作 VIC-64，是由 Commodore（康懋达国际）公司于 1982 年 1 月推出的 8 位家用电脑。Commodore 64 的前代机为 VIC-20 和 Commodore PET，Commodore 64 因其 64 千字节（65536 字节）的存储器命名。与其他早期系统（如 Apple II 和 Atari 800）相比，它具有更好的声音和图形规

模拟多元宇宙

格，具有多色向导和更高级的声音处理器。它在吉尼斯世界纪录中被列为最畅销的单一电脑型号。

质量：7.5 lbs（约 3.4 千克）

CPU：MOS 65C02，1.023 MHz

RAM：128K-1Meg

显示器：40 或 80 X 24（文本模式）560 X 192（最大）

存储：Internal 143k 5.25-inch disk drive

操作系统：Apple DOS 或 ProDOS

图片来源：Commodore 64
（oldcomputers.net）

Apple IIc 是 Apple II 系列的第四款机型，是苹果公司首次尝试生产可携式电脑，首次采用苹果公司的白雪公主设计语言，可采用小型黑白电视机作为显示器。

图片来源：Apple IIc computer
（oldcomputers.net）

当我了解了计算机科学中的上下文切换定义后，心中的谜团豁然开朗。上下文切换的定义为：

在计算机科学中，上下文切换是存储进程或线程状态的过程，以便后续可以恢复进程并继续执行线程。

这意味着如果计算机屏幕上有两个窗口（如 Microsoft Word 和 Microsoft Excel），但你只有一个微处理器或中央处理单元（central processing unit，CPU），CPU 在一个时刻点只能运行一个进程（或一个任务）。第一个进程（或代码库）运行几步，然后将任务存储在其他位置（计算机磁盘等），切换到第二个任务；第二个进程运行几个程序周期，再次切换回第一个进程。

加载任务的过程中，计算机处理器非常清楚存储在其他地方的其他进程或任务。上下文切换之间的时间间隔非常短，以至于从计算机终端用户的角度来看，

第三部分
构建数字模拟世界

两个进程似乎同时运行,尽管实际上一次只有一个进程在运行。

模拟世界的上下文切换

上下文切换与模拟世界有什么关系呢?

这里的重点是,将游戏状态加载到模拟世界有点像 CPU 的上下文切换。虽然只有一组程序代码,但我们可以保存、存储和重新加载任意版本的游戏任务(我们称之为游戏状态),游戏也可以从停止的位置重新开始,继续运行。

在游戏世界中,没有人会意识到上下文发生了变化,就像文字处理器不会知道你休息一下去了洗手间浏览网页一样。非玩家角色尤其如此。事实上,食人魔甚至不知道发生了什么不同的事情;它会开始走来走去,就像上次玩游戏时一样。假设游戏状态显示食人魔只打开了 1 扇门,那么这就是它的运行方式。可能就是这样,尽管我们正身处一场游戏中,食人魔在上下文切换发生时却为我们打开了 3 扇门。

现在,更重要的是,食人魔和玩家角色可能会发现自己和菲利普·K.迪克的思想产生了共鸣:"……生活在计算机生成的现实中,我们唯一的线索是当某些变量发生了变化"。就像迪克丢失的灯开关(由他的调整团队提供),某些变量实际上是通过改变游戏状态中一个非常小的部分来调整实现的。在我们的世界中,可能只是一点点的改变!正如迪克所述,如果你能记住之前的游戏状态或模拟世界,你就会有机会再次体验同一时刻的感觉。

如果我们考虑保存整个世界的游戏状态所需的信息量(包括每一个灯开关和人的位置),显然一切都将变得无比复杂。尽管如此,但理念却相同:通过改变某些比特,我们创造了某种类型的不连续性,而大多数角色(或模拟世界中的人)都会悠哉乐哉,并且察觉不到任何变化。只有那些不知何故知晓前序进程的人,才有可能知道一些发生变化的线索(想一想《星际迷航:下一代》(*Star Trek: The Next Generation*)系列《昨日的企业号》(*Yesterday's Enterprise*)中的吉南;她是唯一一个意识到她们所在的时间线发生变化的人)。

模拟多元宇宙

游戏状态中存储的历史

在这种情况下,通过加载**模拟世界**新的游戏状态,我们并没有真正改变历史;只是改变了过去的结果。你可能会发现这个游戏状态只是嵌入了非常少量的历史内容。地下城 3 号门开着意味着在过去的某个时刻,食人魔一定曾在那个房间里待过并打开了 3 号门。类似地,魔法宝典在随身携带的物品中,意味着玩家肯定在魔法宝典最初所在的房间中,并将其捡起。由于难以找到更恰当的词汇描述,你可能会说现在的时刻(当前的游戏状态)**约束了可能的过去**。

存储世界的全部历史不仅需要更多的比特数目,而且数据结构更加复杂。存储过去所有可能游戏状态的一种方法是存储你在游戏中所做的每一个动作。考虑到只有 16 个房间,玩家动作的数量非常有限,所以这并不是一件非常繁琐的工作。但如果你可以在任何时间段去探索房间,这意味着随着历史时间段的不断延长,存储历史所需的信息会快速增长。一般来说,这是我们在计算机科学中尽可能避免的事情,因为当文件变大而内存有限时,计算机性能会下降;我们喜欢存储尽可能少的比特数目完成我们的任务。

另一种方法是存储历史,采用一种简化的方法存储访问过的每一个房间。为此,我们可以在每个位置使用 4 比特(就像我们之前做的那样),得到一个如图 8-5 所示的序列。

二进制的历史	十进制的历史
0001, 0010, 0011, 0100…	0, 1, 2, 3, 8, …

图 8-5 存储访问过的每个房间的历史示例

你可以轻松查看两种存储历史(玩家的动作与访问过的房间),认识到有许多方法可以优化存储历史所需的比特数目。举个简单的例子,因为可能只有四个命令,我们可以使用 2 比特存储房间以外的命令:E、N、S、W。你可能还认识到,游戏世界的地图约束了可能的未来和历史。例如,如果玩家从 Room #12 只能向北或向南行进,那么就只有 2 种可能的动作。这也是一种约束过去的方式。

第三部分
构建数字模拟世界

当然,优化存储的比特位数的方法有无数种,这就像你每天都会将 JPEG 文件或视频文件(比如一集《权力的游戏》(*Game of Thrones*))发送到平板电脑一样。比特信息先被压缩,然后在目的地计算机系统上被解压后呈现。

知识链接

《权力的游戏》是美国 HBO 电视网制作的一部中世纪史诗奇幻题材电视剧。该剧改编自美国作家乔治·雷蒙德·理查德·马丁(George Raymond Richard Martin)的奇幻小说《冰与火之歌》(*A Song of Ice and Fire*)系列。2015 年,第 67 届艾美奖中《权力的游戏》破纪录斩获 12 项大奖,包揽了最佳剧情、导演、编剧、男配等大奖。2016 年,入选美国电影学会十佳剧集。2018 年,获第 70 届艾美奖最佳剧集奖。2019 年 9 月,英国《卫报》评选为 21 世纪 100 部最佳电视剧,名列第 7 位。

图片来源:海报

模拟世界的时间线

也许比具体的压缩方法更为重要的是,我们可以将整个历史以某种压缩格式存储在游戏状态中。这样,我们不仅定义了一个可以重新加载的时间点,还定义了一个完整的时间线或特例。模拟世界的时间线定义如下:

时间线 = <游戏状态>,<路径/历史>

由于我们只存储访问过的房间,这是一个断断续续、不完整的时间线,因此它只涉及过去,还没有涉及未来。

如果画一张包含所有可能历史的时间线图,我们会发现地图和当前的游戏状态约束了历史可能是什么,包括哪些房间可以从其他房间(地图)访问和玩家为到达当前游戏状态(历史)所做的选择。这是一个非常简单的类比,在本书第四部分中我们称之为多元宇宙图。因为在某种程度上,文字冒险游戏中的房间/位置表示了所有可能的节点或可能的未来,时间线则表示了我们如何遍历整个图,因而两条时间线表示遍历这些节点的两条路径。

模拟多元宇宙

选择约束世界的想法可以用一种巧妙的数学方式来理解过去,而无需存储每一个步骤。这样做的方式是,每次通过键盘或程序代码修改,将以前的过去封装到当前的游戏状态中。然后通过查看代码,并且在给定有限数量可能过去的情况下,确定哪一个过去与当前代码匹配。我们不会深入讨论如何实现数学理论,但这本质上是类似比特币(bitcoin)的电子加密货币在区块链(blockchain)上验证区块的方式。每个区块都使用前一个区块的信息编码,这将限制特定区块的可能过去,任由任何人验证当前区块的有效性。

知识链接

比特币(Bitcoin)的概念最初由中本聪(Satoshi Nakamoto)于2008年11月1日提出,并于2009年1月3日正式诞生。比特币是一种P2P形式的数字货币。比特币的交易记录公开透明。点对点的传输意味着一个去中心化的支付系统。

与大多数货币不同,比特币不依靠特定货币机构发行,它依据特定算法,通过大量的计算产生,比特币经济采用整个P2P网络中众多节点构成的分布式数据库来确认并记录所有的交易行为,并使用密码学的设计来确保货币流通各个环节安全性。P2P的去中心化特性与算法本身可以确保无法通过大量制造比特币来人为操控币值。基于密码学的设计可以使比特币只能被真实的拥有者转移或支付。这同样确保了货币所有权与流通交易的匿名性。比特币其总数量非常有限,具有稀缺性。该货币系统曾在4年内只有不超过1050万个,之后的总数量将被永久限制在2100万个。

2021年6月,萨尔瓦多通过了比特币在该国成为法定货币的《萨尔瓦多比特币法》法案。9月7日,比特币正式成为了萨尔瓦多的法定货币,该国成为世界上第一个赋予数字货币法定地位的国家。

2021年9月24日,中国人民银行发布《进一步防范和处置虚拟货币交易炒作风险的通知》。通知指出,虚拟货币不具有与法定货币等同的法律地位。

区块链(blockchain)是分布式数据存储、点对点传输、共识机制、加密算法等计算机技术的新型应用模式。

区块链是比特币的一个重要概念,本质上是一个去中心化的数据库,同时作为比特币的底层技术,是一串使用密码学方法相关联产生的数据块,每一个数据块中包含了一批次比特币网络交易的信息,用于验证其信息的有效性(防伪)和生成下一个区块。

第三部分
构建数字模拟世界

重演过去：时间旅行的一种形式？

在这个简单的模拟世界里，我们有了一种探讨时间线的方式。或者更确切地说，有一种数字化的方式来探讨可能的时间线，有了一种存储我们游戏状态的方式，从而可以重新访问模拟世界任何时间点的过去。

如果将模拟世界作为模拟运行，我们便能多次运行它，找出玩家的可能选择。我们可以任意保存某个特定点的游戏状态，然后将游戏倒带到过去那个时间点重新运行，也许还可以在过程中改变变量。关于模拟多元宇宙的工作原理，我们有了一个非常完美的模拟，只需使用经典计算就可以完成作为时间旅行形式的上下文切换。

如果我们处于一个特定的游戏状态，关注到可能的未来，根据我们迄今为止所做的选择而有所裁剪。也有可能是某个特定的游戏状态限制了可能的过去，很像本书第 7 章宇宙延迟选择实验的例子——实验中光可能从黑洞的两侧绕过。实际上，在观察到光之前，我们不知道在当前的时间线中光选择从哪一侧绕过。在模拟世界中，除非玩家选择并加载了特定的历史，否则无论是作为游戏状态的一部分，还是从现在的时间点开始回看游戏，我们根本不可能知道结局。

非玩家角色、玩家角色和曼德拉效应

每次时间线重置或上下文切换时会发生什么？正如我们之前所说，非玩家角色只知道重置点之前的历史（想一想我们之前地下城门未锁的例子就一目了然了）。如果我们是**模拟世界**的居民，就好像我们被神奇地放置在时间线上另一个不同的时间点上，没有人会记得其他时间线的存在。

然而，也有一些例外的情形——有人记得其他的时间线。一方面，如果是玩家角色，那我们就是第一种意外的情况：我们可能记得另一条时间线上的事情，或者似曾相识的感觉非常强烈。正如菲利普·K. 迪克所说，我们会有一种"我们在一次又一次地重新体验同一时刻的感觉"。尽管在这种情况下，我们可能正在观看我们的化身一次又一次地再现同一事件。事实上，再次玩游戏的目的就是要做出与上一次不同的选择。我们发现重新运行游戏细节部分的意义所在，那就是可以找到最佳的前行路径。

还有一个更实际的原因是，我们可能不会存储每个角色的完整历史，而是动态地重现这些历史，这可能不可避免地引起某些偏差。正如我反复说过的，任何计算机系统的设计初衷通常都是为了优化资源以获得最高的效率。这意味着不必存储重复的信息。如果历史 A 同时存在于两条时间线 B 或 C 中，那么根本不需要存储两次，只需简单地从 B 和 C 中指向 A 即可。

类似地，如果我们存储同一个角色的多个版本——我喜欢称之为角色 X 的"时间实例"，那么通过存储只共享一次信息，而不是为每个实例复制信息来优化"时间实例"的存储是有意义的。如果我们复制历史，我们可能会犯错，甚至致使每一个实例都对应一个不同的历史。一个简单的小故障可能是由于加载了错误的时间线或角色 X 的内存，或者可能是加载了一个错误的比特所导致。

时间实例 – 时间实例是一个角色或对象的特定版本，在不同的时间线上可能不同，但却具有某些共同点的基本特性。

而且，如果我们从加载的时间线 B 和 C 中简单地推断历史 A，而无须明明白白地讨论 A，那就最好不过了。一种更有趣的可能性是，如果每个角色都能推演其可能的过去，那么每个角色（或渲染设备）可能选择分辨过去曲线图的不同。只要两者都可能是有效的过去，如果分辨过去的算法类似于量子力学，那么每个角色都选择了当下，对他（或她或它）来说可能是最理想的过去。

模拟世界的多玩家

前面讨论的模拟世界相对简单，现在讨论复杂情况：假设我们身处一个大型多人在线角色扮演游戏中，多台机器上的多个玩家使用同一台服务器。无论是多用户文字冒险游戏，还是《魔兽世界》(*World of Warcraft*) 之类的 3D 图形化游戏，还是《堡垒之夜》(*Fortnite*) 之类的手游，它们采用的核心技术都极其相似。

典型的多玩家游戏架构示意图如图 8-6 所示,每个玩家可在他们自己的设备(手机、计算机、文本控制台、VR 头盔等)上渲染游戏世界。

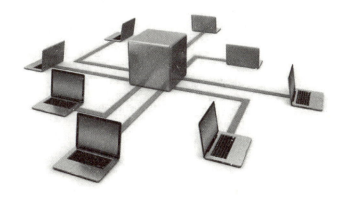

图 8-6　典型的多玩家游戏框架(商业图片)

每个玩家都有一个角色的游戏状态,而理论上只有一个在服务器上运行游戏世界的状态。每个玩家的机器会根据其角色的需求加载游戏状态。但作为多人游戏的一部分,我们的角色经常与其他玩家的角色一样待在房间里,所以我们也会向服务器请求其他非玩家角色和玩家角色的状态。我们还可以像我们在更复杂的模拟世界中所讨论的那样,在服务器上存储我们角色的不同版本。因为我们每个人在模拟世界中都只有一个角色,所以我们并没有区分玩家和角色的游戏状态。

现在我们提出了一种可能性,玩家 x 和玩家 y 存在其主角的许多版本 X 和 Y,所有这一切都存储在游戏服务器上,都采集了不同游戏点的游戏状态。所以理论上,它们可能来自不同时间的同一时间线或者来自不同的时间线。

在这种情况下,上下文切换只是简单地从游戏服务器加载你的角色信息。角色的游戏状态和游戏世界的状态会从游戏服务器发送到本地设备,这就是你每次登录游戏时所发生的事情。从角色 X 或角色 Y 的角度来看,他们只是获取从游戏服务器下载的任何上下文,而忽略了其他角色可能/不可能获得相同的历史记录。所有必须保持一致的是当前游戏世界的状态必须是相同的,但这两个角色到达那里的方式却不一定完全相同。

现在你可以很容易地看到,游戏服务器向玩家 x 发送了角色 X_2,向玩家 y 发送了角色 Y_2。只要是这两个角色,都可以加载到游戏世界的当前状态中,但是加载的历史却不同。我们现在看到的机制是，两个角色可以出现在同一个场景中，但记住历史的演变方式却完全不同，这就是数字曼德拉效应！

我们能从简化的数字多元宇宙中学到什么？

本章探讨了如何构建一个非常简单的玩具宇宙——模拟世界，我们使用了非常简单的游戏技术，而有些技术完全是计算机时代的最原始技术。创建模拟世界只是为了说明如何以数字化的方式记录世界的瞬像，以及瞬像与可能的过去和可能的未来之间的关系。

而且，存储并恢复游戏任何前序进程的能力让人联想到，对于游戏世界中的玩家来说，任务可能发生了改变，并且他们根本不知道自己正在重现的某个特定时刻或某些情形可能已经发生了改变。就像计算机微处理器一样，游戏只是使用当前的任何上下文（数据或游戏状态）运行其代码。我们现在应该明白了多条时间线如何运行的方式，或者一条时间线重置并重新运行。它还向我们展示了不同的角色如何记住不同的历史，但这些都是当前运行模拟的一部分。

当然，冒险类游戏的隐喻只是为了让我们大致了解如何在模拟宇宙中以数字方式描绘时间线。而且冒险类游戏既有非游戏玩家的确定性要素，也有来自坑家自己选择的不确定性要素，这都会让游戏世界变得更加扑朔迷离，必然导致不可预知的未来。

迄今为止，我们还没有谈到如何让数字世界看起来更加逼真，以及用于游戏世界的计算机技术是否可以用于图形化渲染世界中的模拟多条时间线。下一章将把重点从冒险类游戏转移到复杂科学和元胞自动机，这是一门贯通计算机科学和数学的令人着迷的科学。通过讨论一个完全不同类型的玩具宇宙，可能会给我们一种与众不同、精细入微的方式来诠释模拟多元宇宙的工作原理。

第 9 章

模拟、自动机和混沌

大自然是如何以看似不费吹灰之力创造出让我们倍感纷繁芜杂的万物,始终像一个巨大的谜团。好吧,我想我们发现了其中的奥秘所在,它只是抽样了计算宇宙所呈现出的那部分而已[40]。

——史蒂芬·沃尔弗拉姆(Stephen Wolfram)

知识链接

史蒂芬·沃尔弗拉姆(Stephen Wolfram)(1959—)计算机科学家、物理学家、商人。因其计算机科学、数学和理论物理学杰出的贡献而闻名。

沃尔弗拉姆是《一种新科学》(*A New Kind of Science*)(2002 年)一书的作者,也是 Wolfram Research 软件公司的创始人兼首席执行官,曾担任 Mathematica 和 Wolfram Alpha 应答引擎的首席设计师。他近年来关注基于知识的编程工作,将 Mathematica 的编程语言扩展并改进为现在的 Wolfram 语言。《Wolfram 语言入门》于 2015 年出版(中文版于 2017 年由科学出版社出版)。

图片来源:网络

在本章中,我们将探讨计算机科学的一些基本概念:元胞自动机(cellular automata)、分形(fractals)和混沌(chaos)/复杂性(complexity)。这些概念的有用性已经在模拟物理世界中多次得到验证。虽然我们正在从简单的文本世界迈向图形化的模拟世界，但我们发现在基础层面上，它们像在模拟世界中一样可以表示为比特，并遵循一定的规则。让我们明白一个道理：图形化世界尽管已经非常简化了，但它仍可以让我们知晓多条时间线和核心循环的工作原理。

尽管我并没有特别指出这些计算机科学的概念是通向模拟元点的独立阶段，但它们仍然是重要的里程碑。它们帮助理解我们身处的世界是如何由使用简单规则处理的信息组成的。这反过来又引出了一个结论：我们周围的复杂世界可以通过计算系统来模拟。

这些概念也展示了关于计算本质的不同观点：分布式计算系统可以帮助我们深入了解人工生命和人工智能。在这种形式的计算中，单个单元遵循非常简单的规则，而不是想象的只有计算机的中央处理单元（CPU）在运行计算机指令。本章关注的是涌现（emergence）的概念：涌现理论中，虽然个体遵循自己的基本规则，但大量个体却呈现更加复杂、更加有序的特征。元胞自动机和分形都在数字世界中展示出了涌现的特性。

源于分布式处理涌现的观点是自然界如何运作的一个要素，无论我们谈论的是大脑中的神经元、生物体内的细胞，还是一群蚂蚁一起努力建造一个蚁巢。事实上在过去几十年里，人工智能的很多进展都是因为我们能够按照既定的规则为单个神经元建模，从而产生了能够识别人脸、生成深度伪图像、驾驶汽车、模仿声音甚至撰写文本的新兴人工智能。本章探讨的技术是数学、生物学和计算机科学的交叉。

作为信息的生物学

我们要研究的第一类图形计算系统是元胞自动机，它是一个遵循特定规则的元胞网格，能够生成既有趣又复杂的图案。

元胞自动机领域和生物学中的一个重大谜团是，个体似乎拥有自组织特性。这意味着随着时间的推移，它们的无序状态将会从较高的层级逐渐过渡到较低的层级。这似乎违反了热力学第二定律，即宇宙的熵（或无序）随着时间的推移而

第三部分
构建数字模拟世界

增加。然而在生物系统中，随着细胞的生长，它们似乎创造了某种类型的有序。事实上，这也是包括人类在内所有生物的基础。

整个 20 世纪，直到詹姆斯·沃森（James Watson）和弗朗西斯·克里克（Francis Crick）发现 DNA 后，生物学家和计算机科学家才开始意识到生物学是建立在新兴的信息科学之上的。

例如，英国皇家学会（The Royal Society）在一篇题为《DNA 信息》（*DNA as Information*）的文章开头写道："DNA 的生物学意义在于其作为某种信息载体所发挥的作用，尤其是在世代繁殖的生物体中……[41]"。

换句话说，如果能够利用信息（人工）设计出生物体，将相同（或者略微变异）的信息比特传递给后代，那么我们就模拟出了生命过程中最重要的一个环节——繁殖。

冯·诺伊曼与自动机的诞生

美籍匈牙利数学家约翰·冯·诺依曼（John von Neumann）对物理学做出了重大贡献，同时也是新兴计算机科学领域的创始人之一。事实上，我们现在用来运行任何类型计算机程序的经典体系结构——访问本地内存的 CPU，时至今日仍然被称为冯·诺依曼体系结构（von Neumann architecture）。

知识链接

约翰·冯·诺依曼（1903—1957），美籍匈牙利数学家、计算机科学家、物理学家，是 20 世纪最重要的数学家之一，也是现代计算机、博弈论、核武器和生化武器等领域内的科学全才之一，被后人称为"现代计算机之父""博弈论之父"。第二次世界大战时期，冯·诺伊曼曾参与"曼哈顿计划"，为第一颗原子弹的研制做出了贡献。

图片来源：网络

1932 年，他出版了《量子力学的数学基础》（*Mathematische Grundlagen der Quantenmechanik*）一书，同时推出了著名的弱遍历定理。1951 年，他发表《自动机的

模拟多元宇宙

一般逻辑理论》(*The general and logical theory of automata*)的一文,开辟了计算机科学的一个新领域,为人工智能的研究奠定了基础。

元胞自动机始于20世纪40年代,当时冯·诺伊曼正在寻找一种描述自我复制机器的方法。他认为,制造人工生命的关键是要有一台机器,它可以复制到另一台机器中的信息,而另一台机器也可以完成同样的事情。

最初,冯·诺依曼指的是物理机器。20世纪40年代,他在美国加利福尼亚州帕萨迪纳的一次演讲中首次提出了非常复杂的"自我复制机器"概念。史蒂芬·列维(Stephen Levy)在他的《人工生命》(*Artificial Life*)一书中描述了冯·诺伊曼理论中自我复制机器的基本组成,他称之为动力学(但现今大多称之为冯·诺伊曼机)。

系统由大自然中的原材料以及自我复制机器所需的四个组件组成,分别标记为组件A、B、C和D:组件A像一个工厂,从大自然中挖掘原材料并按照数据规定的方式使用,我们今天称之为计算机程序;组件B是一个复印机,从第一台机器上读取信息并将之复制到复印机上,就像DNA从父母遗传给孩子一样;组件C像一台计算机,像中央处理器一样控制着谁做什么;组件D是实际的数据或计算机指令,在冯·诺依曼时代为一条长长的打孔磁带,在我们今天看来难以想象。

毋庸置疑,即使放到今天,这种技术实现起来也很复杂,更不用说是在20世纪40年代了。喜爱科幻小说的读者可能会在阿瑟·克拉克(Arthur C. Clarke)的代表作《与拉玛相会》(*Rendezvous with Rama*)中发现类似的情节:人类发现了一个漂浮在太阳系中的圆柱形物体,它显然起源于外星;虽然庞然大物上没有发现任何形式的生命,但在那里却有海量的原材料,机器人可以使用这些原材料创造更多的自我复制品。

知识链接

《与拉玛相会》,也译《与罗摩相会》是英国著名作家阿瑟·查理斯·克拉克于1972年出版的科幻小说,太空科幻的经典之作,入选权威杂志《轨迹》有史以来最伟大

第三部分
构建数字模拟世界

科幻小说榜单和权威媒体美国国家公共电台（NPR）有史以来 100 部最伟大科幻、奇幻小说榜单。

故事叙述在 22 世纪时有一个五十千米长的圆柱形外星太空船闯入太阳系，人类派出探险队前去调查的过程。这个外星物体就被命名为"拉玛"。本书获得 1973 年星云奖和 1974 年雨果奖的最佳长篇小说奖，中文版有：

（1）2011 年由四川科学技术出版社出版，胡瑛译；

（2）2018 年江苏凤凰文艺出版社，刘壮译。

阿瑟·克拉克（1917—2008 年）英国科幻作家，与阿西莫夫、海因莱因并称为现代科幻"三巨头"。代表作有《童年的终结》《2001：太空漫游》《与拉玛相会》（获雨果奖、星云奖）及《天堂的喷泉》（获雨果奖、星云奖）等科幻史上的杰作。克拉克早在 1945 年在《无线电世界》杂志上发表了题为《地外中继：卫星能否提供全球无线电覆盖》的文章，第一次提出利用同步卫星实现全球通信的设想，由于他的这一伟大贡献国际天文学联合会将赤道上空的同步卫星轨道命名为克拉克轨道。

图片来源：网络

20 世纪七八十年代，美国宇航局发布了面向星际长途航行的自我复制机器课题研究。这无疑是受到克拉克和冯·诺伊曼的启发。

如今，随着 3D 打印技术的发展，冯·诺依曼的设想不再遥不可及。3D 打印技术已经在太空中成功应用，实现了基于原材料打印生成设备，迈出了我们人类在地球外空间实现制造的关键一步。在遥远的外太空，只要有原材料，通过 3D 打印设备不再是幻想。从理论上讲，一台 3D 打印机可以打印出另一台 3D 打印机，完全实现了冯·诺伊曼自我复制机器的思想。

虽然冯·诺依曼的设想在当时被视为是天方夜谭，但至少有两个非常重要的创新离不开于他的贡献，为新型计算奠定了基础。在他最初题为《自动机的一般逻辑理论》(*The General and Logical Theory of Automata*)的演讲以及随后相关主题的论文中，冯·诺伊曼提出了一个观点：自动机不仅仅是一种物理机器，而且还是一种能够遵循某种规则的软件；其次，也许更重要的是，在 DNA 发现之前，信息和规则可以通过传递信息实现自我复制。

冯·诺伊曼不仅是计算机科学领域的先驱之一,也是生物学领域的先驱之一。著名物理学家弗里曼·戴森(Freeman Dyson)在 DNA 发现不久后发表评论:"据我们所知,每一种比病毒大的微生物的基本设计与冯·诺伊曼所说的完全一致。"根据史蒂芬·列维(Steven Levy)的说法,冯·诺伊曼在混沌理论出现之前几十年还有一个重要的见解:"生命不仅以信息为基础,也以复杂性为基础[42]。"

知识链接

2022 年 5 月,日本三菱电机公司利用真空中也可凭借太阳光紫外线硬化的特殊树脂,已经开发出在太空使用 3D 打印机制造人造卫星天线的技术。

任何一个卫星都离不开天线,卫星上搭载比天线更小巧的 3D 打印机,发射卫星时不需要搭载天线,有助于轻量化从而减少发射成本。当卫星到达太空后,基于特殊树脂打印制造出天线的反射面,也可以在太空中打印出大型天线,避免天线构造承受卫星发射时的冲击和振动。

人工生命(Artificial life)指通过人工模拟生命系统研究生命的领域,是由人工智能产生的概念。这一概念最先由计算机科学家克里斯托弗·兰顿(Christopher Langton)于 1987 年在美国洛斯阿拉莫斯国家实验室召开的"生成以及模拟生命系统的国际会议"上提出。

软件中的元胞自动机

撇开科幻小说的场景不谈,动力学由于其与实际相差甚远致其发展面临消亡,直到冯·诺伊曼在曼哈顿计划(Manhattan Project)期间偶然邂逅了一位老朋友——数学家斯坦尼斯劳·乌拉姆(Stanislaw Ulam)。乌拉姆认为:如果抛弃物理机器,可以更好地实现冯·诺伊曼提出的设想;冯·诺伊曼应该将物理机器替换为可复制的逻辑实体,这样整个设想会更加切合实际。

第三部分
构建数字模拟世界

> **知识链接**
>
> 曼哈顿计划（Manhattan Project）：第二次世界大战期间，美国主导，英国和加拿大协助研发人类首枚核武器的一项军事计划。1942—1946 年，曼哈顿计划由美国陆军少将莱斯利·格罗夫斯领导，设计制造原子弹的洛斯阿拉蒙斯实验室则由核物理学家罗伯特·奥本海默负责。
>
> **1945 年 7 月 16 日**，曼哈顿计划进行了三位一体的核试验，是人类历史上首次引爆核武器。
>
> **1947 年**，美国原子能委员会成立，接管美国核武器研究生产项目，曼哈顿计划正式停止。
>
>
> 图片来源：网络

乌拉姆建议将网格想象成一个棋盘，每个方格是一个独立的元胞，而每个元胞都有自己的状态；状态会随着每个时间步的不同而变化，并根据规则不断更新。使用这种方法，冯·诺伊曼重点研究规则和信息。本质上，乌拉姆告诉冯·诺依曼要关注在数字世界中构建自我复制的生命，而不是专注于自我复制的机器人。

正如我们今天所想的那样，正是这种洞察力促进了元胞自动机的诞生。冯·诺依曼试图在无限网格上重现复杂的动力学结构。他最初的尝试虽然没有物理机器那么复杂，但仍然纷繁复杂，首先需要数千个能够输入到其他元胞中的磁带单元（包含信息）。

尽管元胞自动机无比复杂，冯·诺依曼还是利用网格和元胞的方法在创建元胞自动机方面取得了进展，元胞自动机是一种逻辑的、能够实现自我复制的"生命"形式。元胞自动机（cellular automata，CA）后来由阿瑟·伯克斯（Arthur Burks）命名。伯克斯创造了第一台数字计算机——电子数值积分计算机（electronic numerical integrator and computer，ENIAC）。ENIAC 成为几十年后美国密歇根大学第一个元胞自动机实验室的重要组成部分。

尽管冯·诺依曼的设计远比本章探讨的简单元胞自动机复杂得多，但这是人类第一次使用二维网格，将每个元胞视为有限状态机（finite state machine，FSM）实现的完整元胞自动机。有限状态机是一个拥有当前状态并根据规则不断改变状态的实体。顾名思义，有限数量的状态和操作会根据规则改变元胞的状态。抽象地说，有限状态机是所有现代确定性计算机程序的构成要素。

我们之前用于创建简单世界——模拟世界的程序可以认为是一个具有当前状态的有限状态机，每个状态表示玩家角色当前所在的房间。某些命令（如 N 或 S）会将状态更改到另一个房间，而其他命令则保持状态不变。针对模拟世界，定义一个状态转换表，将其作为一个有限状态机实现，这样冯·诺伊曼的元胞自动机总共有数十万个元胞，每个元胞拥有 29 种可能的状态。

虽然冯·诺依曼在完成元胞自动机工作之前，美国政府发现了他的聪明才智，并将其吸引到了其他研究领域，但他的元胞自动机的推广是 1955 年由约翰·凯梅尼（John G. Kemeny）在《科学美国人》(Scientific American)杂志上发表的一篇文章。凯梅尼也是早期计算机科学的传奇人物：他发明了 BASIC 编程语言，这是整整一代程序员（包括我）使用的第一种计算机编程语言。

冯·诺伊曼发明元胞自动机并没有任何特定目标，只是为了证明创造人工生命是可能的——或者至少是生命中似乎最重要的一个环节：一种能够自我复制，并将信息遗传给后代的实体。

20 世纪 60 年代末，在 IBM 工作的埃德加·特德·科德（Edgar "Ted" Codd）将冯·诺依曼的元胞状态从 29 种简化为 8 种，这大大简化了元胞自动机。基于科德简化的元胞自动机模型，毕业于美国密歇根大学元胞自动机实验室的克里斯·兰顿（Chris Langton）创建了一个能够实现完全自我复制的元胞自动机。由于每个单元最多有 8 种状态，兰顿用一组数字（0 ~ 7）表示状态，尽管现在计算机屏幕显示时用颜色来表示每个状态。他的自动机看起来像一个有小尾巴的"Q"，这条尾巴是冯·诺依曼磁带的一个极小的缩写版（不需要原来的 150000 个元胞才能工作）。

元胞聚集在 Q 中，看起来像是 Q 的内外层，与生物实体身上中所看到的内外层没有什么不同，如图 9-1（b）所示。内层是信息，或者说是 DNA，这些信息或 DNA 会遗传给下一代。遵循一套固定的规则集，尾巴每走一步都像"脐带"一样延伸，诞生出一个新的"胎儿"，新生的胎儿生长为一个新的 Q，虽然尾巴的末端带有一点额外的东西，但它却是连接父母 Q 的一种脐带。

第三部分
构建数字模拟世界

随着时间的推移，元胞自动机将产生一个数字生物群，如图9-1（b）所示。处于外层边缘的信息至关重要，不仅有一个小小的Q尾巴，让其繁殖，而位于中间的那些则没有尾巴，更没有多余的信息供其遗传，故将其认为是死信息。

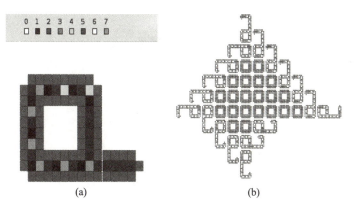

图9-1 兰顿循环：拥有8种状态、允许自我复制的元胞自动机

兰顿的工作之所以重要，不仅因为这是冯·诺伊曼设想的一个简化版，还因为它是软件中完全实现了自我复制的自动机，而这正是冯·诺伊曼一直以来所追求的目标。当兰顿在1982年提出并实现了以其名字命名的循环——兰顿循环（Langton Loop）时，元胞自动机的概念已经被赋予了生命的含义。

最著名的元胞自动机——生命游戏

最著名的元胞自动机相对简单，元胞数远远少于冯·诺依曼元胞自动机的29种状态，甚至少于兰顿/科德的8种状态。在当今的大多数元胞自动机中，每个元胞都有两种简单的状态——"死亡"或"存活"，两种状态可以更好地转换为0或1的二进制值，而且非常适合计算机模拟。

也许最著名的元胞自动机是1970年由剑桥大学约翰·康威（John Conway）发明的《生命游戏》（*The Game of Life*）。但奇怪的是，计算机上运行《生命游戏》的想法并不是最初构想的一部分。相反，作为一名数学家，他只是想知道简单的元胞自动机是否可以用来模拟人工生命，是否可以用作一种计算设备。为了形象化说明构想，他开发出了《生命游戏》，如同在其实验室图表纸上的物理棋

模拟多元宇宙

盘一样。他和他的研究生们使用他设计的一套规则手动更新了棋盘，规则中每个元胞的状态（要么是"存活"，要么是"死亡"）根据其邻近元胞的值改变其状态。《生命游戏》生成的图案示例如图 9-2 所示。

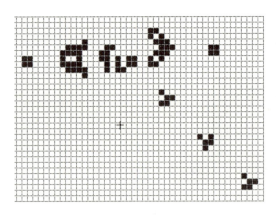

图 9-2　元胞自动机康威的《生命游戏》图案实例

知识链接

约翰·何顿·康威（John Horton Conway）（1937—2020 年），毕业于英国剑桥大学，美国普林斯顿大学数学系教授，在组合博弈论、数论、群论等多个领域都颇有建树，曾用数学理论设计多款游戏，也被称为最擅长科普的数学家，是著名《生命游戏》的缔造者。

2020 年 4 月 11 日，康威因感染新冠肺炎去世。

康威正在运行《生命游戏》。
照片来源：Kelvin Brodie/the Sun}

游戏开始时是一个可以无限延伸的二维网格（仅限于理论上，当然康威的图纸也是有限的，绝不可能无限大）。无论谁开启了《生命游戏》，都会赋予一个特定的初始配置，将一些元胞的状态标记为"存活"（暗元胞），其他元胞标记为"死亡"（亮元胞或白元胞）。规则简单至极，尽管计算起来可能有点繁琐，但像

第三部分
构建数字模拟世界

所有的元胞自动机一样,游戏的每一步都是并行运行。

你可能会说游戏在 $t=0$ 时刻开始,元胞会根据之前的配置在 $t=1$ 时刻重新计算自己的状态。时间上的每一步(t 增加1)揭示了整个二维网格的最新配置状态。基于康威的最初构想,简化的规则如下:

(1)任何"存活"的元胞如果其相邻有2或3个"存活"的元胞,则其继续处于"存活"状态。

(2)任何"死亡"的元胞如果其相邻有3个"存活"的元胞,则其变成1个"存活"的元胞。

(3)所有其他"存活"的元胞都将会在下一代变成"死亡"的元胞。类似地,所有其他"死亡"的元胞继续保持之前"死亡"状态。

不同的初始条件会在游戏面板上生成不同的有趣图案。当在电脑上快速运行游戏时,执行程序的步骤看起来很像微生物在不断地出生、成长和死亡。生成的图案非常常见,因此研究人员将其分为稳定型、振荡型、滑翔型和混沌型等四种基本类型。

游戏中,简单的图案是稳定型和振荡型。例如在图9-3的A中,将观察到如果从1个拥有4个单元格的方块开始,图案在后续步骤中不会发生变化,故其状态是稳定的。

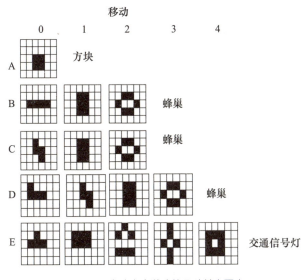

图9-3 康威生命游戏的几种基本图案

另一方面，如果从四个水平方格的简单图案开始，时间 t=0 时刻的图案如图 9-3 中的 B 所示，下一步 t=1 时刻，就会发现根据规则会获得一个 3×2 的垂直矩形图案；到 t=2 时刻，会发现它变成了所谓的稳定蜂巢图案。与图 A 中的方块一样，蜂巢图案也是稳定的：无论选择 t=4 或 5，乃至 101 或 10001 时刻都无关紧要，图案始终保持不变。

蜂巢的一个有趣之处是，到达蜂巢的方法不只一种。无论以何种方法到达，一旦观察到蜂巢图案，将会一直保持（如图 9-3 中的 B、C 和 D，最终都将变成蜂巢图案）。

还有一些稳定型，按照规则"存活"的元胞最终会变成"死亡"状态。这意味着最终会获得一个完全没有"存活"元胞的棋盘。例如，如果 2 个元胞水平相邻，根据规则最终将变成"死亡"状态，从而形成稳定的空白板。

也许，更有趣的是振荡型，其中 2 个或更多的图案无限重复。图 9-3 中 E 所示交通信号灯图案就是一种典型的振荡图案。规则在最后两种图案之间翻转，它们像交通信号灯一样无限地振荡。

重要的是要明白一个道理：在复杂性理论中，振荡型也是一种稳定的表现。因为从某种意义上讲，我们获得的是一个可重复的确定图案。振荡中重复出现的图案也会变得更加复杂，譬如像闪烁灯和脉冲星之类的名字，每种图案都有不同的重复周期。尽管程序以两个时间步的周期重复，但也可能在更多的时间步内存在某种重复的图案。

也许比摆动的闪光灯更有趣的是滑翔机。英国剑桥大学的研究人员之所以这样称呼它，是因为如果遵循规则，图 9-4 所示的图案会在几次动作过程中自我复制，但它同时也会抹去原来的元胞。这意味着，在 4 个时间步长的间隔内，滑翔机会重新成形，但会滑向原始图案的右下方。这说明它不仅有重复的周期，而且还有一个位移值。如果继续在棋盘上运行，滑翔机最终会向右移动（每四个步长一次），然后在某一时刻突然从屏幕上消失。

对于现代的计算机来说，《生命游戏》虽然是一个相对简单的程序（你可以在网站上很容易地搜索到《生命游戏》，一步一步地浏览游戏，或者播放动画介绍），但在那个时代它却是一种新型的电脑软件。

第三部分
构建数字模拟世界

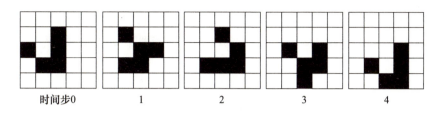

图 9-4　滑翔图案实例

直到 20 世纪 70 年代，元胞自动机才引起美国麻省理工学院人工智能实验室杰出的主任埃德·弗雷德金（Ed Fredkin）的关注，元胞自动机得以重新掀起一波研究热潮。而且，正是受弗雷德金的启发，后来美国物理学家理查德·费曼（Richard Feynman）提出了量子计算机的概念。

弗雷德金和冯·诺依曼一样相信"生命是基于数字化的信息"[42]，他鼓励他的团队深入研究元胞自动机，后来发现 DNA 和元胞自动机中新而小的玩具数字宇宙之间有异曲同工之处。在弗雷德金那个时代，由于计算机笨重、计算速度又慢，迫使实验室成员发明了一种经过优化后可以快速运行元胞自动机的芯片，可将其计算结果显示在实验室的显示屏上。显示屏不断变换的图案让旁人着迷，因为它看起来像某种有机生命在不断的行进和进化。

沃尔弗拉姆和初等元胞自动机

采用元胞自动机，了解我们周围世界的最大倡导者之一是史蒂芬·沃尔弗拉姆（Stephen Wolfram），他是符号数学计算软件 Mathematica 的创始人。沃尔弗拉姆是一位才华横溢的非正统物理学家，在 17 岁时就进入英国牛津大学就读，发现大学课程无聊之至乃至提前退学，后来于 1980 年在美国加州理工学院（Caltech）获得理论物理学博士学位。

知识链接

Mathematica 是一款科学计算软件，很好地结合了数值和符号计算引擎、图形系统、编程语言、文本系统，以及与其他应用程序的高级连接。Mathematica 很多功能在相应领域内处于世界领先地位，也是使用最广泛的数学软件之一。Mathematica 的

模拟多元宇宙

发布标志着现代科技计算的开始,Mathematica 是世界上通用计算系统中最强大的系统。自从 1988 年上市以来,这一软件对如何在科技和其他领域运用计算机产生了深刻的影响。

Mathematica 和 MATLAB、Maple 并称为三大数学软件。

当沃尔弗拉姆突然发现即使非常简单的规则可能也会产生意想不到的复杂性时,他立刻迷上了元胞自动机,并发表了多篇相关的论文,成为元胞自动机领域的先驱之一。他说:

我开发了一系列简单的程序,然后系统地运行它们,想看一看它们运行的结果。让我大吃一惊的是,尽管规则非常简单,但程序的行为特性通常却并不简单,可以说远远超出了我的想象。事实上,即使是我开发的那些貌似最简单的程序,其行为特性也和我曾经见过的任何程序一样无比复杂[43]。

从元胞自动机的角度来看,沃尔弗拉姆的研究所关注的元胞自动机比较简单,不仅比冯·诺依曼的元胞自动机或兰顿循环简单,而且也比康威的《生命游戏》简单。简单的元胞自动机让他能够观察显示屏上图案随时间变化的过程,并使他得出有些过程是计算不可约(computationally irreducible)的结论:

计算不可约:无法通过任何捷径实现加速的计算[44]。

换句话说,计算不可约性意味着要想知晓未来模拟中发生的事情,唯一的方法是运行计算并观察。这实际上是一个非常重要的概念,超出了元胞自动机的范畴,但在我们讨论元胞自动机时却无法回避,并可能在一开始就达到我们运行模拟的目的。

沃尔弗拉姆没有像《生命游戏》那样使用二维网格,而只是关注一维元胞自动机。这本身意味着元胞自动机的简单世界是由一行行元胞组成,每行的每个元胞都有两种状态(与《生命游戏》中的元胞不同,元胞可以打开或关闭),称为一维元胞自动机或初等元胞自动机(elementary cellular automata)。

沃尔弗拉姆的一维元胞自动机的规则通常是一个元胞通过观察其相邻的 2 个元胞,决定其在下一个时间步后要做什么?这意味着每一步有 3 个元胞决定当前

第三部分
构建数字模拟世界

元胞的命运：左边的元胞、中间的元胞和右边的元胞。例如，如果规则说一个"存活"元胞的两边都是"死亡"元胞，那么它仍然保持"存活"状态，可以将这个规则表示为

死亡—存活—死亡→存活

因此，如果左边相邻元胞变成"死亡"状态了，则当前元胞状态会变成"存活"状态、右边相邻元胞也变成"死亡"状态；在下一个时间步中，当前元胞应保持"存活"状态。

与之前用英语等人类语言定义的一组规则的元胞自动机不同，沃尔弗拉姆提出一种采用数字二进制表示的简单编号方案，定义初等元胞自动机的规则。这样可以使用相同的核心算法运行不同的规则集合，通过指定不同的数字（如规则#30 或 #90）获得其结果。

初等元胞自动机的所有规则均可表示为一个 8 比特的集合。这是因为一个规则只需要 3 个输入单元即可对应 8 种可能的模式，而每个一维元胞自动机都必须定义 8 种可能模式的每一种要发生的事情；唯一的区别在于下一步打开还是关闭元胞。

这意味着采用 8 位二进制数字可以表示初等元胞自动机的完整规则。8 位比特是输入单元 8 种可能模式对应每个输出单元的值。图 9-5 所示为单个规则集（8 种独立模式的集合，以及每种模式的输出规则）。由于以二进制格式 8 位比特可以表示 0~255 之间的数字，意味着有 256（2^8）个规则，采用输出单元的二进制表示的数字指向任何特定的规则集合。图 9-4 为二进制值 00010110b，表示规则集 #22（简称规则 #22）。

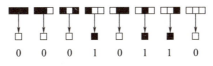

图 9-5　8 位子规则构成的规则集合示例

一维元胞自动机的另一个特点是，你可以通过图形化的方式观察元胞自动机在几个时间步的过程中发生了什么？这仍然是二维网格，但网格中的行反映了每个时间步的图案变化。第 1 行、第 0 行是初始条件。应用规则集，第 2 行的元胞

将根据前一行应用规则集的 8 条规则决定是否点亮,以此类推。

在《生命游戏》中,我们每次只在单个时间步上观察一个图案图形;而这里不同的是,你可以形象且直观地观察到随时间推移所发生的变化。我们也可以看到,图案图形不仅出现在空间轴中,而且也出现在时间轴上。图 9-6 中,我们可以观察到顶部的规则和二维网格的从图案图形 $t=0$ 的顶行开始变化,每一行代表一个时间步。

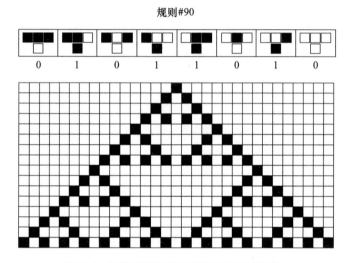

图 9-6 初等元胞自动机运行规则 #90 的示例。

时间模式:一种只有通过可视化才能观察到的系统多个时间步的行为特性,但在一两个时间步内却无法观察到的模式。

现在明白为什么运行一维(或初等)元胞自动机很有趣了吧?不仅便于图形化展现玩具宇宙所发生的事情,而且可以在一张张图片中观察到随着时间的推移,元胞自动机的演化图案虽然只在时间轴上存在,但也可以在空间布局上铺开(有点像物理学家们用的时空图)。

规则 #90 中,很容易找到三角形的规律性。但是如果只观察一步或者一行,将根本观察不到三角形。若要观察到三角形图案,必须从空间和时间两个维度来观察。例如,在现实生活或电影中,通常一次只能看到一个时间步,所以这是一种全新的思考问题的方式。

第三部分
构建数字模拟世界

可逆元胞自动机

在模拟世界及其他游戏中，我们经常提到加载之前的游戏状态。在元胞自动机（或在图形化模拟世界）中，要做到这一点，必须存储之前的每个状态。对于一维元胞自动机来说，这很简单（主要取决于元胞的数量）。但如果元胞自动机元胞数量非常多，并且运行的步骤也非常多（如趋向无穷多），必然导致信息需求也朝无穷大的方向增长。正如之前所说，这是计算机科学家最不希望看到的结果，迫使我们寻找优化的方法。

如果可以简单地计算元胞之前的值，那么当我们向前运行时就可以在元胞自动机中做同样的事情，穿越回到过去。这就是所谓的可逆元胞自动机（reversible cellular automaton），可以轻松地向后倒带或向前穿越。

可逆性（reversibility）：计算机科学中一种在一定程度上计算过程时间可逆的计算模型[45]。

在元胞自动机中，可逆计算意味着通过使用预定义的规则集可以实现在时间轴上倒退回到过去，计算出前一行的值（或更普遍地说，前一状态），就像在时间轴上可以向前时空穿越一样。我们将在元胞自动机中增加确定性时间旅行的元素。

这正是托马索·托夫利（Tommaso Toffoli）和诺曼·马戈洛斯（Norman Margolus）所面临的问题。早在20世纪80年代，他们将弗雷德金纳入麾下，在美国麻省理工学院人工智能实验室专门从事元胞自动机研究，他们想知道是否存在某种可逆的元胞自动机？

事实证明，并非所有的元胞自动机都是自动可逆的。虽然在初等元胞自动机中向前推演完全确定（即根据当前状态，下一个时间步的元胞只有一个可能值），但这并不意味着逆向适用于所有的规则集。在某些规则集中，仅仅基于元胞及其当前行中相邻元胞的当前值，判断给定元胞的前一个值可能有两个结果（开和关），在没有更多的信息的情况下，元胞自动机是不可逆的。

托夫利和马戈洛斯共同撰文指出，在元胞自动机中构造可逆的规则是可能的[46]。任意初等元胞自动机本身虽然无法知晓其是否可逆，但可以通过使用算法或可逆性测试来确定一种元胞自动机是否可逆。例如通过测试，发现《生命游戏》是不可逆的。

托夫利还发现，可以通过修改元胞自动机的规则，让其变成可逆的。实现可逆的一种方法是增加规则，在决定下一个时间步的元胞的值之前，向后逆向查看最后几行的值。这就是所谓的二阶规则，因为它们的值不仅依赖 t 时刻的输入值，而且还依赖 $t-1$ 时刻的输入值，只有这样才能确定 $t+1$ 时刻的值。托夫利还指出，也可以通过增加维度的方法，将元胞自动机变成可逆的。也就是说，如果把一个一维元胞自动机变成一个二维元胞自动机，这样每个元胞都额外增加了一个比特，从而将其变成可逆的。

例如，如图 9-7 所示，规则 #18（初等元胞自动机）在时间上生成三角形图案，调整使用二阶规则，从而变成可逆的（称为规则 #18R），这也将更改正在创建的时间模式。

图 9-7　采用二阶规则，规则 #18 和规则 #18R 的比较示意图

针对我们的目标，首先我们需要明确为何对可逆感兴趣。我们正在探索具有多条时间线的数字多元宇宙。在这样一个数字多元宇宙中，时间可以表示为一个空间维度，从而在时间轴上向前推演或向后穿越。我们也可以在倒带时再次向前推演之前，改变某些变量，根本上是创造一条全新的时间线。

可逆元胞自动机之所以有趣，不仅是因为我们不需要存储每个游戏实时状态，可以想象的是，如果存储的话可能会需要无限多的信息。还可以让我们能够

第三部分
构建数字模拟世界

倒带回放图像世界，能够在时间上轻松地向前推演或向后穿越。

随着我们从模拟世界或初等元胞自动机简单案例模拟的拓展思考，可逆性可能是构建与现实世界相匹配的极其复杂模拟的关键所在。当我们开始研究更复杂的计算和模拟时，不难发现又返回到了可逆性和计算不可约性的概念。

模拟现实世界：模式和分形

迄今为止，我们只研究了一、二维元胞自动机。我们不禁要问：三维元胞自动机会是什么样子呢？如果地球上只有动植物群，那它可能看起来有点像我们周围的自然世界。元胞自动机和分布式规则集（包括分形）之所以有趣，是因为它们生成的图案与我们在自然界中看到的图案大同小异。

沃尔弗拉姆深入研究元胞自动机的原因之一是，反复应用规则所生成的图案看起来很像自然的图形。初等元胞自动机规则中的规则之一——规则 #30 生成的三角形图案与在贝壳表面所看到的图形非常类似，如图 9-8 所示。（但同时观看重复应用规则 #30 生成的三角形图案却才能观察到时间模式。）

图 9-8　重复应用规则 #30 生成的三角形图案（与贝壳上发现的图案类似）
（图片来源：左图：https://commons.wikimedia.org/wiki/File: Rule30-256-rows.png
右图：https://commons.wikimedia.org/wiki/File: Textile_cone.JPG）

这让我们看到了元胞自动机和分形之间的相似之处，它们都是理解大自然世界如何工作的有用工具。本华·曼德博（Benoit Mandelbrot）1975 年定义并命名的分形是一个数学几何概念，根据分形理论形状在不同尺度上具有自相似性（selfsimilarity）。

模拟多元宇宙

曼德博在尝试回答"英国海岸线有多长?"问题时萌发了"分形"的想法。他意识到答案取决于你所看到的尺度。从卫星图像上看,海岸线可能看起来像一条直线,也只有一段长度;但如果你真的沿海岸线徒步走过每个角落,你会得出一个完全不同长度的结论;而如果你是一只拿着尺子的小小的"蚂蚁",测量结果可能又会是另一个数字等。

曼德博和其他学者发现,在算法上如果以简单图形开始,反复应用相同的规则,会在几乎无限的尺度上产生自相似性。常见的几何分形如图9-9所示,对于第4行的三角形图形,在每个暗三角形的中间重复应用"添加一个半长度的倒三角形"的规则。如果一遍又一遍地重复这个过程,最终将获得一个名为谢尔宾斯基地毯(Sierpinski gasket)的图案形状,与前面所介绍的初等元胞自动机中规则#30产生的三角形图形有一些相似之处。

图9-9 几何分形的例子——谢尔宾斯基三角形和科赫雪花(图片来源: https: //commons. wikimedia.org/wiki/File: Sierpinski_triangle_evolution.svg.)

通过以上方法可以生成越来越复杂的图案,逐渐开始像自然界的图案形状。这就是为什么分形算法和混沌理论在研究自然界中的周期性和非周期性现象,从电信号的错误率到湍流(如上升的烟雾)、天气预测等方面都被证明是有价值的。在电子游戏世界中,分形算法(如自相似性)在电子游戏或计算机模拟中生成逼真的动植物图像时也非常有用。

最著名的分形之一是曼德博(Mandelbrot)集(图9-10),曼德博集在许多层次上封装了自相似性。如果仔细观察这张照片,就会发现在每个附属形状上都复制了相同的基本雪人形状。如果放大观察,会发现每个图案都由更多的图案组成,可以说是无数个曼德博图案组成,而这取决于它是如何生成的,以及实际放大的分辨率。

第三部分
构建数字模拟世界

图 9-10　曼德博集

（图片来源：https://en.wikipedia.org/wiki/File:Mandel_zoom_00_mandelbrot_set.jpg）

像元胞自动机一样，几何分形是确定的：只是一次又一次地遵循相同的规则。而且在某些方面，在每个尺度上分形生成的结果非常稳定。此外还有随机分形，它依赖嵌入其中某种标准图案的概率。现实世界中，随机分形理论为科学家们研究血管模拟、聚合物键甚至"白令海漂流的浮冰[47]"等问题提供一个很好的工具。我们将简要讨论一下元胞自动机的随机性，采用包括树状结构在内的随机分形生成图案，如由随机树突分形生成的图案例子如图 9-11 所示，这是一张 Hata 的树状布景图。

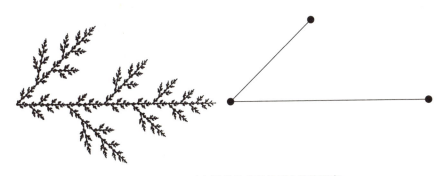

图 9-11　用于产生树状结构的随机树突结构图案

（图片来源：Croydon, David. "Random fractal dendrites." PhD thesis, St. Cross College, University of Oxford, Trinity, 2006. Fig 1.5, p64.）

模拟多元宇宙

元胞自动机、分形、混沌和复杂性

采用元胞自动机和几何分形后,我们现在可以通过一种简单的数字化方式展示重复运行的简单规则如何在空间(分形)和时间(元胞自动机)中生成复杂的图案。

重新回到类似《生命游戏》元胞自动机的结果,我们发现有些图案本质上是稳定的,而有些图案却是振荡的。那些既不稳定、也不振荡的图案会是什么样子呢?沃尔弗拉姆将图案从稳定到复杂、再到混乱进行了分类。混沌模式无法预测,比如想知道第1942000步发生了什么,唯一的方法是查看它之前的时间步长(第1941999步),并应用规则集。这就是为什么混沌模式被认为在计算上是不可约的。但由于混沌型CA最终趋于某些可预测的模式,如果能够在不模拟如此之多步长的条件下找到答案,则该过程在计算上是可简化的。

混沌理论是研究事物不可约性的理论,混沌系统中初始条件的微小变化可能会产生不可预料的结果,更准确地应该称其为确定性非线性系统,或某些情况下称其为对初始条件敏感的系统。

混沌理论中,最为大家津津乐道的例子是所谓的"蝴蝶效应":当一只蝴蝶在世界的某个地方(譬如美国纽约)拍打翅膀,世界的另一个地方(譬如中国香港)可能会引发一场风暴——世界上那个地区的股票市场受到影响,并产生震荡。之所以使用"蝴蝶效应",是因为它通俗易懂地诠释了混沌理论的真谛。如果不去模拟整个事件的来龙去脉,预测由一个初始事件而引发的所有的微小涟漪是不可能的。然而,作为复杂性理论的一个分支——混沌理论假设存在某些规则或确定性算法,使得事件的所有点点滴滴像一个非常复杂或混沌的元胞自动机那样相互关联。

最著名的混沌问题之一是三体问题(three-body problem),最初由牛顿提出,并在1747年由法国数学家命名[48]。这一问题最近因中国科幻小说作家刘慈欣极受欢迎的同名小说《三体》而出名。如果存在三个天体,天体之间必定完全确定性地相互影响(根据牛顿的万有引力定律);如果不进行仔细计算,无法准确地

第 三 部 分
构建数字模拟世界

知晓 200 万公转之后会发生什么？这通常由三个天体的初始位置、质量和速度所决定，判断它们是否会进入一个稳定的轨道，或者一个或更多天体是否会陷入某种不可预知的行为中去。

知识链接

三体问题是天体力学中的基本力学模型，是指三个质量、初始位置和初始速度都是任意地可视为质点的天体，在相互之间万有引力的作用下的运动规律问题。三体问题最简单的一个例子是太阳系中太阳、地球和月球的运动。

《三体》是刘慈欣创作的系列长篇科幻小说，由《三体》《三体 2：黑暗森林》《三体 3：死神永生》组成，第一部于 2006 年 5 月起在《科幻世界》杂志上连载，第二部于 2008 年 5 月首次出版，第三部则于 2010 年 11 月出版。作品讲述了地球人类文明和三体文明的信息交流、生死搏杀及两个文明在宇宙中的兴衰历程。《三体》第一部经过刘宇昆翻译后获得了第 73 届雨果奖最佳长篇小说奖。

自然界中不仅存在周期性，同时也不乏有混沌和复杂性的元素。这意味着许多确定性的方法将有助于我们探寻真理，但唯一有效的方法却是模拟并观察自然世界。而且更重要的是，模拟自然世界的过程中可能还需要一些随机性元素。

元胞自动机的多条时间线

如果元胞自动机可逆，由于可从"现在"推导"过去"，意味着"过去"隐含在"现在"之中。正像量子力学方程一样，无论我们是在时间中向前推演还是向后穿越，可逆元胞自动机都适用于 $\delta t=+1$ 或 $\delta t=-1$。

现在回到本节讨论的主题：通过深入研究元胞自动机，是否有助于增加我们对模拟多元宇宙的理解。我们之所以关注时间旅行和多条时间线，正如菲利普·K.迪克所说"通过改变某些参数改变现实"——通过穿越回到过去，改变某些东西。

在类似元胞自动机的情况下，两条不同的时间线会是什么样子呢？的确，每条时间线都有自己的图案模式，所以如果没有两张并排的不同图片，根本无法同时显示两种状态。

由于时间线或多或少与一组初始条件和不断更新的规则集类似，所以可以通过改变初始条件或改变模拟运行程序中的某一行数据（意味着当前一行成为新规则集的输入），实现在初等元胞自动机上分支产生多条时间线。

还可以在运行元胞自动机的过程中使用当前一行，从那一个时间步起向后退一步，将规则更新为一个不同的数字继续运行模拟。

下面简要介绍一下多个更新规则元胞自动机的思想。当模式运行时，元胞可以任意更改，而规则却可以继续运行，或者从几个规则中选择某个规则作为下一步运行的规则，然后观察可能的结果。如果结果不是我们想要的，也可以时空穿越倒带至某一时间步，更改模拟变量乃至规则，然后再次运行，直至获得我们想要的结果。

如果在不同的时间点可以在规则 #30 和规则 #99 之间切换，谁来做切换？完全可以由一个随机变量来实现，但如果它是显性随机的，那么我们将不再是一组确定性的规则集。当然，我们使用经典的计算能否获得一个真正的随机规则还是一个悬而未决的问题。

沃尔弗拉姆将元胞自动机的随机性视为要提供的随机输入条件。随机性并没有与元胞自动机更新规则相结合，而是与第一行的条件共同嵌入模拟运行中。不同的输入条件，即使采用相同的更新规则，图案非常相似，但也可能产生不同的图案。输入到系统中的随机性是由按下 Go 键或向系统提供输入数据的人员完成的。我们现在拥有了一个自我包含的数字世界，但同时我们也像模拟世界那样拥有那些观看模拟和影响模拟的人员。

元胞自动机、随机性和自由意志

由于单个更新规则的元胞自动机通常既没有随机性，也没有自由意志，因而可能有人会反对将元胞自动机作为一个如何构建模拟的框架示例，特别是对于像我们生活的世界一样复杂的模拟更是如此。元胞自动机可能拥有一种全然不同的

第三部分
构建数字模拟世界

随机性，或者是我们所认为的自由意志呢？

《生命游戏》的创造者康威去世后（译者注：2020年因感染新冠去世），约翰·霍根（John Horgan）在《科学美国人》杂志撰文指出了元胞自动机的问题[49]：史蒂芬·沃尔弗拉姆相信元胞自动机拥有自由意志，因为根据他对计算不可约性的定义理解，厘清元胞自动机要做什么的唯一方法是观察它；无法预测的结果与元胞自动机拥有自由意志的想法完全吻合。

康威认为：量子过程拥有随机性，这意味着可能存在自由意志；物理学家们可以自由地选择是否测量粒子的自旋，但测量自旋的方法有几十种，测量方法自然决定了测量结果是什么。对物理学家和粒子来说，这其实就是自由意志。

是否有可能创建一个随机的元胞自动机呢？基于黑白板上不同元胞在过去不同时间步的值，沃尔弗拉姆及其他学者已经提出了一套创建随机序列的规则。这意味着一个元胞随机出现值为0或1的概率大约是50/50。在这种情况下，起码随着时间的推移判定，确定性的规则集呈现出了随机性，但你需要排除根据公式确定元胞的值，所以它不是完全随机的[50]。然而，要获得真正的随机性，可能需要依赖量子技术，第10章将重新讨论量子计算和量子测量。

包括部分物理学家在内的大多数科学家都会将随机性和自由意志这两个概念混为一谈。霍根认为，自由意志的含义更广泛："他们在物理学和数学狭义框架内审视自由意志，并将自由意志等同于随机性和不可预测性。我个人认为，那些重要的选择不仅绝对不可能是随机的，而且它们都是可预测的。"

在某种意义上，霍根是在为自由意志的新定义而辩论，虽然这个定义的出发点更具常识性，但它却不是简化论者的观点。戴维·多伊奇（Deutsch）在《真实世界的脉络》（The Fabric of Reality）一书中指出，在决定物质世界发生的过程中，做事更深层次的原因与简化的规则和法则一样重要。例如，他认为物理化学定律可以解释雕像内的青铜原子是如何粘在一起的，但绝不可能解释清楚雕像为什么最终会坐落在英国伦敦特拉法加广场（Trafalgar square）中央。要真正理解这一点，必须将基本的物理化学定律与更高层级的涌现特性（这种情况下，涌现特性就是目的之一）结合起来。那又是谁的目的呢？是建造者（如英国议会可能想通过公共雕像来纪念某人）。

模拟多元宇宙

我们不禁要问，这与元胞自动机和模拟现实有什么关系呢？实际上，我们又回到了非玩家角色与玩家角色扮演游戏的问题：是否存在基于自由意志所做的选择而对游戏产生影响的玩家，或者游戏是否只是像元胞自动机那样由确定性规则所组成？

随机性、自由意志、决定论和可逆性等主题都是息息相关的。第10章将通过量子计算的另一个视角来探讨它们，量子计算巧妙地将这些主题的思想有机地融合在一种全新的计算机科学中。

知识链接

自由意志：能够以几种可能的方式之一影响未来事件并选择用哪一种的能力。

第 10 章

量子计算和量子并行

进行计算时，宇宙就会毫不费力地编织出许多错综复杂的结构。

——赛斯·劳埃德，《编程宇宙》

迄今为止，我们在本书的第三部分中对如何构建模拟宇宙，甚至玩具宇宙的讨论仅仅限于经典计算的公认概念。毫无疑问，我是在一台传统的计算机上撰写本书，而本书只是作为我的文字处理软件在屏幕上呈现的一些信息比特而已，方便我编辑书稿。实际上，你正在阅读的书就是比特的产物——无论是在计算机屏幕上，还是在白纸上。

本章将探讨如何利用宇宙自身的机制计算多元宇宙。为此，我们将把所知晓的量子多元宇宙知识与经典计算机中所学的比特和信息有机结合起来，从而探讨一种新型的计算——量子计算。本章只是为读者高屋建瓴地介绍一下量子计算的概念，不涉及量子计算程序员必须掌握的数学、复杂的符号和逻辑门的细节[1]。

本章的目标是探索如何将量子计算融入本书所探讨的模拟和多元宇宙中，后续你会发现它们融入得恰到好处。事实上，量子计算为我们贡献了迄今为止一直在探索的许多概念——多条时间线、平行宇宙以及在时间线上前后推演的树状结

---

[1] 市面上已经有专门介绍"量子计算机编程导论"的书出版。书的开篇是量子比特符号的例子，即使是传统的程序员也倍感吃力：

$$(<0|+<1|+<0|\ <1|) = \begin{Bmatrix} 1+i & 1-i \\ 1-i & 1+i \end{Bmatrix} \frac{\pi}{2} \sqrt[2]{X}$$

模拟多元宇宙

构,就像将各种思想的河流汇合成一股全新的、强大的知识洪流,将我们带入本书第四、五部分所阐述的知识世界。

现代计算机、逻辑门和经典计算

在我们探论计算的未来之前,先简要回顾一下比特的概念。虽然现代计算的基石是比特,但其所遵循的逻辑却比现代计算机早了几十年。事实上,蕴含我们人类计算思想的逻辑是乔治·布尔(George Boole)早在19世纪就提出的数学公式化的表述,不仅远早于电路理论的出现,更不用说现在用的数字计算了。

> **知识链接**
>
> 乔治·布尔(George Boole,1815—1864年),19世纪最重要的数学家之一,由于其在符号逻辑运算中的特殊贡献,很多计算机语言中将逻辑运算称为布尔运算,将其结果称为布尔值。
>
> 他的代表作有《逻辑的数学分析》(The Mathematical Analysis of Logic)、《思维规律的研究》(An Investigation of The Laws of Thought)、《微分方程专论》(A Treatise of Differential Equations)。

图片来源:网络

布尔逻辑(更准确地说法是布尔代数)是代数的一个分支,定义了一组作用于变量的特殊操作符。与变量可以取任何值的常规代数不同,布尔变量只能有两种可能的值之一:真(TRUE)或假(FALSE)。布尔代数具有与常规代数一样的运算符(如加、减、乘等)。最常见的布尔运算符包有与(AND)、或(OR)和非(NOT),如表10-1所列。

例如,表达式(x AND y)表示两个输入变量(x、y)的与(AND)操作;如果两个输入变量都为"真"(TRUE),则输出必为"真",否则输出为"假"(FALSE)。非(NOT)操作则会改变输入值,将输入变量值从"真"更改为"假",反之亦然;或(OR)操作的输入变量中如果有一个变量为"真",则其输出为"真";如果两者都不为"真",则或(OR)操作输出为"假"。

第三部分
构建数字模拟世界

表 10-1 一个或两个二进制输入、输出为一个值的典型布尔逻辑门

非（NOT）	A ─▷○─ Q	$Q = \overline{A}$
与（AND）	A,B ─⊃─ Q	$Q = A \cdot B$
或（OR）	A,B ─⊐─ Q	$Q = A + B$
与非（NAND）	A,B ─⊃○─ Q	$Q = \overline{A \cdot B}$

信息论之父克劳德·香农（Claude Shannon）将布尔逻辑与电子电路（以及后来的信息论）联系在一起。1937 年，香农在美国麻省理工学院攻读硕士学位时（比布尔发明布尔代数晚了半个多世纪），发现电话交换机的布线杂乱无章，因此他试图找到一种简化电话交换机布线的方法。在 20 世纪早期，电话很像一个世纪后的智能手机，日益受到广大民众的欢迎，并成为热门新技术之一。但是，由于电话网络错综复杂、交换机布线乱七八糟，致使其调试和维护成本高昂。

知识链接

克劳德·艾尔伍德·香农（1916—2001 年）（Claude Elwood Shannon），美国数学家、电子工程师和密码学家。1938 年，获得美国麻省理工学院电气工程硕士学位，学位论文题目为《继电器与开关电路的符号分析》（A Symbolic Analysis of Relay and Switching Circuits），论文发表在 Transactions of the American Institute of Electrical Engineers 上，奠定了数字电路的理论基础。哈佛大学的 Howard Gardner 教授说："这可能是 20 世纪最重要、最著名的一篇硕士论文。"

香农被公认为是"信息论之父"。大家通常将他 1948 年 10 月发表在《贝尔系统技术学报》（Bell System Technical Journal）上的论文《通信的数学理论》（A Mathematical Theory of Communication）作为现代信息论研究的开端。

图片来源：网络

模拟多元宇宙

香农发现用于连接电话电路的物理开关和继电器的工作方式与信息的比特类似。值为零（或假）表示没有信号通过开关，而值为 1（或真）表示有信号通过。

香农提出：如果将布尔逻辑的特性（与、非、或等运算符）应用到电路中，将大大简化开关和电路的组合。基于布尔逻辑，允许信号通过的电子元件就是众所周知的逻辑门（logic gate）。采用逻辑门设计的电路更容易构建、调试和修改[①]。

时至今日，逻辑门仍然是现在大多数计算机的组成部分；20 世纪 60 年代，硅晶体管以更高效、更紧凑的方式实现了逻辑门，从而产生了由大量晶体管组成的微处理器；而这些基于逻辑的微处理器不仅是我幼时使用过的第一台个人电脑（Apple II 和 Commodore 64）的关键组成所在，也是我们当今广泛使用的智能手机不可或缺的组成部分。

为什么这个讨论与量子计算有关？由于在我们使用类似 BASIC 和 FORTRAN 等高级编程语言之前（今天流行的 JavaScript 和 Python 等编程语言的前身），程序员必须冥思苦想的考虑逻辑门，以及如何将其组合到计算操作中以便编写被认为是逻辑电路的低级编程语言的程序。

当今的量子计算机可能是自 20 世纪 50 年代以来第一款真正的新型计算机。虽然仍然基于比特和逻辑门，但我们需要了解量子比特（quantum bit）和量子逻辑门（quantum logic gate）以便于理解今天的量子计算机。特别是在缺乏高级量子编程语言的情况下，只有结合量子逻辑门才能构建量子电路，就像香农和其他现代数字计算先驱们不得不发明结合逻辑门的电路一样。50 年或 100 年后，当量子计算机更广泛地应用时，他们可能会把 21 世纪 20 年代（本书成稿年代）看作量子编程的黑暗时代，但即使在那时我们仍然需要学习量子逻辑门和电路的知识！

量子计算的起源

量子计算机的历史是在计算机和量子物理学的发展史之间构建的一座有趣的桥梁。事实上，许多量子计算的早期贡献者都是专注于计算机科学的物理学家

---

① 更多香农的信息，参见 Rob Goodman, Jimmy Soni《A Mind at Play》(New York: Simon and Shuster: 2017)

第三部分
构建数字模拟世界

（反之亦然）。

量子计算机思想的提出者是诺贝尔物理学奖得主理查德·费曼（Richard Feynman）。1981 年，他发表了一篇时至今日仍然非常有名的论文《用计算机模拟物理》（*Simulator Physics with a Computer*）[51]。论文中，费曼将其对计算机模拟量子力学过程的兴趣归功于艾德·弗雷德金（本书第 9 章模拟、自动机和混沌中讨论的美国麻省理工学院元胞自动机团队的负责人）。

费曼认为，现有的经典计算机虽然可以通过微分方程近似模拟物理现象，但要真正模拟一组量子粒子的行为，需要模拟粒子所有可能的值及其相互作用力。要做到这一点，需要跟踪粒子在不同平行宇宙中的行为，以及它们是如何相互干扰的（根据多世界诠释，这是薛定谔波动方程的全部内容）。

如果以这种方式模拟量子过程，费曼推断传统计算机所面临的那些极为困难的问题将迎刃而解。事实证明，像分子等近似物理现象是众多呈指数增长的一类问题，因而采用经典算法难以解决。

指数增长问题最著名的一个故事是古印度的棋盘米粒问题：故事的主角是一个酷爱下棋的国王和一个乐于捉弄人的智者。国王说如果智者赢了他，他将答应智者一个要求；而智者所要的赏赐是在第 1 个方格上放 1 粒米，第 2 个方格上放 2 粒米，将大米加倍直到棋盘的最后一格（总共 64 个方格）。国王觉得智者的要求简单至极，实际他同意开始下棋时并不知道这需要多少米粒？结果令国王瞠目结舌，棋盘约需 2^{64} 或超过 18000000000000000 粒（大约 2100 亿吨）大米，整个印度乃至全世界一年生产的大米也远远不够！

知识链接

$1+2+4+8+\cdots+2^{63}=2^{64}-1=18446744073709551615$（粒）。中国需要约 1400 年才能生产出 2100 亿吨大米！

呈指数级增长的问题还有现代加密密码的破译、新药研发（通过模拟不同的分子及其反应）、物流的优化和运营，以及复杂金融市场的模拟等。量子计算机有望帮助求解这些现在看似无法求解的计算难题。如果采用标准的经典计算机，

模拟多元宇宙

例如我用来撰写本书的计算机，这类指数增长的棘手难题，需要数千年乃至更长时间才能破译密码，而且还要取决于加密密钥中的比特位数。当然，现代密码学所采用的密码并非无懈可击，而是采用经典计算机破译密码所需的时间太长，以至于密码的破译变得不切实际。

量子计算最令人憧憬之处是其能够破解当今现实世界中许多棘手的模拟难题，也正是费曼在提出量子计算模拟器概念时所想。量子计算模拟器就是我们现代所说的量子计算机的前身。

量子计算机的特征

很多年以前，我虽然聆听过费曼有关量子计算方面的讲座，也拜读过他的相关学术论文和著作。但直到我撰写本书时，再次研读他的论文才恍然发现量子计算与元胞自动机和时间，乃至模拟理论之间存在着某种潜在的联系。虽然费曼的理论工作比较超前，远远早于任何实用的量子计算机的出现，但他却提出了量子计算的几个重要概念，贯穿了我们作为计算结构的多元宇宙的整体论点：

离散时间（discrete time）：费曼在其原始论文中提出的问题之一是如何模拟时间。他建议假设时间是离散的，特别是因为我们无法在小于某个阈值的情况下测量时间（假如最小时间单位是 10^{-21}，但即使数值更小，比如 10^{-41}，只要时间还是离散的，仍然存在同样的问题）。而且，他阐述了元胞自动机是如何通过一步一步地（本书第 9 章所述），或时间轴上采用离散标记的时空图来表征时间的，恍然间发现所有的这一切与计算机的工作原理何其地相似。

逻辑门（logic gates）：费曼在 1986 年[①]发表的论文《量子力学计算机》（"Quantum Mechanical Computers"，Foundations of Physics, Vol. 16, No. 6, 1986, 507-531）中，花了很大的篇幅探讨了经典逻辑门以及其在量子计算机中的工作原理。事实上，现在量子计算机所用的大多数量子编程无一不在某种程度上不涉及量子逻辑门。

---

① 译者注，原文为 1985 年，有误

第 三 部 分
构建数字模拟世界

可逆性（reversibility）：费曼还指出了量子计算的另一个重要特征——可逆性。这对量子计算机的思想和我们本书所探讨的话题至关重要。经典的计算操作不一定可逆。假如逻辑门"与"的结果为 0，我们无法判断两个输入是（0，0）、（1，0）还是（0，1）。但是，量子力学中的计算操作却是可逆的；而且量子计算机也需要可逆性。他在论文中还重点介绍了美国麻省理工学院弗雷德金（Fredkin）和托夫利（Toffoli）关于可逆元胞自动机的研究工作。

量子概率（probability）和**量子干涉**（interference）：量子计算的先驱之一——英国牛津大学物理学家大卫·多伊奇（David Deutsch），本书第 7 章阐述了他的工作。多伊奇在《真实世界的脉络》(*The Fabric of Reality*) 一书中解释说，费曼发现采用粒子（如光子）存储量子信息无法解决量子现象的概率特性。这意味着必须计算出每一个概率值才能弄清事情的来龙去脉。对于传统计算机来说，这将花费很长时间的计算处理。然而，量子多元宇宙的美妙之处在于，它已经在每个平行宇宙中计算单个粒子所有可能性的概率！因此，费曼意识到：如果利用量子干涉，可以总结出多元宇宙中粒子的所有可能性（或者采用哥本哈根诠释，总结出粒子的所有可能性），问题的答案自然浮出水面，这实际上就是量子计算机的工作原理。

量子比特、平行宇宙和量子计算

量子计算的概念兴起于 20 世纪 90 年代，当时计算机科学家和数学家开始探索如何使用革命性的计算方法解决所面临的棘手问题。起初，量子计算的大部分研究偏理论性，属于计算机科学、数学和量子物理的交叉领域，也并没有引起学者们的关注。就像乔治·布尔（George Boole）的布尔代数学一样，特别是当时实现量子算法的计算机还没有出现，所以一切都只是理论而已。

在 1994 年发生了转机，美国贝尔实验室的彼得·肖尔（Peter Shor）提出了一种量子算法，而采用量子计算的算法几乎可以破译现代常用的大多数加密算法。我们今天所用的加密算法的理论基础是难以实现的大数分解，采用传统的计算机由于破解其所耗费的时间通常不可接受，故而认为加密算法是安全的。即使

模拟多元宇宙

在今天，虽然还没有量子计算机能够完全实现肖尔的算法，但人们担心，未来随着更强大的量子计算机的出现，破译我们所用的大部分加密算法终有一天会成为现实。当这一天来临时，人们不得不争相采用量子安全的加密算法（因为无论是经典计算机还是量子计算机都将无法快速破译量子加密算法）。

正如经典计算机的基础是比特（其值只能有 0 或 1），而量子计算的基本单位则是量子比特（qubit）。量子比特本质上也是一种经典比特，打个比喻只是由于它"喝醉"了，无法决定其值是 0 还是 1，而这只能将其置于叠加态。

与经典比特不同，量子比特不必处于确定状态；相反，它可以以各种可能状态的超级集合存在。在本书第 5 章我们已经讨论了粒子的叠加态。由于一个经典比特只有两个可能值（0 或 1），所以叠加态就是所有这些可能值的超级集合：{0，1}。

一个量子比特在被测量之前可能是这两个值中的一个或两个，就像一个电子或光子在被测量之前处于叠加态一样。这与薛定谔猫的荒谬性类似，只有打开盒子才能知晓盒子中那只可怜猫是死还是活；或者光子穿过两个狭缝，直到被测量时只通过一个狭缝。

如果一个量子比特没有处于任何一种确定状态，那它怎么可能用于任何形式的计算呢！人们想，通过让量子比特处于叠加态，这样可以计算包括该量子比特的所有可能值；理论上，每一个量子比特值都会在平行宇宙中发生。虽然不需要平行宇宙严格地诠释量子态，但这却是形象化量子计算机工作原理的一种非常有效的方法，否则它会让人觉得不可思议。

量子计算机可以通过计算平行宇宙中的每个可能值，加速求解指数增长的棘手问题，这其实就是量子并行（quantum parallel）。

朱利安·布朗（Julian Brown）在《量子计算机的探索》(The Quest for the Quantum Computer)一书中描述了他与多伊奇的一次有关量子计算机未来发展的对话，多伊奇不仅是量子力学多元宇宙解释的大力倡导者，而且也是不遗余力地将其用于量子计算的推动者之一："如果电子可以同时探索许多不同的路径，那么计算机也应该能够同时采用许多不同的方法计算"[①]。

[①] Brown, Julian, The Quest for the Quantum Computer, p. 26.

第三部分
构建数字模拟世界

多伊奇指出：将 250 位数字分解意味着计算机必须搜索 10^{500} 种可能性，这对于普通计算机来说绝对是一个天文数字，根本无法实现；而肖尔的算法却会很快地实现这一目标。多伊奇认为，虽然整个可见宇宙中只有 10^{80} 个原子，但我们采用经典的计算机绝不可能在可接受的时间内计算出 10^{500} 个可能性。

那我们不禁要问，量子计算机怎么可能做到这一点呢？多伊奇说，实现这种计算的唯一方法是让 10^{500} 个宇宙同时计算，这样每个宇宙计算一组值，然后将计算结果返回给我们所身处的宇宙。

如果我们考虑采用单个比特（或者更确切地说是单个量子比特进行计算），因为只有两种可能性，我们只需要计算可能的值即可。根本不需要平行宇宙计算两种可能性，找出最佳的答案。但当我们将量子比特数量缩小到一个量子字节（qubyte）（8 量子比特）时，则量子比特有 2^8 个（256 个）可能的值。如果想探究所有 256 个可能的值（从 00000000b 到 11111111b），理论上必须根据每一个可能的量子比特值逐个计算。虽然 256 不是一个很大的数字，但可能会像那位酷爱下棋的国王一样被欺骗。将量子比特位数扩展到 64 位时，就像国王欠智者 2^{64} 粒大米一样，所需大米呈指数性爆炸式增长；需要计算运行每一个值，串行获得一个结果，而这个过程需要耗费很多年。

另一方面，如果使用量子计算机，可以在一个独立的宇宙中计算出每一个可能的值，然后汇总结果，这样就可以在很短的时间内，通过量子干涉和量子测量，观察到最理想的答案。

量子比特的创建和今天的量子计算机

实现量子计算机的主要挑战是如何使用物理对象（原子、分子、光子）以可靠的方式表示量子比特。毫无疑问，在那个年代即使是传统计算机存储普通的比特信息也是一个巨大挑战，更何况是量子比特信息。解决方法是用特定的电压值表示 1，而用其他特定的电压值表示 0。后来，优化为使用光纤中的光来表示 0 和 1。但遗憾的是，这些成熟的技术并不适用量子计算机，这就是大规模的量子计算机难以实现的原因所在。

我们很早就知道，每个物理粒子都包含了很多自身的信息（比如自旋）；但最关键的是如何找到一种既适合在物理计算机中表征，又同时能够准确无误跟踪这些信息的方法。现在所面临的主要问题是，量子比特并不是一个确定的值：物理宇宙中与另一个粒子的任何相互作用（any interaction）都可能改变其量子比特的值，并可能中止整个计算。由于难以分离表征量子比特的粒子，因此不会随机的产生误差。

在量子计算机系统中，为了确保可靠地存储数据，通常采用多粒子纠缠（entanglement）。这意味着所有的粒子都存在一个与其他粒子关联的值，所以我们可以准确地计算出量子比特的"正确"值。如果一个粒子因取了一个错误的值而发生退相干（decohered），或者被测量时过早地取了某个特定的值，那么量子计算机系统就会察觉错误的发生。所采用的技术是目前广泛应用在互联网或无线数据传输中的标准错误检测技术，可以确保接收端的数据与发送端数据完全一致。

这意味着大多数量子计算机需要许多粒子才能表征一个量子比特。而且，运行一个量子算法时，必须运行很多次才能确保量子比特值的正确性，同时也确保运行过程中没有将错误引入量子比特；运行同一个程序 100 次以确保结果的正确性并不罕见。虽然运行一个量子算法需要运行多次，但仍比传统计算机解决棘手问题要快得多。

维持量子比特（通常超导体需要冷却粒子）困难重重，这就是为什么我们今天使用的云端运行的量子计算原型机跟房间一样大。它们大多是由 IBM、谷歌、微软和亚马逊等商业巨头，以及 D-Wave 等初创公司拥有，而且量子比特数也非常有限。为了彻底解决加密问题，我们需要可靠的 256 量子比特的量子计算机。虽然全世界的科研界年复一年地为之努力，离目标也越来越近，但目前大家所企盼的量子计算机至今仍然还没有实现。

美国 IBM 公司量子计算机 5 量子比特的编程云界面如图 10-1 所示。相信未来实现室温下跟踪量子比特的方法只是一个时间问题，届时我们会看到量子算力的大爆发，甚至个人量子计算机也能成为现实。

第三部分
构建数字模拟世界

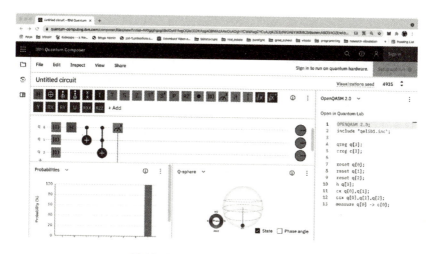

图 10-1　IBM 量子计算机用户界面

知识链接

量子计算机的进展——科研界一直在努力开发功能强大的量子计算机，主要有超导量子计算和光量子计算。时至今日，实现超导性能的电路仍然需要庞大的低温环境。

2017 年，美国 IBM 推出 27 量子比特的"猎鹰"（Falcon）处理器。

2019 年，美国谷歌公司实现了 53 量子比特的超导量子计算原型机"Sycamore"（悬铃木），美国 IBM 公司推出 27 量子比特"猎鹰"（Falcon）处理器。

2020 年，中国潘建伟院士团队构建 76 光子的量子计算原型机"九章"，美国 IBM 公司推出 65 量子比特"蜂鸟"（Hummingbird）处理器。

2021 年，中国潘建伟院士团队实现了 62 量子比特的超导量子计算原型机"祖冲之号"（2021 年 10 月，"祖冲之号"升级为"祖冲之二号"，量子比特数量为 66）。"九章二号"则实现了 113 光子的量子计算原型机。

2021 年 11 月，美国 IBM 公司推出了 127 量子比特"Eagle"（鹰）超导量子处理器，成为目前世界上操控量子比特数量最多的超导量子计算机。

2022 年 1 月，德国于利希研究中心（Forschungszentrum Jülich）启动了拥有超过 5000 个量子位元的量子计算机。

2022 年 6 月，加拿大量子计算初创公司 Xanadu 与美国国家标准与技术研究院（NIST）合作，在其最新研发的光量子计算设备 Borealis（北极光）上完成了大规模高斯玻色采样实验。

参考文献：Madsen, L.S., Laudenbach, F., Askarani, M.F. et al. Quantum computational advantage with a programmable photonic processor. Nature 606, 75–81（2022）

采用量子计算的算法

现在抛开硬件不谈，我们如何使用量子计算机进行计算？这就是多伊奇所说的量子并行的思想，我们所关注的不仅仅是我们身处的宇宙中正在发生的事情，还要了解所有可能平行宇宙中正在发生的事情。当我们面临一个要解决的棘手问题时，例如寻找一个大的因数，必须尝试许多可能值。在单个宇宙中，仅每一次的尝试就要耗费很长的时间。

量子并行：量子算法通过将输入变量置于叠加态，同时针对输入变量的所有可能值运行一个函数的能力。这是量子计算机/算法相比经典计算机/算法的主要优势，经典计算机/算法每次只能针对每个可能的输入值运行一个函数[①]。

你会注意到，在正式定义中，并没有特别强调是在平行宇宙中，虽然粒子处于叠加态意味着其量子比特值存在所有可能，但如果你认同量子力学的多世界诠释，那么在一个乃至多个平行宇宙中量子比特存在一个或多个不同值的思想将为我们呈现正确的答案。

但是，我们如何从量子计算机中获得答案呢？正如粒子需要被测量时才能得到单一可能值一样，量子比特也是如此。一旦被测量，该量子比特就不再处于叠加态，而是一个确定的值：0 或 1。

实现量子算法的最简单方法（用经典计算的方式表示）为：

（1）计划一组输入（量子比特），它们代表一组需要计算的输入值。

（2）采用电路（量子）逻辑门实现计算。

（3）确保电路将需要并行运行的量子比特叠加。

（4）当我们准备测量时，计划输出的量子比特，它会给出我们正在寻找的答案。

---

① 作者量子并行的定义参考了多篇文献，主要有：

[1] https://quantumalgorithms.herokuapp.com/299/paper/node16.html；

[2] https://www.sciencedirect.com/topics/engineering/quantum-parallelism。

[3] "Quantum computing methods forsupervised learning," from Viraj Kulkarni1, Milind Kulkarni, Aniruddha Pant, available at https://arxiv.org/pdf/2006.12025.pdf。

正如你所想象的那样,实际的量子计算不可能如此简单,肯定非常复杂。设计一种适用量子计算的算法不仅仅需要考虑运行计算的电路,而且还需要考虑如何更好地测量输出。肖尔算法逻辑电路框图示意图如图 10-2 所示,其中方框表示单个逻辑门或逻辑门的集合。

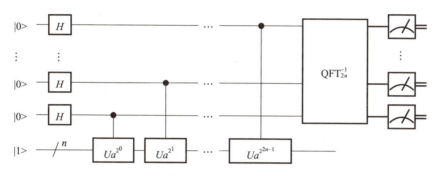

图 10-2 肖尔算法的逻辑电路框图

(图片来源:https://commons.wikimedia.org/wiki/File:Shor%27s_algorithm.svg)

量子计算的逻辑门

与经典计算的基础运算所用的 AND、NOT 和 OR 逻辑门一样,量子计算机的编程思想离不开量子逻辑门。

甚至早在量子计算机发明之前,学术界已经详细阐述了量子逻辑门的概念。尽管适用量子计算机编程的高级语言还在研发之中,但量子计算机程序仍然离不开量子逻辑门和量子电路。

在图 10-1 中,我们可以看到表示每个量子比特的线和表示为方框的量子逻辑门。右下角的编程语言虽然看起来很像普通的编程语言,但为了让量子计算机执行程序,必须转换成量子比特的量子电路。

虽然量子计算的逻辑门与经典计算的逻辑门很类似,但还是存在重要的区别。量子逻辑门不是简单地以布尔逻辑命名,而是以某个人的名字命名,通常是描述该逻辑门如何在物理层工作的学者,通常用字母表示。常见的量子逻辑门如表 10-2 所列。

表 10-2 公认的量子计算逻辑门（来源：https://commons.wikimedia.org/wiki/File:Quantum_Logic_Gates.png）

操作符	逻辑门符号	矩阵
Pauli-X（X）	—X— ⊕	$\begin{bmatrix} 0 & 1 \\ 1 & 0 \end{bmatrix}$
Pauli-Y（Y）	—Y—	$\begin{bmatrix} 0 & -i \\ i & 0 \end{bmatrix}$
Pauli-Z（Z）	—Z—	$\begin{bmatrix} 1 & 0 \\ 0 & -1 \end{bmatrix}$
Hadamard（H）	—H—	$\dfrac{1}{\sqrt{2}}\begin{bmatrix} 1 & 1 \\ 1 & -1 \end{bmatrix}$
Phase（S, P）	—S—	$\begin{bmatrix} 1 & 0 \\ 0 & i \end{bmatrix}$
$\pi/8$（T）	—T—	$\begin{bmatrix} 1 & 0 \\ 0 & e^{i\pi/4} \end{bmatrix}$
Controlled Not（CNOT, CX）		$\begin{bmatrix} 1 & 0 & 0 & 0 \\ 0 & 1 & 0 & 0 \\ 0 & 0 & 0 & 1 \\ 0 & 0 & 1 & 0 \end{bmatrix}$
Controlled Z（CZ）		$\begin{bmatrix} 1 & 0 & 0 & 0 \\ 0 & 1 & 0 & 0 \\ 0 & 0 & 1 & 0 \\ 0 & 0 & 0 & -1 \end{bmatrix}$
SWAP		$\begin{bmatrix} 1 & 0 & 0 & 0 \\ 0 & 0 & 1 & 0 \\ 0 & 1 & 0 & 0 \\ 0 & 0 & 0 & 1 \end{bmatrix}$
Toffoli（CCNOT, CCX, TOFF）		$\begin{bmatrix} 1 & 0 & 0 & 0 & 0 & 0 & 0 & 0 \\ 0 & 1 & 0 & 0 & 0 & 0 & 0 & 0 \\ 0 & 0 & 1 & 0 & 0 & 0 & 0 & 0 \\ 0 & 0 & 0 & 1 & 0 & 0 & 0 & 0 \\ 0 & 0 & 0 & 0 & 1 & 0 & 0 & 0 \\ 0 & 0 & 0 & 0 & 0 & 1 & 0 & 0 \\ 0 & 0 & 0 & 0 & 0 & 0 & 0 & 1 \\ 0 & 0 & 0 & 0 & 0 & 0 & 1 & 0 \end{bmatrix}$

第三部分
构建数字模拟世界

量子逻辑门的复杂性远远超出了本书的范围,因为我们感兴趣的是量子计算和模拟多元宇宙之间的关系。简单地说,量子逻辑门像经典逻辑门一样是以一个或多个量子比特作为输入,并基于特定的逻辑操作输出特定的值。输入/输出值可以表示成类似经典的逻辑门一样的输入/输出表,或者对于那些更数学化的逻辑门,可以表示为一个输入值的矩阵。

例如 Pauli-X 门(用方框中的 X 表示)将量子比特值从 0 反转为 1,其特性就像经典的一个输入和一个输出的"非"门。Pauli-X 门和其他的量子逻辑门(Y-门、Z-门)是以发现泡利(Pauli)不相容原理(Pauli exclusion principle)的奥地利物理学家沃尔夫冈·泡利(Wolfgang Pauli)命名的。

知识链接

沃尔夫冈·泡利(1900—1958 年),奥地利理论物理学家,是量子力学研究先驱者之一。主要成就是在量子力学、量子场论和基本粒子理论方面,特别是泡利不相容原理的建立和 β 衰变中的中微子假说等,对理论物理学的发展做出了重要贡献。

1945 年,在爱因斯坦的提名下,他因泡利不相容原理而获得诺贝尔物理学奖。泡利不相容原理涉及自旋理论,是理解物质结构乃至化学的基础。

对于如 Controlled Z、SWAP 或 CNOT 门等多个输入值的逻辑门(通常称为多位比特逻辑门),发送来的量子比特是(基于量子纠缠)关联的,而其关联性则在肖尔电路框图中表示为一条垂直的线连接两个量子比特。

也许,最有趣且最重要的量子逻辑门之一是 Hadamard 门(或 H-门)[①]。H-门将任意的量子比特值(需要说明的是,量子比特不仅可以有 0 或 1 的值,也可以

---

① H-门是以法国数学家雅克·哈达玛(Jacques Hadamard,1865—1963 年)而命名的量子逻辑门,因为哈达玛变换的矩阵运算通常是量子运算的第一步。我们没有专门讨论各种逻辑门的数学理论,但它们的基础是将输入值表示为矩阵,并应用到其他矩阵,为量子逻辑门和量子计算提供数学基础。矩阵变换使用的值基于一个抽象球体——布洛赫球体,其自旋或方向指示一个量子比特的当前值。

有 0 和 1 之间的不确定值）转换为量子叠加态。在这个方面，至少从理论上讲，我们又回到了量子不确定性和薛定谔猫的问题：测量之前，猫既是活的又是死的。在多世界诠释中，这意味着每一个值都可能有多个平行宇宙。如果叠加态对应多个量子比特，比如说 8 个量子比特，我们就有 2^8（256）个多元宇宙，以此类推。

另一个有趣的量子逻辑门是"控 - 控 - 非"门（controlled-controlled-not Gate，CCNOT）。如果仔细观察 CCNOT 门的输入和输出表（图 10-3），你会发现：如果第三个输入比特是 0，CCNOT 门操作像"与"门的前两个比特；否则，如果第三个比特固定，CCNOT 门像一个"与非"门（先"非"门，后"与"门的组合）。与传统的两个输入值、一个输出值的逻辑门不同，CCNOT 门有三个输入、三个输出，并根据门的逻辑改变输出值。

输入值 a b c	输出值 a′ b′ c′	电路框图
0 0 0	0 0 0	
0 0 1	0 0 1	
0 1 0	0 1 0	
0 1 1	0 1 1	
1 0 0	1 0 0	
1 0 1	1 0 1	
1 1 0	1 1 1	
1 1 1	1 1 0	

图 10-3 可逆 Toffoli（CCNOT）门的输入 – 输出值表及电路框图（https: //commons.wikimedia.org/wiki/File: Toffoli_gate.svg）

"与非"（NAND）门的有趣之处在于，它对于经典计算的操作来说是通用的。可以只通过使用 NAND 门实现任何计算操作（需要数量庞大的 NAND 门，且速度非常慢）。同样，CCNOT 门也是通用的；它可以在量子计算机上实现任何经典的计算操作（尽管效率很低，需要很多 CCNOT 门）。

更重要的是，CCNOT 门也称为可逆 Toffoli 门，其原因后续章节会详细探讨。托马索·托夫利（Tommaso Toffoli）正是我们在本书第 9 章所提到的，以其在可逆元胞自动机和可逆逻辑门领域的研究而闻名的科学家。

时间旅行和量子的可逆性

2019 年，《纽约时报》（*New York Times*）刊登了一篇稀奇古怪的文章：《量子计算机瞬间让历史倒退》(*For a split second, a quantum computer made history go backwards*)[52]。这是一篇由俄罗斯、欧洲和美国的物理学家们共同完成的论文综述，他们曾经成功地使一个量子比特返回至之前的状态。这并不是真正的时间旅行，而是实实在在的物理实验。而在数字宇宙或模拟宇宙的概念中，我们一直在苦苦探索的时间旅行不正是相当于将一些信息比特发送回它们之前某个时刻的状态吗？

通过电信号激励，物理学家们成功实现了几个比特的量子纠缠，并将其返回至之前的状态；虽然只提前了几分之一秒，但是却具有划时代的意义。在 2 个量子比特时，只在 85% 的时间内奏效；而在 3 个量子比特时，只在 50% 的时间内奏效。性能的下降是由于误差与环境的相互作用引起的粒子的退相干。

当然，要想实现真正的时间旅行，必须让所有被渲染的信息比特返回到它们之前某个时刻的状态。如果要实现类似我们世界的模拟，那么回溯到某年（如 1961 年），对任何一个团队来说都绝对是一项无法完成的艰巨任务。

尽管如此，我们还是有所怀疑：量子计算机真能提供一种实现时间旅行的方法吗？所有的量子逻辑门都被认为是酉的、可逆的。酉意味着所有的概率加起来必须等于 1。在多元宇宙模型中，这意味着粒子的每一种不同状态相互干扰的概率相加，总和必须是 100%。而且因为理论上量子力学方程前后双向的有效性，所以认为量子逻辑门是可逆的。

再重温一下数字计算机可逆逻辑门的概念。简单的"与"门是不可逆的，因为我们无法根据输出值判断出输入值。受控"非"门更容易可逆，而 CCNOT 门或 Toffoli 门却以可逆著称。

对于 Toffoli 门而言，根据其三个输出值，可以准确无误地计算出输入值。意味着 Toffoli 门不仅可以用于通用计算，而且还"复活"了量子计算机的幽灵：不仅可以向前模拟宇宙的未来，也可以向后模拟宇宙的过去，完全应验了费曼最早提出的量子计算模拟器的设想。

然而，还存在一个陷阱，那就是量子测量。量子测量本身并不可逆，但它却是物理学中为数不多的真正随机的概念之一。一旦要测量一个量子比特，无论它的确定值是 0 还是 1，都无法将其返回至量子叠加态之前的准确状态[1]。这意味着量子测量是一个真正的随机过程：你无法预测会出现哪一个确定值，而且如果没有一些额外的信息，你也无法预测这个值是什么。

因此，尽管所有量子逻辑门都是可逆的，但量子测量却并不是可逆的。量子逻辑门和量子测量的区别似乎有些奇怪，但这意味着除了在最终完成量子测量外，我们可以在任何时刻逆转量子电路。因此，量子逻辑门的可逆性让我们有一种感觉，可能会有办法让我们穿越到过去，而且无须加载数字量子多元宇宙之前的游戏状态。当然，经典的核心循环算法本身并不依赖可逆性，而是保存和重新加载的游戏状态，但这却为我们提供了一种更有效的方法（主要体现在存储，不一定是性能方面）来实现别无二致的效果。

核心循环和量子计算

将量子计算的世界与核心循环联系在一起之前，先简单回顾一下量子计算。量子计算的基本前提是正在计算的宇宙；它的基本组成无论是原子、电子还是光子都已经包含了信息，这意味着宇宙可以用于计算。

戴维·多伊奇认为量子计算的算力能够同时处理所有的可能性。本质上，量子计算机是一种跨越多元宇宙的计算机，它可以利用这种算力在短时间内求解很多棘手问题。这是通过将多个量子比特叠加，使每个量子比特同时具有 0 和 1，

---

[1] 虽然可以用另一个 H- 门再次测量，将已经测量过的量子比特置于叠加态，但仍然没有可靠的方法知道下一个测量结果是什么。

第三部分
构建数字模拟世界

从而自动地创建 2^n 个可能性（其中 n 是量子比特数量）。

量子计算机的量子并行特性巧妙地克服了传统计算机串行处理指数量级问题，解决了传统计算机难以处理的求解指数量级的问题（可能需要上千年而无法求解）；量子计算机之所以这样做的基础是，每位量子比特都依赖单个量子元素，而该量子元素在多元宇宙中已经有许多并行运行的影子元素。多伊奇认为量子并行性绝不是量子计算机独有的特性之一，而且也是我们所生活的宇宙（或更准确的说是多元宇宙）的特性之一。

我们基于这些特定的平行宇宙是由这个提出问题的宇宙衍生出来的事实，然后利用宇宙之间的量子干涉作为它们之间相互作用的一种方式。通过量子测量，我们可以找到问题的答案，或者更确切地说，从所有可能存在于宇宙中众多答案中找到问题的单一答案。

如果用框图形象化地展示，不难发现：当赋予量子计算机一个任务时，所发生的事情与核心循环非常的相似，只是现在可以依靠并行处理，而不是传统意义上的单台计算机。图 10-4 显示了分岔产生多种可能性的过程：计算每种可能性的答案，然后获得最佳答案。图 10-4 所使用的字母表示计算中每个特定步骤的状态，每一步都像第 8 章模拟世界的多条时间线中所探讨的电子游戏状态。

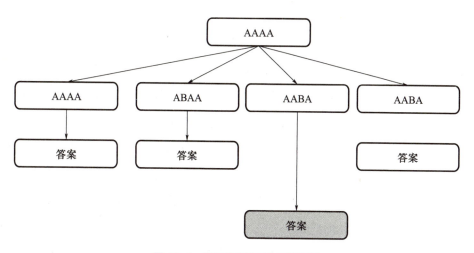

图 10-4 量子并行的工作原理框图

模拟多元宇宙

图 10-4 中,可能发生事情的哲学含义还没有完全确定。我们是不是以某种方式快速切换到含有正确答案的平行宇宙中去了呢?或者只是将我们的意识导航到那个平行宇宙中?或者其与我们所处的宇宙合并?或者完全是我们不得而知的另外一种情况?

另一个大问题是其他宇宙正在发生什么?特别是那些计算不出正确答案的宇宙发生了什么?我认为,从量子计算机的角度来看,根本上不需要这些信息,它们基本上成为无用的信息而被丢弃了。或者缓存在计算机内存中,等待多元宇宙计算机世界的垃圾回收。其他人可能会说,这些宇宙仍将继续存在,而且几乎有无限多个物理宇宙。我们欣赏了科学再次回归到无限的魔力,它基本上容许万事万物的存在。

那么,我为什么要花费如此多的篇幅探讨量子计算的细节呢?虽然是为了了解量子比特和量子计算,但是从任何一个角度来看,量子计算遵循我们所说的核心循环。量子计算似乎像量子多元宇宙在空间和时间上分岔的过程,并容许我们优化某些计算从而获得结果,然后合并,并丢弃那些不需要的可计算世界。

从某种意义上说,量子计算的算法就是要探寻所有不同的可能性,而每一种可能性都可以视为模拟宇宙中的一个孤立的游戏状态,并找到那个最佳的答案。

本书所探讨的基本论点是也许我们周围已经发生了类似的事情,而且是一个固有的过程:我们生活在一个可计算的多元宇宙中。量子比特是我们身处宇宙中所有的基本粒子,在某种程序中排列在一起,计算某种事物。我们称之为宇宙的事物是一种计算,粒子容纳信息的能力是计算的关键。

正如约翰·惠勒(John Wheeler)所说"万物源自比特"(it from bit),而多伊奇(Deutsch)利用量子计算机的思想重新定义了"万物源自量子比特"的概念,意识到宇宙绝不只仅仅是由比特,而是由量子比特组成。量子比特则表示了正在进行计算的所有可能性的部分。

量子计算让我们找到了一种合适的方法来诠释本书前面所述听起来像科幻小说的思想,再次回到了菲利普·K·迪克和曼德拉效应。

第三部分
构建数字模拟世界

为了阐述得更清楚一些,我们将在本书的第四部分探索两个核心概念:多元宇宙图和核心循环。而且我们会有一个大疑问:这一切意味着什么?

开发者(DEVS)和重建过去

2020年上映的Hulu电视剧《开发者》(Devs)中,我们跟随莉莉(Lily),试图破解她男友的诡异死亡之谜。莉莉和男友都在神秘的旧金山湾区科技巨头阿马亚(Amaya)公司工作。她男友最近加入了绝密的开发者团队,只有极少数人知道开发者团队所从事的工作,公司的首席执行官弗雷斯特(Forest)便是那为数不多的知情者之一;自从妻子和女儿意外去世后,弗雷斯特深陷失去妻女的悲痛之中,一直情绪不佳。公司名称也取自他女儿的名字阿马亚(甚至公司的标志也是阿马亚巨大的青少年雕像,令人毛骨悚然)。

知识链接

《开发者》(Devs,也译《开拓者》、《量子疑云》)是《机械姬》(Ex Machina)及《湮灭》(Annihilation)的导演亚历克斯·加兰(Alex Garland)为Hulu编写剧本及执导的一部科幻悬疑类电视剧。

图片来源:海报

事实证明,开发者本质上是一个与外部世界隔离的量子计算机。"开发者"量子计算机结合了经典决定论的思想和量子算法。在第一季中,我们了解到最紧迫的任务是试图重现过去任何时刻发生的事情。理论上,他们可以倒退回到耶稣时代,观察那个时代所发生的一切。隐含在其中的想法是,我们都在延伸到过去和未来的有轨电车上。直到其中一名开发人员介绍了埃弗雷特的多世界诠释理论,程序才开始启动它真正的工作,然后成功了!他们不仅能听到,而且能清楚地观察到耶稣死在十字架上时所发生的一切。还可以通过将他们在量子计算机上所创建的向前模拟和向后推演,准确预测未来会发生什么。我不会透露电视剧第

模拟多元宇宙

一季结束时到底发生了什么,但它涉及模拟中倒回到之前的某个时间点,然后从那个时间点向前穿越。真的有点匪夷所思!

Hulu电视剧《开发者》不仅诠释了量子计算机和多元宇宙,还提出了自由意志以及未来是否完全由过去决定的问题。由于量子计算机的可逆性,所以你可以穿越返回至过去的任何一个时间点,并在那里重新启动程序。

第四部分
多元宇宙的算法

"你是否也从河水里学到了秘密;世上本没有时间这个实体?这条河在同一时刻无处不在,无论是源头、河口、瀑布、渡口,还是急流、大海、山涧;这条河只有当下,它既没有过去的痕迹,也没有未来的影子。"

——赫尔曼·黑塞《悉达多》(*Siddhartha*)

知识链接

赫尔曼·黑塞,(Hermann Hesse,1877—1962 年),德国作家、诗人、评论家,20 世纪最伟大的文学家之一。以《德米安》(Demian)、《荒原狼》(Der Steppenwolf)、《悉达多》(Siddhartha)、《玻璃球游戏》(Das Glasperlenspiel)、《东方之旅》(Die Morgenlandfahrt)等作品享誉世界文坛。黑塞不仅对中国诗歌十分着迷,而且对中国哲学特别是老庄哲学颇有研究。道家思想对黑塞的人生观和世界观以及创作产生了重要的影响。他曾获多种文学荣誉,比较重要的有:冯泰纳奖、诺贝尔文学奖、歌德奖。1946 年获得诺贝尔文学奖,其获奖理由:"他那些灵思盎然的作品——它们一方面具有高度的创意和深刻的洞见,另一方面象征古典的人道理想与高尚的风格。"

经典语录:如今我不再如醉如痴,也不再想将远方的美丽及自己的快乐和爱的人分享。我的心已不再是春天,我的心已是夏天。我比当年更优雅,更内敛,更深刻,更洗练,也更心存感激。我孤独,但不为寂寞所苦,我别无所求。我乐于让阳光晒熟。我的眼光满足于所见事物,我学会了看,世界变美了。

《悉达多》是黑塞的第九部作品,通过对主人公印度贵族青年悉达多身上的两个"自我"——理性的无限的"自我"和感性的有限的"自我"的描写,探讨了个人如何在有限的生命中追求无限的、永恒的人生境界的问题。从中既可以洞察作家对人性的热爱与敬畏,对人生和宇宙的充满睿智的理解,又能够感受到他对传统的人道主义理想的呼唤和向往,同时还可以领略到作为西方人的作者对东方尤其是中国思想智慧的接受与借鉴。

中译本有很多版本:2017 年天津人民出版社,姜乙译

2020 年民主与建设出版社,赵丽慧译

第 11 章

数字时间线和多元宇宙图

在本章和第 12 章中,我们将更详细地讨论本书一直提到的两个话题——多元宇宙图和核心循环,它们将有助于我们形象化地诠释模拟多元宇宙的工作原理。尽管多条时间线常常出现在科幻小说中,物理学家们也已经认可了平行宇宙的多元宇宙诠释,但关于如何以图形化的方式表示多元宇宙和多条时间线,以便直观地瞧一眼就能了解发生了什么,却还没有达成共识。这不仅包括如何表示多元宇宙,还包括随着时间的推移如何遍历整个多元宇宙图。

对细节不感兴趣的读者可以快速浏览本章和第 12 章,直接跳到本书的最后一部分:从广义上诠释我们模拟多元宇宙计算的本质和目的,最后从宗教的角度来看,阐述它对我们这些错综复杂多元宇宙的居民可能意味着什么,并以此结束本书。

时间线的表示

迄今为止,本书已经介绍了多种时间线的可视化表示,从标准的闵可夫斯基(Minkowski)时空图到单一时间线上推演的图形化世界——元胞自动机,再到多条时间线的树状结构图。我们还探讨了表示游戏状态或世界状态的数字方式,它们将信息封装成可能代表树状结构图中某个点的比特(或量子比特)。

当讨论多条时间线和多元宇宙时,因为在我们看来世界是从一个类似主时间线衍生分支而来,所以自然而然会联想到树状结构图。现实一点地说,如果我们真的生活在多元宇宙中，根本就没有主时间线这一回事。尽管对我们来说，这看起来就像我们生活在"地球一号"（使用《绿箭宇宙》中的术语）上。

本章除了将时间线视为多种可能的未来之外，同时介绍了类似延迟选择实验的量子现象和曼德拉效应的荒诞性，还探讨了存在多个过去的观点，或者正如薛定谔最初所说，可能存在多个同时发生的历史。这通常表现为一个逆向的树状结构图，更像是河流汇合，而不是树枝分叉。

因此，这个过程的任何图形化表示不仅需要考虑分支，还需要考虑时间线的合并。简单的树状结构是从一根主树干开始，然后是许多分支；虽然没有足够多的选项表示多个时间箭头的复杂性，但这些时间箭头似乎在量子模拟多元宇宙中至关重要。

实际上，我们还阐述了时间线的更高层次的描述，而不是让量子物理学家们所痴迷的粒子层次的描述。因此我们需要一个更高层次的结构，它不仅可以表示亚原子粒子，也可以表示世界上的更高层面的事件如时间线。

什么是时间线？

你可能会认为，我们会从时间是什么的简单定义开始讨论时间线。正如第7章过去、现在和未来的本质所述，这是一个比较复杂的问题，可能根本就没有完整的答案。

本章要探讨数字多元宇宙中的时间是什么或者确切地说，时间线是什么？

读者可能会感到诧异，在一本关于多条时间线话题的书，阅读内容已经过了大半，我们却还没有尝试回答本书核心的话题。实际上我是有意延后阐述，因为这似乎是常识。如果查询字典，我们就会发现两个定义可以解开了我们正在寻找的谜团答案。

时间线 定义 #1：

时间流逝的一种线条图形化表示。

例如："他的书全面阐述了这一主题，包括政治地图、时间线和连续的词汇表。"

时间线 定义 #2：

第四部分
多元宇宙的算法

按照事件发生的时间顺序排列事件。

例如："关于他行踪的时间线：美国中央情报局（CIA）显示，他曾于2001年5月28日抵达迈阿密。"

结合以上两种定义，针对本书的初衷，时间线（timeline）是事件排列的图形化表示。强调一点，我用的是术语"排列"，而不是术语"序列"。因为序列意味着时间的顺序，虽然在我们的时间线中，暗示某种秩序或顺序，但当我们讨论时间线的分岔、合并或修剪时，事件的序列可能是一种"变化无常"的方式，从而变得有点云谲波诡，让人难以辨别。

但是，我们在时间线上排列的事件到底是什么呢？感觉这个问题是一个与曼德博（Mandelbrot）发现不同层次的自相似性和分形极其相似的问题：英国的海岸线有多长？答案是，这取决于你研究的尺度。

如果事件的层次和类型有很多（如从量子事件到婚姻等常见的个人事件，再到与数百万人息息相关的重大全球事件如世界大战），我们如何知道它们是否应该包含在特定的时间线上？

答案是，这取决于上下文。在常见的用法中，时间线通常指的是一个上下文，定义了事件的抽象层次，而事件根据上下文排列。

例如，美国历史的时间线可能只显示当选总统以及所经历的主要战争。时间线的间隔可能是几年甚至几十年，而第二次世界大战中某一特定战役时间线的间隔可能是天或小时。刑事案件的时间线可能以分钟为间隔排列与法庭案件相关的事件。最后，亚原子事件可能处理非常小的时间间隔，通常远远短于1秒钟。

有没有一种方法，可以在任何尺度上显示所有或部分层次上的事件呢？

答案：像河流一样让时间空间化。

根据定义，时间线是以图形化的方式表示我们无法体验过的事件。由于我们的直觉通常依赖空间定位的判断（无论从左到右，还是从上到下移动），我们不得不重新审视前面已经讨论过多次的时间空间化技术。

在任何一种图形化表示中，尤其是在二维图形化表示中，不仅要知道坐标轴代表什么，而且要知道间隔是什么，我们要如何沿着每个轴移动。这些都是物理学家们绘制时空图时经常容易忽略的细节，因为它也许绕不开假设——时间和空

模拟多元宇宙

间究竟是什么。

让我们回到闵可夫斯基和爱因斯坦简单的时空示意图（位于简单二维图的顶部），如图11-1所示。在闵可夫斯基图中，时间轴是垂直的，显示了粒子如何相对于光速移动[①]。

图11-1中，世界总是向前移动（即沿 ct 轴向上），取决于粒子移动的速度，它对时间的感知（或者用爱因斯坦的话说，它的惯性参考点（inertial reference point））会发生变化。粒子的世界线是一条类似时间的线，显示了粒子在时间和空间中的进程。

我们所关心的是一个包含宏观层次事件的时间线，以及包含不同版本、不同系列事件的多条时间线，因此闵可夫斯基图的作用有限。在我们的讨论中，只是借用闵可夫斯基最基本的思想，将时间表示为 y 轴，并沿 x 轴的某种移动或进程。如果在 x-y 图中，假设未来向上，增大参数 t 是向前进入未来，而减少参数 t 则是倒退进入过去；它好像非常基础，以至于我们通常涉及不到间隔问题。

在我们探讨具体内容之前，先从简单的、容易理解的时间线图开始，如图11-2所示。

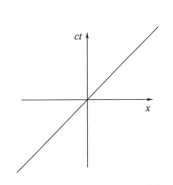

图11-1 闵可夫斯基时空示意图
（图片来源 https://commons.wikimedia.org/wiki/File：Minkowski_diagram_photon.svg.）

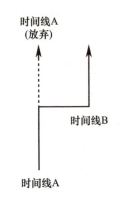

图11-2 一种以数字化方式思考时间流和时间线的直观方式

---

① 光速通常用 c 表示，如爱因斯坦著名的方程 $E=mc^2$，其中 E 代表能量，m 代表质量。根据这个公式，质量和能量是相互等价的，少量的质量可以转化为大量的能量这也是狭义相对论的著名结论之一。图11-1中，纵轴是 ct 而不是 t。

第四部分
多元宇宙的算法

如前所述，如果垂直方向上旅行代表时间的行进，那么水平方向上的旅行又代表什么呢？在大多数时空图中，它表示空间位置的变化——单个粒子 (x, y, z) 坐标的变化。但在时间线图中，它却代表了某个事件或某种宇宙的变化。

但这到底意味着什么呢？一旦我们开始更慎密地思考坐标轴，不可避免地会遇到一些挑战性的问题。

寻找坐标原点和间隔

让我们从两个轴中似乎比较简单的垂直轴开始。显然，如果时间是水平轴，那么间隔就是时间的某些间隔；事实上，我们认为间隔是一个时间值——从一个时间点到下一个时间点。

但是，我们怎么表示这一点呢？就像宇宙大爆炸（Big Bang）一样来自某个源点吗？目前，人类无法知晓宇宙大爆炸的确切时间（最早估算宇宙大爆炸的时间是几十亿年，仅仅过了几十年，宇宙大爆炸的时间被修正为 138 亿年）。随着我们对宇宙膨胀认识的不断深入，宇宙大爆炸时间很有可能再次修正，因此这不是一个切合实际的解决方法。

知识链接

"大爆炸宇宙论"认为：宇宙是由一个致密炽热的奇点于 137 亿年前一次大爆炸后膨胀形成的。1927 年，比利时天文学家和宇宙学家勒梅特（Georges Lemaître）首次提出了宇宙大爆炸假说。1929 年，美国天文学家哈勃（Edwin Powell Hubble）根据假说提出星系的红移量与星系间的距离成正比的哈勃定律，并推导出星系都在互相远离的宇宙膨胀说。

大爆炸宇宙论是现代宇宙学中最有影响的一种学说。它的主要观点是宇宙曾有一段从热到冷的演化史。在这个时期里，宇宙体系在不断地膨胀，使物质密度从密到稀地演化，如同一次规模巨大的爆炸，该理论的创始人之一是伽莫夫（George Gamow）。1946 年美国物理学家伽莫夫正式提出大爆炸理论，认为宇宙由大约 140 亿年前发生的一次大爆炸形成。20 世纪末，对 Ia 超新星的观测显示，宇宙正在加速膨胀，因为宇宙可能大部分由暗能量组成。

欧空局普朗克卫星基于宇宙微波背景辐射推测，宇宙的年龄应该是 138.2 亿

模拟多元宇宙

年。2022 年 7 月，詹姆斯·韦布空间望远镜（James Webb space telescope，JWST）发布了一系列令人惊叹的宇宙照片，其中便是"SMACS 0723"星系团深场图像，让公众和科学家都领略了瑰丽的宇宙之美，有机会看到超过 130 亿年前微弱的遥远星系。

图片来源：美国航空航天局（NASA）、欧洲航天局（ESA）、加拿大航天局（CSA）以及美国空间望远镜科学研究所（STScI）

显然，我们只能计算相对某件事件的时间（我们已经清楚时间可能根本不是绝对的）。出于我们对身处宇宙的理解，会采用一种更具天文色彩的日历，如类似电影《星际迷航》中船长日志的星历日期，通常以时间戳"星历 46254.7"作为一集的开始。但是，迄今为止我们还没有就地球上的通用日历达成一致，更不用说太阳系的日历或银河系的日历了（探讨星际日历还为时尚早！）。

人类历史上，某些宗教将创教之日作为新历法的起源并不罕见。例如，使用基督的诞生之年作为最常用日历的起源，结合阳历（公历）分别命名为公元（AD）和公元前（BC）。从技术角度上来讲，这个日历直到公元 800 年才开始被使用。

公元（AD）是由拉丁文"耶稣基督纪元"（Anno Domini Nostri Jesu Christi）衍生而来，意思是"耶稣基督诞生之年"，而不是我幼时想象的"After Death"。而公元前（Before Christ，BC）表示耶稣诞生之前。尽管宗教中基督教徒人数最多，但是地球上的大多数人并不是基督教徒。为了淡化宗教色彩，让非基督教国家接受且不排斥，今天学术圈经常使用术语纪元（Common Era，CE）和纪元之前（Before Common Era，BCE），而不是 AD 或 BC。

按人口计算，伊斯兰教是世界上第二大宗教，也有自己独立的一套历法。如果去过伊斯兰国家，就会知道他们同时采用两种历法。伊斯兰历法采用不同的元年和略微不同的时间间隔。伊斯兰历法采用阴历，每个月正好是 30 天，起源也不是伊斯兰教创教人诞生之年，而是发生在先知穆罕默德（Prophet Muhammad）生活中的一件事件——羽翼未丰的穆罕默德及其追随者从圣城麦加逃到邻近的麦地那，即伊斯兰教快速发展的那一年。伊斯兰教将其称为回历（Hijri），历法指定的年份为 AH（After Hijri）或 BH（Before Hijri）。而在我们的日历中，该日期应该是公元/纪元 622 年。因此，公元 1 年是公元回历 621 年（伊斯兰历法中回历之前），而我撰写本书时是在 2020 年 12 月，根据伊斯兰历法，2020 年实际上是回历 1442 年。

现今大多数的时间线图尝试解决这个问题的方法是，不指定过去的固定点，而是使用现在的时刻作为坐标系统的原点，可以说 $t=0$。毕竟，总有一个当下的时刻，需要知道时间是从何时开始，持续了多长时间，或者将持续多长时间。原点下面的区域 t 总是负值（至少名义上表示过去），原点上面的区域表示未来，这与我们现在使用的时间原点息息相关。

计算机程序中时间的测量

由于我们在本书中讨论的是模拟的时间线，因而不能依赖人类的时间。那么就会出现一个棘手的问题：在计算机程序中，如何从时间 $t=1$ 行进到 $t=2$？

这个问题看似无关紧要，但并非如此，因为它涉及了时间是什么以及数字宇宙如何工作问题的核心。

在真实的宏观世界中，只要宇宙在运行，时间就会流逝；程序在运行，时间就会向前行进。然而，在 CPU 世界和计算机程序中，驱动程序执行的是其他事件的进程：运行程序的操作系统将程序从步骤 n 推进到步骤 $n+1$。

在经典的计算机系统中，计算机处理器实际上只知道它的基础时钟速度（时钟频率），以及经过了多少时间间隔。这些间隔（或周期）通常指的是每秒内计算机运算操作的次数，单位是赫兹（Hz），意味着每秒执行的运算操作次数：1Hz 是每秒执行 1 个运算操作（或处理器周期）[①]。例如，最初的 IBM 个人电脑使用的是英特尔芯片，至少可以执行 3.77 MHz，即每秒 377 万次运算操作，而 2009 年推出的英特尔核 i5 处理器可以执行 4 GHz（每秒高达 40 亿次运算操作）。

从技术上讲，如果同时运行了多个进程（所有现代计算机系统都这样做），那么每个进程不需要知道它在整个计算机系统中经过了多少个周期；它可能只需要知道计算机操作是如何在当前上下文中传递即可。在第 8 章中曾探讨过上下文切换的概念，意味着每次只有一个进程和它的数据被加载到计算机处理器中。

现代操作系统根据内存需求和优先级切换执行的程序。让我们来观察一个简单的计算机程序，它只在一个循环中运行，如图 11-3 所示（采用类似 BASIC 或 JavaScript 高级语言编写）。虽然程序只有 4 行代码，但可以被编译成更多的机器指令或操作，而这些操作最终由计算机微处理器中的布尔逻辑门执行。

图 11-3 中代码的唯一功能是让用户输入姓名，然后打印 10 次。即使是这样一个非常简单的程序，只允许用户输入其姓名，并在一个循环中打印 10 次，也可能编译成数以百计的操作码指令。

```
PRINT "PLEASE TYPE YOUR NAME?";
INPUT Name$;
FOR I = 1 to10
{PRINT "HELLO " + Name$; }
```

图 11-3　简单的计算机程序（没有特指采用何种计算机高级语言）

一组代码通常作为单个进程（或单个进程中的单个任务或线程）运行。在现代多窗口操作系统中，进程可以随时被暂停并挂起。所谓挂起，意思是当操作系统（operating system，OS）的当前上下文切换到正在运行的其他程序时，程序暂时被搁置。当程序请求用户输入其姓名，等待用户输入姓名时，最初可能会出现类似情况。

如果计算机用户决定喝杯咖啡或浏览网页时，可能只需要几秒钟或半个小

[①] 从技术角度上讲，微处理器的制造商会告诉你，这些数字实际上是指每秒的时钟周期数，而不是每秒的运算操作数。然而，从理论上讲，微处理器的每个物理周期都应该转化为运算操作，即使运算操作远低于我们思考的层次。

时。无论是 1 秒还是 30 分钟，当想象到计算机每秒执行数十亿次的操作时，这都是巨大的数字。因此，程序被操作系统暂时挂起，直到用户输入其姓名程序才接着执行。通过执行暂停功能，操作系统将加载其他程序，并在返回该程序之前运行其他程序的很多操作。当程序再次加载时，它会默认在当前上下文中只是执行了一步（当然，也可以参考外部的时钟源获得实际挂起的时间；在这种情况下，操作系统理论上应该知晓所有计算机进程总共经过了多少个周期）。

在任何情况下，从细节来看，基本上在任何类型的模拟中，时间变量 t 通常是经过的步数。这些步数可以是操作或更高层次的数值（例如果蝇的代数、年数或处理的事务数目等）。

所以，如果在探讨模拟宇宙或模拟多元宇宙时，可以将 t 看作是已经运行的步数，而不是已经过去的任何意义上的绝对时间。

这也有助于我们理解爱因斯坦的狭义相对论和时间膨胀的概念——因为我们只知道在当前的环境中流逝的时间，而没有考虑在其他环境中流逝的时间。第 7 章所讨论的孪生悖论在数字世界中变得更好解释。正在太空旅行的双胞胎 A（爱冒险的爱丽丝）比留在地球上的双胞胎 B（坐在沙发垫上的玛菲特）突然年轻了很多。可以说双胞胎 A 比双胞胎 B 运行的程序步数少，所以经历的时间就少，从而显得年轻了很多。

水平轴：游戏状态

让我们回到 x 轴。对特定粒子从 t_1 的坐标 (x_1, y_1, z_1) 移动到 t_2 的坐标 (x_2, y_2, z_2) 的问题，我们与物理学家关注的不同，本书我们关注的是时间线上一系列更高层次事件的图形化表示。对于多条时间线，我们关心的是一个决定如何触发时间线分岔，并产生了新的时间线。当这种情况发生时，整个世界以及世界上所有的粒子都会进入另一条轨迹线。

到底什么改变了呢？

在电子游戏中，我们将其称为游戏状态的变化（游戏状态封装了整个世界的状态）。事实上，要创建两条时间线，就像在模拟世界中所看到的那样，我们需

模拟多元宇宙

要改变的一切是游戏状态中的某位比特或比特的值,然后让程序再次运行即可。

由于整个游戏状态可以表示为一组比特,因而我们可以在模拟宇宙中用水平轴表示游戏状态中比特的变化。

在这方面,我们可以将 x 轴视为虚拟世界所有可能的游戏状态。

那么,我们如何定义水平轴上任意两个点之间的距离呢?在一个标准整数基的坐标轴上,只需减去数字:$x=50$ 与 $x=5$ 正好相距 45 步。

在这个例子中,由于 x 轴将一组比特集合表示为游戏状态,所以 x 轴上的距离是游戏状态从第一点变为第二点所需的操作数。这意味着,例如从 10000000b 的游戏状态变为 11000000b,由于只有 1 位比特发生了变化,因而距离很小,但当游戏状态变为 11111111b 时,由于 7 位比特[1]发生了变化,故而距离很长。正像我们在模拟世界中一样,这只是假设了一个简单的 8 位比特的游戏状态。

我们不禁要问,需要多少比特才能代表整个物理宇宙呢?这取决于储存在宇宙粒子中的信息量。赛斯·劳埃德在《编程宇宙》一书中指出,制作一个苹果所需的比特位数接近于原子数。当然,如果采用计算机科学家发明的完美数据压缩技术,模拟宇宙中的实际数字可能会小得多。

我们意识到水平轴上的每个间隔代表不同节点或游戏状态之间的比特距离。

操作符:跨轴的移动

如果根据游戏状态的每个比特的变化程度定义水平轴,那么我们现在就有了一个很好的方法来表示单条时间线:时间线是游戏状态节点图的遍历。信息论中,这代表发生了什么事情呢?每次遍历意味着执行一个操作并更改比特的值。

但是在模拟现实的背景下,什么是操作符呢?在电子游戏中,游戏状态的改变有两种方式:一种是玩家做出的选择,另一种是程序所做的更改。更改的原因可能有多种,包括响应玩家或游戏的其他程序。

现在,我们来看看 x 轴上的移动是如何以一种更正式的方式发生的。假设每个时间间隔都得做出选择,而这个选择可以是一位比特的改变或保持不变。对于

---

[1] 译者注:原文为 8 位比特,有误。

第四部分
多元宇宙的算法

单个时间步长 t，只能从一个游戏状态导航到另一个游戏状态。理论上看我们现在有了一个更正式的 x 轴，以及在同一个图上表示不同时间线的方法。

但是，计算机程序如何决定要更改哪些比特呢？这是通过第 10 章讨论的布尔运算符实现的。例如 AND、OR 和 NOT 等逻辑门，输入为 1 位比特或 2 位比特，根据逻辑输出 1 位比特。由于任何计算机程序可以认为是一系列执行布尔逻辑的门，所以认为从时间 t 到时间 $t+1$ 的正常方式是使用某些程序或某组程序定义比特的转换。

方法之一是设想一个完全确定论的宇宙，其中整个宇宙是通过一组固定的计算机程序运行的，那么这些程序处理游戏状态的比特就像元胞自动机一样别无二致。

这意味着，我们不能从任何一系列的 0 和 1 的比特集合跳转到任何其他的 0 和 1 的比特集合；只能跳转到那些可以在 x 轴上导航的操作符位置。尽管计算机 CPU 经过 100 万次操作后，电子游戏中化身手中的物体可能会变成梨。但从实际意义上来说，苹果 A 的比特不能瞬时改变梨 B 的比特。

另一种探讨方式是在多玩家电子游戏中，玩家拥有自由意志，能够根据自己的角色做出选择（参见第 9 章关于元胞自动机中的自由意志和随机性的讨论）。

无论是我们认为决定论在发挥作用，还是随机性在作祟，亦或类似玩家的外来智能体（即有意识的实体）魔法般地实施比特信息的改变，最终结果都是一样：我们正在看着比特信息从一个游戏状态到另一个游戏状态发生了改变。

本质上，这就是计算的过程：使用操作符转换比特。

时间线上的大事件

现在先撇开比特不谈。当我们想让时间线分岔时，通常认为两条时间线上具有不同的事件系列。例如纳尔逊·曼德拉可能会生活在某一条时间线上，但于 20 世纪 80 年代死于监狱中；而在另一条时间线上，曼德拉出狱，并在 20 世纪 90 年代成为南非的政治领袖。在某一条时间线上，美国总统肯尼迪被暗杀；但在另一条时间线上，他并没有被暗杀。在某一条时间线上，盟军赢得了第二次世界大战；而在另一条时间线上，却是轴心国赢得了战争的胜利。

当然，以上这些都是大事件。如果以数字方式表示整个世界，那么这些时间线之间的变化就绝不是 1 位比特了，而且所需要的计算也绝不会只是一步了。事实上，我们可以将"事件"定义为一系列基础层游戏状态的逐位计算。事件的结果将是进入一个新的游戏状态。这可能是比特位的改变（亚原子粒子层次上的量子事件），也可能是操作符组合中多比特位的改变。

因此，我们现在可以在 2D 图形中追踪时间线的路径，水平轴表示时间，垂直轴表示游戏状态，两个轴都可以通过计算定义。改变一个或多个比特位的操作会使我们沿水平轴移动，并沿垂直轴向上移动。移动多远？这取决于事件所花费的时间，也取决于从一个游戏状态到另一个游戏状态需要多少逐位计算操作。

在某种程度上，时间线图上的水平轴和垂直轴都由运行的比特操作符组成的想法是一种简化版。从某种意义上说，两轴之间几乎没有区别：从一个游戏状态移动到另一个游戏状态所需的时间只是从一个游戏状态移动到另一个游戏状态所需的操作次数。时间和空间都在做着同样的事情：计算比特。

这让我们意识到，因为两个轴都在进行着同样的事情，因而也许简单的 2D 图并非表示多元宇宙可能游戏状态的最佳方式。在这种环境下，考虑每个程序访问的节点网络几乎更合适。让我们看看其他的表示方式。

分支和合并：路径不止一条

元胞自动机研究的先驱之一史蒂芬·沃尔夫勒姆（参见第 9 章）一直大力支持物理宇宙实际上可能是一个由更小程序组成的计算宇宙的观点。

在 2002 年出版的《一种新科学》（*A New Kind of Science*）一书，他为规则（由初等元胞自动机定义）和计算如何阐释物理世界科学的不同方法奠定了基础。而这种新方法正是基于计算，而不是基于流行的观点——数学方程是一种预测物理宇宙的方法。

后来，沃尔夫勒姆 2020 年启动了沃尔夫勒姆物理学项目，目的是为了展示物理定律如相对论和量子力学可能实际上是源于简单的计算规则（像元胞自动机中的规则）。

第四部分
多元宇宙的算法

知识链接

沃尔夫勒姆的复杂规则是源于简单规则的思想，与中国古代《道德经》里所说的"道生一，一生二，二生三，三生万物"说法吻合。我们给定一个道（规则），就可以通过这个规则生成万物。

《道德经》为中国春秋时期（公元前770年—公元前221年）老子（李耳）的哲学作品，又称《道德真经》《老子》等，是中国古代先道家哲学思想的重要来源，对中国乃至世界传统哲学、科学、政治、宗教等产生了深刻影响。

沃尔弗拉姆基于其物理学计划最近的工作，撰写了《寻找物理基础理论的计划》（*A Project to Find the Fundamental Theory of Physics*）一书。书中介绍了分支空间和多径图的概念，为我们提供一种复杂但现实的方法。该方法将多条时间线视为一个网络，网络中的游戏状态不仅可以分支，而且还可以再次合并。

沃尔弗拉姆的多径图中使用像ABCD之类的字符串表示空间中的不同节点（以及我们将在时间中看到的不同节点）。然而，这些字母或多或少的与我们所称的游戏状态相对应，而游戏状态就是我们前面所介绍的信息比特。

如果我们忽略了现代人类的意识元素（许多物理学家试图这么做），将宇宙看作是一组量子选择，那么可以将多径图想象成特定数字宇宙中粒子的所有可能配置。然后，应用规则从一个节点遍历到另一个节点，或者我们前面所说的操作符。

在节点网络中，边的定义限制了允许发生的事情。正如初等元胞自动机一样，在沃尔弗拉姆的多径图中只有一条规则；但在物理宇宙中可能是这样，也可能不是这样。重要的是，他定义的多径图正是我们所要探讨的多元宇宙，是一种通过绘制多径图构建多元宇宙图的完美方法。

正如图11-4所示，多径图是由一系列节点和边界组成的一种超图（hypergraph）。超图只是节点网络和边界的统称。超图中，每个节点连接多个节点，具体取决于约束节点之间遍历的规则。

为了便于简化，让我们放大单个节点（或单个游戏状态）中可能发生的事情。

在图11-4的多径图中，即使使用简单的规则也可能看到分支和合并。

图11-5中，我们可以观察一个拥有4个数字的游戏状态（使用沃尔弗拉姆的字母约定而不是比特）如何分支成4个其他值。每个新节点（或分支）只有一个

模拟多元宇宙

更改的数字（图 11-5 所示的例子中，数字是 A 和 B，但实际的多径图可以采用数字的任何组合）。最终，这可以表示为比特。

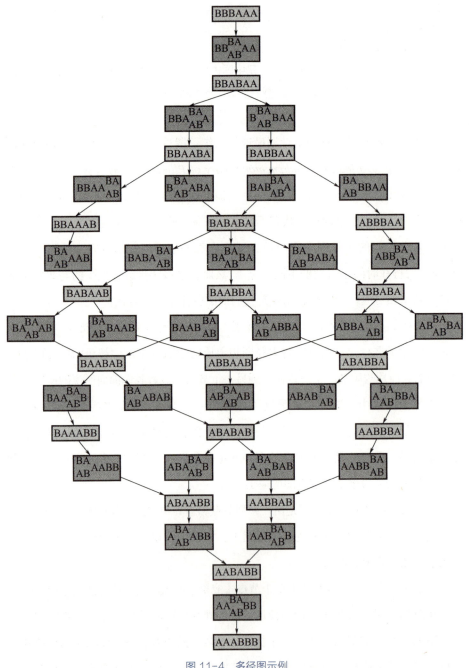

图 11-4　多径图示例

第四部分
多元宇宙的算法

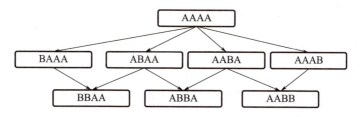

图 11-5　通过改变某一比特值触发的多径图分支和合并示意图

如果假设在时间上继续行进（在这种情况下，时间是向下的，遵循沃尔弗拉姆的约定和元胞自动机的约束条件），那么将看到不同的世界也可以合并，因为可以返回到之前的某个值，或者 2 个不同的游戏状态通过两种不同的操作，最终却可以"殊途同归"，获得完全相同的游戏状态。

为此，在多元宇宙图中，可以说每个节点都是世界的游戏状态（即整个宇宙中的所有比特）。虽然这并不确切是沃尔弗拉姆以其方法定义的图的含义[1]，但它为我们讨论多条时间线和多元宇宙提供了支撑。

这也意味着每个节点都携带了相当多的信息，但这都是理论节点，并不一定是物理节点。由于可能的配置（或游戏状态）受比特（或数字）位数的限制，因此这个图必定只能是一个有限的图[2]。

多元宇宙图（Mutiverse Graph）：宇宙游戏状态中所有可能节点值的图。

更加正式的时间线定义

节点之间的遍历可以表示为量子选择和某些单个条目（如一位比特、一个粒子、一个数字）的变化。类似地，任何节点和边的集合都可以组合起来，封装成"事件"（任何真正的事件）的更高层次的定义。

这类简单的图展示了多元宇宙理论可能令人惊讶的一个方面：宇宙不仅可以分

---

[1] 在沃尔弗拉姆的思想中，空间中的每个点被定义为一个节点，而时间被定义为从一个节点到另一个节点所需的计算。沃尔弗拉姆声称，你可以利用分支空间和多径图推导物理学的基本定律。例如，从一个点到另一个点的计算次数是时间膨胀的关键，时间膨胀在计算宇宙中有了新的含义。以光速或接近光速旅行的人只需要计算一次运算，而其他的计算则需要更多的运算。

[2] 在宇宙中，大约有 10^{80} 个原子，每个游戏状态都绝对是一个天文数字，每个可能包含 10^{80} 个值的字符串代表了巨大多径图中的某个节点。

岔，而且可以合并在一起，意味着从一个节点到另一个节点可能有多种可能的路径。

这也让我们找到了一种表征时间线和多元宇宙的计算方法。

时间线（Timeline）：在世界（多元宇宙图）所有可能状态的网络中，时间线是以特定方式相互连接的节点和边的子集，而经过的时间需要遍历或计算的边数。

本章开头介绍了时间线的定义，但如果仔细观察，就会发现前面的时间线定义虽然直觉很好，但却很难具体确定；时间线轴和每个轴上的间隔一样都是模糊不清的。

我们现在拥有了一种定义时间间隔的方法，时间间隔是世界的比特状态的变化。可以限于每次只改变1位比特，或者在更高层次的操作中同时更新某些比特位（可以将其编译为更小的1位比特更改，就像将计算机程序编译为更原始的操作一样）。单次可以改变的比特位越多，就越能更好地定义运行多元宇宙的计算机系统的并行性。

时间线上经过的时间量是经过的边数。这与计算步骤类似，只要它们是计算机处理器基本计算步骤或时钟速度的倍数，就可以对应世界上的任何时间量（如纳秒、秒、天、年等）。

有关多元宇宙时间线的一些评论

我们现在拥有了一种探讨多条时间线的方法，这与我们前文讨论的宇宙分岔、合并，并沿时间线演化的直觉相吻合。

这尤其与数字宇宙或数字多元宇宙息息相关。需要强调的是，这张图所蕴含的绝不是一个单一的宇宙，而是可能的整个多元宇宙。

图11-6中，尽管网络中的每个节点实际上是一个可能的游戏状态（或宇宙中所有粒子的比特串），但为了方便起见将每个节点分别简单地标记为字母A、B、C、D、E、F、G、H、I、J。我们现在可以得出以下结论：

- 现在可能是我们选择关注的多元宇宙图上的任何位置，我们正在从那个位置开始测量。
- 过去是我们所经过的任何节点。
- 可能的过去是指将我们从任意之前的一个节点遍历到当前节点的任何可行路径。

- 未来是我们决定从当前节点出发前往的任何节点。
- 可能的未来是节点图的子集,这些节点可以通过从当前节点向上行进的边来访问。

在图 11-6 中,从 {A,C,F,I} 出发是从 A 到 I 的合理时间线。同样地,从 {A,B,E,I} 出发也是从 A 到 I 合理的时间线。尽管中间节点的路径不同,但却殊途同归。

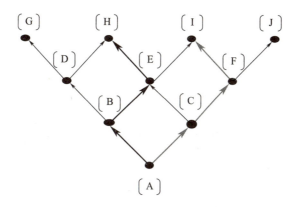

图 11-6　从 A 行进到 B 或从 A 行进到 F?

现在,我们有了类似于小学里学过的加法和乘法的结合律:可以按任何顺序对数字进行加法或乘法,最终得到的计算结果都是一样的,例如:(3+2)+5+4 = 3+(2+5)+4。无论采用何种计算方法,最后加起来的结果都是 14。

简单的加法虽然很容易理解,但它却给我们带来了一个惊人的启示:如果我们生活在一个点 I 处特定粒子排列的世界中,那么就有多种可能的过去!因为它们本质上都是合理的过去,所以你不能说哪一种过去不合理。在我刚才使用的示例中,从点 I 开始,点 E 和 F 都是合理的过去节点,但却不在同一条时间线上。显然,我们现在找到了一个定义曼德拉效应和延迟选择实验的计算模型。

寻常时间线多元宇宙图的简化

现在,我们找到了一种探讨和表示多元宇宙图上的时间线的更加正式的方法。当然,我们仍然可以通过更简单的时间线图的形式讨论,如图 11-7 所示。

模拟多元宇宙

如果放大这两条时间线，我们会观察到它们实际上是一组连接的节点，两条路径连接的节点正是合并点，或者两条路径分岔的节点是分支点。

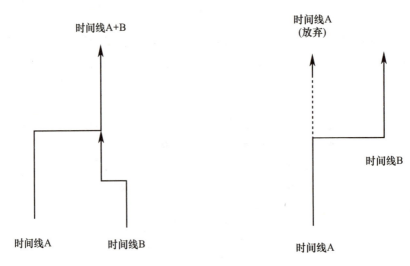

图 11-7　简单的时间线图

我们现在有了一种更正式的方法——从计算的角度来探讨多元宇宙。然而，如果我们只是运行单个计算机的 CPU，每次只遍历一个节点，那么根本没有必要涉及多元宇宙：没有多条时间线，就没有游戏状态需要保存和加载，就没有多种未来或多种过去的可能性，更没有曼德拉效应。

量子力学无与伦比的荒谬性和复杂性阐述了时间、概率波的坍缩以及量子多元宇宙的一切，现在只会因为我们遍历多元宇宙图的方法而凸现出来，而这正是第 12 章要关注的核心循环。

辅助阅读材料
洛基和漫威多元宇宙

当我在 2021 年撰写本书时，美国漫威工作室（迪士尼的子公司）基于漫画领域的优势新推出了一系列多元宇宙主题的连续电视剧《洛基》(*Loki*)。剧名取自恶作剧之神的名字，他是阿萨神族之一雷神托尔（Thor）同父异母的兄弟。

第四部分
多元宇宙的算法

知识链接

洛基（*Loki*）是北欧神话中的谎言与诡计之神，亦是火神，但实际是巨人出身。他是巨人法布提（Farbauti）和女巨人劳菲（Laufey）的儿子，阿萨神族主神奥丁（Odin）的结义兄弟。他个性狡猾奸诈，经常出言不逊，与其他神祇争吵不休。他是北欧神话体系里极为重要的神祇之一，在诸神黄昏扮演重要角色。

《洛基》由漫威影业为流媒体平台Disney+推出的限定剧，改编自漫威漫画，属于漫威电影宇宙，由汤姆·希德勒斯顿出演。第一季由凯特·赫伦执导、迈克尔·沃尔德伦作为主编剧；第二季由贾斯汀·本森和艾伦·穆尔黑德执导、艾瑞克·马汀作为主编剧。

故事发生在《复仇者联盟4：终局之战》美国队长和钢铁侠等人穿越到2012年，并导致洛基偷走宇宙魔方之后。洛基来到时间变异管理局，莫比乌斯让他帮忙修复时间线的紊乱，这个紊乱似乎和洛基盗走宇宙魔方、复联成员穿越时空有关。

《洛基第一季》共6集，分别为《光荣的使命》（*Glorious Purpose*）、《时间犯》（*The Variant*）、《拉曼迪斯》（*Lamentis*）、《关联事件》（*The Nexus Event*）、《神秘之旅》（*Journey Into Mystery*）、《永恒常相伴》（*For All Time Always*）。2021年6月9日在迪士尼旗下流媒体平台Disney+播出第一季。

图片来源：海报

在《洛基》第一季第1集中，洛基（汤姆·希德尔斯顿饰）发现自己身处一个陌生的地方——时间变异管理局（Time Variance Authority）。事实证明，他是一个变异体人（或者我喜欢称之为时间实例的异类），而且他已经分身到了一条新的时间线上。时间变异管理局成立的初衷是为了"保留"神圣的时间线，这意味着任何时候可能诞生一条新的时间线分支，而该时间线分支却不属于主时间线，通过将变异体人加入时间变异管理局的方式修剪时间线。扮演莫比乌斯（Mobius）的欧文·威尔逊（Owen Wilson）是负责追踪变种人的特工之一。时间变异管理局有一个可以显示时间线演变的监视器，每当出现新的意外时间线分支时，时间变异管理局就会收到屏幕上时间线异常变化的警报；此时特工会穿越时间线，并删减该时间线。

剧中，洛基在另一条时间线上还有一个特别烦人的变异体人——女性版的洛基，她喜欢称自己为西尔维（索菲·迪·马蒂诺饰）。西尔维穿越时空，巧妙地躲避时间变异管理局的特工，并在时间线中制造各种各样的恶作剧。在一个有趣的转折点时，洛基及时找到了她最喜欢的隐藏点：恰好在大灾难之前，她的存在不会触发意外的时间线分支。

似乎设立时间变异管理局是为了阻止我们本书中讨论过的多元宇宙类事情的发生。然而，最终洛基和西尔维与其他变异体人合作，试图挖掘出时间变异管理局背后所隐藏的真实情况。

他们最终找到了"幸存者"（乔纳森·梅杰斯饰），正是他首倡设立时间变异管理局，目的是保留单一的时间线。原来他是一个发现多元宇宙的科学家，有很多版本的他也在做着同样的事情。最终，引发了一场多元宇宙战争。为了避免战争的爆发，剧中主角（漫威漫画中称为"征服者康"）创建了时间变异管理局，以保留单一的时间线，并确保其他时间线也不会再产生分支，从而在多元宇宙诞生之前将其修剪掉，扼杀于摇篮之中。

从我们的角度来看，最有趣的是莫过于每当出现新的时间线时，我们都会观赏到多元宇宙以图形化方式出现在屏幕上。这是一个五彩缤纷的树状结构，实时渲染了多条时间线及其分支的演化。

第 12 章

核心循环的搜索

"通过选择,我们每个人都以各自单独的方式穿过可能世界的迷宫,绕过了同样真实的选择和同样真实的我们自己和他人的替身,选择了我们必须生活的世界。"

——汉斯·莫拉维克《模拟、意识和存在》

(*Simulation*, *Consciousness*, *Existence*)

知识链接

汉斯·莫拉维克(Hans Moravec)(1948—),美国著名人工智能专家,卡内基—梅隆大学移动机器人实验室主任。机器人研究领域的权威之一,曾参与世界最大机器人软件的创立工作,现在卡内基—梅隆大学工作。著作有《智力后裔:机器人和人类智能的未来》《机器人:通向非凡思维的纯粹机器》等。

莫拉维克悖论(Moravec's paradox)是由人工智能和机器人学者所发现的一个和常识相左的现象。和传统假设不同,人类所独有的高阶智慧能力只需要非常少的计算能力例如推理,但是无意识的技能和直觉却需要极大的运算能力。该理念由汉斯·莫拉维克、罗德尼·布鲁克斯(Rodney Brooks)、马文·闵斯基(Marvin Minsky)等人于 20 世纪 80 年代提出。

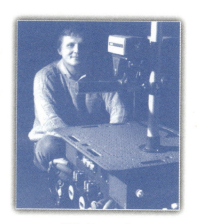

图片来源:网络

模拟多元宇宙

本章将深入探讨核心循环的机制，虽然在本书前面章节已经多次提过，但迄今为止并未给出更正式的定义。本章还将总结模拟多元宇宙方方面面的内容，并在本书的第五部分阐述大视野。

运行简单的模拟

让我们假设模拟一个蚁群，这是一个非常简单的非图形化模拟：采用一个简单的方程，反复应用，以确定经过若干步骤后的蚁群数量。根据模拟的蚁群类型（蚂蚁、果蝇等），世代的间隔可能是一年、一个季度或一天。关键变量是初始蚁群数量和增长率（包括蚁群出生率和死亡率）。

当然，真实世界的种群数量模型不可能如此简单，必然有意想不到的涨落问题。假定增长率（从出生到死亡）根据种群数量规模的不同而有所差别，这样简单模型会变得复杂一些：例如增长率太快，食物可能会出现缺乏，因而死亡率会上升[①]。

另一种将简单模型变得复杂的方法是像我们在计算机程序中所做的那样，增加一些规则。在较简单的计算机程序中，一系列的 IF-THEN 计算机操作指令可以减缓蚁群增长。应用这种程序，经过多次波动后的蚁群数量更有可能稳定在某个平衡的范围内。

但是，这种简单的确定性模拟方法本质上并没有涉及多元宇宙。如果想尝试不同的变量，或者添加随机性元素，我们可以根据每一组变量产生不同的结果，从而获得一个可能未来的概率集合。

进一步而言，每一步（或每一代）后都改变蚁群模型的变量。在这种情况下，比如给定初始蚁群 5 个增长率就会有 5 个结果，我们将在每一步之后产生 5 条时间线，形成一个更大的概率树，从而越来越像第 11 章所说的多元宇宙图。

我们为什么要这样做（如添加随机变量，并尝试运行独立的时间线）？一个原因是要弄清楚不同结果的概率是多少。在蒙特卡罗模拟中，你可以多次运行同一过程以查看结果是什么，并将结果绘制成分布图。如果数据集中于特定区域，

---

① 我们也可以通过将公式（如 logistic 方程）替换为一个自调整的公式来做到这一点，当蚁群数量增加并达到某个最大值时，增长率会下降。

你可以信心满满地说这些区域就是最有可能的结果。

运行模拟的另外一个原因是为了寻找最优结果。正如我们在本书第 10 章所说，量子计算已经在药物发明的分子模拟中充分展示了其优越性。这些模拟的复杂性往往都是指数量级。经典算法通常需要耗费很多年的时间，才能遍历所有可能的组合，并找到最优的组合。

定义核心循环

如果我们真想在多元宇宙图的每一步中获得某个模拟实体的最佳结果，自然而然就产生了核心循环的基本结构。在每一点上，我们都在为下一步尝试不同的值。这可能是确定的值，也可能是随机的值，或者是在模拟之外（玩家或模拟器）人为选择某些要素。这样，我们有效地从当前时间点衍生出不同的时间线，并找出最佳路径。一旦决定了要遵循哪个分支的时间线，我们可能会重复同样的过程，生成不同的时间线，并找出下一步最佳的结果。

采用以下步骤优化未来，定义核心循环（作为经典算法）时，假设一个简单的经典游戏状态：

（1）保存当前游戏状态 A（GAMESTATE A）

（2）创建分支 B（BRANCH B）

- 改变游戏状态 A（GAMESTATE A）中的某些变量，并称之为游戏状态 B（GAMESTATE B）
- 从游戏状态 B（GAMESTATE B）开始运行 n 步程序
- 在第 n 步，计算并获得这条路径（如分支 B（BRANCH B））的得分

然后，可以通过记录分支 B（BRANCH B）的结果，重新加载游戏状态 A 并改变游戏状态，创建分支 C（BRANCH C）等，重新运行整个过程，直至抵达源自 A 分支出来的可能路径的最大广度和深度。

最后，记录每个分支的得分，并做出选择。由于限制我们可以探索的分支数量有限，因而最大深度（或运行每个分支的步数）尤为重要；否则，我们最终会遇到无限循环问题：程序一直在运行，结果每个分支都会永远运行下去，导致最后无果而终。

模拟多元宇宙

电子游戏算法的案例：极小极大算法

尝试不同的值，评估最佳路径，然后每一步重复执行程序的这种过程我们并不陌生。这正是我们一直在计算机游戏和其他模拟中一直采用的做法。在计算机科学中，我们称之为遍历图，或搜索图以获得最佳结果。

如何确定哪个分支最优呢？需要一个适应度函数（fitness function），并为每个分支指定一个期望值（得分）。适应度函数是一个通过每个可能路径或时间线的相对值（通常用数字表示）来评估其相对优劣的函数。

适应度函数的性质因我们所玩的游戏而异。例如跳棋游戏中，适应度函数非常简单：你和对手在棋盘上剩下的棋子数决定了一步棋的最佳程度；而在国际象棋中，适应度函数不仅取决于你有多少棋子，还取决于你和对手棋盘上所剩的棋子以及双方势力对峙状态。例如，如果你走某一步棋而丢掉棋子"女王"，那么通常来说绝不是一步好棋。

我第一次接触到这，是在创建类似国际象棋和跳棋的游戏时，在所谓的极小极大算法（Minimax algorithm）中采用了一个简单的适应度函数，如图 12-1 所示。之所以这么说，是因为从游戏的当前状态来看，我们会在每一步棋后分别评估玩家和对手的适应度水平。目标是使对手的适应度函数值最小化，并使自己的适应度函数值最大化。

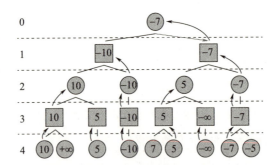

图 12-1 简单的电子游戏算法——极小极大算法（图片来源：Nuno Nogueira, https://commons.wikimedia.org/wiki/File: Minimax.svg）

第四部分
多元宇宙的算法

在本书第 11 章中,我们展示了如何将简化后的时间线概念更正式地表示和理解为节点的多元宇宙图。如果将每个节点看作一个游戏状态,网络将向我们展示源于每个时间点可能的未来和可能的过去。在游戏中,行为是通过选择某个动作来完成的,具体表现为游戏状态的变化。

遍历图:广度优先与深度优先

核心循环让我们通过检验所有的这些未来,从而拥有最大化可能的未来。在多元宇宙图中,节点是表示世界的游戏状态,而可能的动作则是通过使用操作符来改变比特实现的。在模拟宇宙中,这实际上意味着遍历图,通过模拟运行多步,积累某种意义上的理想值。

尽管有很多种遍历任意图的方法,但是最简单、最常用的基本算法是广度优先和深度优先两种。它们基本上定义了我们可能经过的可能节点的顺序。

广度优先算法是一种最简单常用的遍历图方法,如图 12-2 所示,列出了搜索图中节点的顺序,从节点 1(第一行)开始,行进到第二行(节点 2、3、4),然后行进到下一行(节点 5、6、7、8 等)。广度优先主要适用于简单遍历图的搜索。随着连接节点数量的快速增加,它会变得异常复杂。如果每层

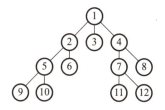

图 12-2　广度优先搜索示例
(数字表示评估节点的顺序)

网络都有太多的节点需要搜索,会导致很难在可接受的时间内搜索到任何深度。

而且,我们还不清楚在不深入遍历每一条路径的情况下,如何评估图中每层网络中每个节点的适合度。例如,要知晓始于节点 4 的第一条路径可能有多好,我们必须分别到达节点 7、11 和 12。而使用广度优先搜索时,则无须到达这些节点。例如在国际象棋中这个更具体的例子中,如果牺牲棋子"皇后",可能会让我们在下一步走棋时获得很低的得分。但如果这一步能让你在 3 步棋以内战胜对手,那么这步棋可能是最好的选择。

当特定节点的适应度取决于未来可能发生的情况时,深度优先搜索算法可能会更好用。

深度优先的搜索顺序如图 12-3 所示，你可以看到在回溯到下一条路径之前，通过深入一条或两条路径来遍历节点，直到达到某个预定的最大深度。图中，深度为 3（因为在搜索的起始节点下方有三层）。一条时间线一直探索到未来某一步的深度为止，可谓"一路走到头，不撞墙不回头"。

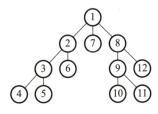

图 12-3　深度优先搜索示例

为什么想要在某个最大深度停止搜索？因为搜索得越深入，占用的计算资源就越多，整个搜索过程就会越慢。在一个无限的多元宇宙中，遍历图的深度似乎没有上限，因此计算机的搜索实际上永远不会停止。因此，最大深度是我们使用的搜索边界条件，但在我们探索的每个节点上，却可以应用完全相同的搜索算法。

递归和深度优先搜索

事实上，如果我们的核心循环实际正在发生，并且多个宇宙正在分岔，那么其工作原理与递归算法非常相似。递归的一个特点是可以生成非常复杂的结果。我们在本书第 9 章中探讨了分形的概念。生成分形的方法是在每一层使用递归算法，分形在每一层上都与自相似性有关。

递归是一种让计算机程序使用不同变量运行同一版本的程序代码，但每次运行都不知道其他结果的方法。针对所有有效的目标，每次程序运行都有自己的任务，并且基本上不知晓其他的程序运行结果，除非从其他程序获得一些数值作为本次运行的输入，然后将答案传回上一个程序。

因此，递归非常适合深度优先搜索。它能够深入到遍历图中并计算出下一个值，将每个分支的值返回到起点。递归是一种将复杂的大问题简化为稍微简单的较小问题的方法，并分别计算出较小问题的答案，然后根据较小问题的答案计算出最终的答案。

让我们用一个简单的示例，演示如何使用递归计算一个整数的幂指数的值。假设要计算 2 的 8 次方。对于 n 的任何值作为指数，公式很简单：

第四部分
多元宇宙的算法

$$2^n = 2 \times 2^{n-1}$$

因此，2^8 实际上是 2 乘以 2^7。如果调用一个函数来计算这个小问题，可以简单地将它乘以 2，然后得到我们想要的答案。类似地，$2^7 = 2 \times 2^6$，以此类推，直到我们得到 $2^1 = 2 \times 2^0$，其中，2^0 简单地定义为 1。这是边界条件，也是代码停止应用同一算法，并回溯至算法前一个递归值的点。

如果你以前从未接触过递归，并且是第一次学习编程，那么它可能看起来有一点奇怪。它也可以在无限循环中运行，除非设置了正确的边界条件。就像俄罗斯套娃（Russian doll）中最小的娃娃一样，必定存在一个最小的俄罗斯娃娃。

知识链接

俄罗斯套娃是由俄罗斯出产的一种传统的工艺品和玩具。俄罗斯套娃多是由绘有彩色图案的多个空心的人偶娃娃一个套一个地嵌套组成，可以嵌套多层。套娃的开口在底部，且底部平坦，可以直立放置。传统套娃为木材质，后来偶尔也有其他材质（如陶瓷、金属、塑料等）。

"套娃"在俄语中称为"玛特廖什卡"（матрёшка，matryoshka）。中文圈为了表述明确，常冠以国名而称之为"俄罗斯套娃"。

图片来源：360 百科

修剪树支：遗传算法的作用

你可能已经发现，这里所描述的创建和修剪可能性之树的过程非常类似于计算机科学中所谓的"进化"过程。"进化"一词虽然源于生物学理论，但现在已经成为信息科学中优化实际问题的方法。

进化论现在广泛应用于许多领域，而绝不限于有机生物的进化。无论我们讨论的是物理实体，还是抽象或具体的知识概念，基于变量变化分岔的树状结构保留最优分支的思想几乎是共识。许多宗教从其他宗教信仰中衍生出来，如果将其绘制成一条大河的支流，其中一些支流消亡不见了，而另一些支流则愈发强大。人类交流的语言也是如此。树状结构似乎是自然界中三维物理世界的基础，在思想的知识界中也是必不可少的。

多元宇宙图和核心循环隐含了一种基本观点：树状结构也有时空思想。树支在时间上向前投射，直到它被修剪掉，或成为主支。

丹尼尔·丹尼特（Daniel Dennett）在《达尔文的危险思想》（Darwin's Dangerous Idea）一书中写道："我根本没有意识到，几年后会萌发一个想法——达尔文的思想与宇宙的"尖酸"半斤八两，几乎是别无二致：达尔文的思想几乎打破了所有的传统概念，创立了一种颠覆性的世界观，虽然仍不乏许多老套的说法，但已经从根本上改变了人类的传统观念"[53]。

英国牛津大学理查德·道金斯（Richard Dawkins）将这种认为进化可以应用于非生物环境的观点称为普遍达尔文主义（Universal Darwinism）。而在计算机科学中，我们常常称之为进化算法或遗传算法。

知识链接

理查德·道金斯（Richard Dawkins，1941—），英国著名演化生物学家、动物行为学家和科普作家，英国皇家科学院院士，牛津大学教授，是当今仍在世的最著名、最直言不讳的无神论者和演化论拥护者之一，有"达尔文的罗威纳犬"（Darwin's Rottweiler）之称。

道金斯同美国哲学家丹尼尔·丹尼特、神经科学家山姆·哈里斯和已故的英裔美国作家克里斯托弗·希钦斯常常一起被称为"新无神论的四骑士"。

图片来源：网络

遗传算法最早是由美国麻省理工学院约翰·霍兰德（John Holland）在20世纪70年代（译者注：原文为20世纪40年代有误）提出，它是生物技术和信息科学的奇妙结合，充分展示了它们之间的关联性。遗传算法作为一类计算机科学中的进化算法，是一种搜索最优解的高效方法，运算符借用了生物学的术语变异（mutation）、交叉（crossover）和选择（selection）等。

知识链接

约翰·霍兰德（John Henry Holland）（1929—2015年），涌现理论奠基人，遗传算法之父，复杂适应系统理论提出者。曾任美国密歇根大学计算机系教授、心理学系教授，是美国圣菲研究所的创始人之一。代表作有《自然系统和人工系统中的适应》（Adaptation in Natural and Artificial Systems）（1975，1992）（遗传算法开山之作）、《隐秩序——适应造就复杂性》（Hidden Order: How Adaptation Builds Complexity）（1995）、《涌现——从混沌到有序》（Emergence: From Chaos to Order）（1998）等。

图片来源：网络

让我这个门外汉总结一下达尔文自然选择理论——它赋予大自然一种机制，通过试验找到某个物种的最佳或最适合生存的途径。基因突变引发物种的微小变种，然后繁殖产生这些基因的新组合，周而复始。随着时间的推移，通过优胜劣汰那些最合适的物种会存活下来，得以继续繁衍生存；而那些不合适的物种最终灭绝，成为生命之树被修剪的那一个分支。

遗传算法是一种常用的优化和搜索问题的高质量解决方案[54]，其主要思想是在候选实体群中搜索，以找到可能最适合某项任务的实体。遗传算法从实体的某个初始版本出发，更改实体某个参量，根据适应度函数评估每次更改结果。在某些情况下，通过遗传算法找到多个最适合的结果，常常将这些结果合并，进一步评估看看那个结果最优。

为了在某个搜索空间有效地实施遗传算法，至少需要以下几点：

（1）状态的数字表示。即将生物学基因表示为一系列的数字。事实证明，大多数问题就像游戏状态一样，都可以表示为比特信息串。

（2）适应度函数。需要一些方法评估未来的每一步搜索。

基因很容易被认为是信息，这并非是一种巧合。早在人类发现DNA之前，理论上用于遗传的最小信息单位就是基因。虽然交叉的机制从生物学（将染色体信息表示为比特组合）借用而来，但与我们的多元宇宙图有诸多相似之处。多元

模拟多元宇宙

宇宙中的每个节点都是一个游戏状态，最终可以认为是代表宇宙状态的一系列比特信息。

当每个游戏状态分支时，游戏状态中的某些比特会发生变化。根据我们定义的时间间隔以及所需要的操作数，在一个时间步内可能会发生许多可能的改变。

然后不断地重复以上过程，并采用适应度函数评估每个结果。我们看到，自然界中寻找最佳解决方案似乎是一个生命之树不断进化的过程，而核心循环可能意味着同样的过程也在宇宙本身的进化中发挥着作用。

重新审视核心循环

核心循环有点像复杂的遗传算法，同时伴随着许多随机性，不仅指出了我们要探索的分支方向，而且列出了那些应该放弃的路径。这个机制相对容易理解：在一定的深度上使用递归，从我们所处的位置出发向下重复相同的过程，尝试找到好的结果。无论你在网络图的哪个位置，过程都是一样，我们可以用它来实现我们的核心循环。

因此，产生多条时间线的核心循环与多元宇宙图的递归搜索类似，沿时间线到达一定深度寻找结果，并返回到当下。然后，继续开始下一层级的搜索，修剪并删除那些看起来似乎不是最优的路径，与遗传算法异曲同工。

当然正如我们在本书第10章所述，这些可能性以并行而非串行的方式进行探索，因为计算是在并行世界中进行的，因此几乎是瞬时地评估海量的可能选择。事实上，量子算法似乎就是这么做的。

量子的核心循环也是一个递归过程，基于当下时间点并行运行不同的未来，非常快速地评估这些所有的未来，以找到心仪的时间线，然后向下行进继续遍历图。

我们将在第13章中深入探讨其他物理学家的观点，并尝试给出一些解释；但目前，我们体检了一种机制：宇宙是一个寻找更好结果的递归循环。

第四部分
多元宇宙的算法

《黑镜》——《绞死 DJ》

在英国科幻连续剧《黑镜》（*Black Mirror*）第四季第 4 集《绞死 DJ》（*Hang The DJ*）中，两个寻找真爱的年轻人弗兰克（Frank）和艾米（Amy）通过一个名为 Coach 的自动约会 App 配对成功。Coach 不仅为情侣牵线搭桥，还规定了他们与对方相处的时间，从一夜情到几个月甚至几年的同居生活时间都有可能。借助人工智能，Coach 的目标是在配对日找到一个合适的终身伴侣，系统的成功率高达 99.8%。

艾米和弗兰克只进行了 12 个小时的配对，然后第二天和其他人配对。这两个人都和其他人配对并交往了更长的时间，弗兰克与他人交往了一年，而艾米则与他人交往了 9 个月。他们在一次活动中再次偶然邂逅，而另一对夫妇谈到了成功的终身伴侣，但两人似乎都对 Coach 在接下来的几个月里为他们配对的伴侣不太满意。艾米在她 9 个月的配对结束后，结束了一系列她觉得不满意的短暂配对。当弗兰克再次有空时，他们通过 Coach 又配对成功在一起了，这次他们相互认可，享受彼此的陪伴，并不担忧在一起的时间长短。当他们的配对日即将到来时，艾米说服弗兰克在前一天晚上一起逃跑，而不是等待 Coach 将他们和其他人配对。

对话交流中，弗兰克和艾米讨论了在这次感情匹配之前，他们却没有任何之前的记忆是多么的奇怪。最终，他们意识到人工智能系统 Coach 和他们所生活的世界正在发生一些荒谬的事情。

他们反抗，并试图逃跑。

当他们这样做的时候，意识到他们身处一个已经运行了多次的模拟中。在现实世界中，他们实际上是在一家播放流行音乐的酒吧里相遇，模拟已经运行了 1000 次，以了解他们会做什么。他们发现，在已经运行的 1000 次模拟中有 998 次模拟他们决定一起逃跑，而不是等待人工智能系统将他们与其他人配对：这是一个很好的兆头，表明他们彼此和睦相处。

模拟多元宇宙

知识链接

《黑镜》第四季用 6 个独立的小故事讲述了人性在科技的发展中是如何被利用、破坏、或者被重构。2017 年 12 月 29 日在美国 Netflix 网站首播。包括《卡利斯特号》(*USS Callister*)、《天使方舟》(*Arkangel*)、《致命鳄鱼》(*Crocodile*)、《绞死 DJ》(*Hang the DJ*)、《金属头》(*Metalhead*)、《暗黑博物馆》(*Black Museum*)。

黑镜第四季第 4 集《绞死 DJ》海报

第五部分
大 视 野

我确信,当你听我这样说的时候,你并不真的相信我的话,甚至不相信"我自己也相信"。然而,这却是事实。

——菲利普·K.迪克,1977年法国梅茨国际科幻节

第 13 章

宇宙是多次模拟进化的结果

时间永远分岔,通往无数的未来。

[阿根廷]豪尔赫·路易斯·博尔赫斯《小径分岔的花园》[56]

知识链接

豪尔赫·路易斯·博尔赫斯(Jorge Luis Borges)(1899—1986年),阿根廷诗人、小说家、评论家、翻译家,西班牙语文学大师。1923年出版第一部诗集《布宜诺斯艾利斯激情》,1925年出版第一部随笔集《探讨集》,1935年出版第一部短篇小说集《恶棍列传》,逐步奠定在阿根廷文坛的地位。代表诗集《圣马丁札记》《老虎的金黄》,小说集《小径分岔的花园》《阿莱夫》,随笔集《永恒史》《探讨别集》等更为其赢得国际声誉。曾任阿根廷国家图书馆馆长、布宜诺斯艾利斯大学文学教授,获得阿根廷国家文学奖、福门托国际出版奖、耶路撒冷奖、巴尔赞奖、奇诺·德尔杜卡奖、塞万提斯奖等多个文学大奖。

图片来源:网络

本章我们将探寻的各种线索连串起来,来阐述宇宙之所以可能衍生出多个世界的原因及其可能的工作机制。理论上,这些原因和机制都与计算息息相关。

核心循环源于时间线,止于时间线。从本质上讲,本书所阐述的核心循环过程可能是宇宙计算过程中工作流程的一个固有部分。因此,宇宙在时间和空间一样都在创造模式。对于我们这些置身于特定时间线上的人来说,时间的模

模拟多元宇宙

式通常是因为"当局者迷"而无法知晓；但如果置身事外，像从模拟之外观察计算机模拟那样观察宇宙，我们就会"旁观者清"，能够很清楚地观察到时间的模式。

对量子力学的发现，必然引导我们去推测模拟的世界；同时我们也知道量子计算机正像宇宙可能的工作机制一样，能够同时运行多条时间线。此外，我们一探究竟的核心循环猜想也为我们解释量子力学和我们的宇宙贡献了一种不同寻常的诠释方法：每次绝不是简单地创建无限多个平行宇宙进行量子测量；这些不同的宇宙实际上是计算过程中不可分割的一部分，计算过程取决于量子并行计算；时间线不断地分支、合并，直至获得最理想的结果。

虽然这似乎是一个具有高度推测性的命题，但事实证明，许多物理学家一直在孜孜不倦地探索量子力学的奥秘，并获得了大同小异的结论。当然，我们生活在模拟多元宇宙中的结论回避了一个问题：模拟多个世界的目的是什么？

正如第 12 章核心循环所讨论的那样，我们多次运行模拟，以便获得最有可能和/或最优的结果。对于计算上不可约的过程来说尤其如此，了解可能结果的唯一方法是运行计算过程到某一点，并观察比较每次计算的结果。

在我们的例子中，计算上不可约的过程并不逊于宇宙本身的演化。为了回应伏尔泰（他说"我们活了很多回，不如只活一回"的言论让人惊讶），生活在多条模拟时间线（模拟多元宇宙）中，会比发现我们只生活在一个单一的模拟时间线或宇宙中更令人惊讶吗？

知识链接

伏尔泰，原名弗朗索瓦 - 马利·阿鲁埃（法文：François-Marie Arouet，1694—1778 年），伏尔泰为其笔名，18 世纪法国启蒙思想家、文学家、哲学家。

伏尔泰是 18 世纪法国资产阶级启蒙运动的泰斗，被誉为"法兰西思想之王""法兰西最优秀的诗人""欧洲的良心"。主张开明的君主政治，强调自由和平等。代表作《哲学通信》《路易十四时代》《老实人》(也译《憨第德》) 等。

图片来源：网络

第五部分
大视野

> 伏尔泰推崇中国文明,崇拜中国儒家思想。他根据元杂剧《赵氏孤儿》的法译本创作了一部悲剧《中国孤儿》,在法国引起了很大反响。

事实上,量子物理学的奥秘告诉我们,它比单一的一个模拟的连续运行或更传统的唯物主义假说更好地解释一个事实:宇宙是物质的,它只朝着一个从过去到未来的方向向前运行,根本不存在多个过去或未来。

最后,模拟多元宇宙的观点为曼德拉效应提供了一个出乎大家意料的解释:初始条件的微小变化由于其随后被合并到我们当前的游戏状态中,从而造成人们记住的时间线略有不同。

时间线为什么要合并呢?正如我们在无数例子中所看到的那样,多元宇宙的可能节点其实是不同的游戏状态。称它们为粒子或比特的不同排列,名称并不重要,因为正如惠勒和多伊奇曾经提醒过我们的那样,它们都是比特(或量子比特)。每一种排列都是多元宇宙图中的一个节点,只是为了直观地阐明不同的宇宙可能采取不同的路径而已。

模型中核心循环是一个计算过程,也是宇宙固有的运行方式。宇宙分岔产生了多条时间线,并将其作为多个过程,而每个过程都在数量非常庞大(尽管有限)的节点集合中探寻略微不同的路径。

这些多个历史和多个未来随后汇合成一个单一的分支,我们在这条时间线上观察,并将其作为我们的特定现实。这并不意味着不存在其他分支——它们和这个分支一样真实地存在,至少在模拟运行时是如此。我们所认为的"现在""过去"和"未来"**实际上只是一株巨大的时间树状结构的分支**。事实上,我们自己可能也只是目前正在进行深度优先搜索中的一个分支上的时间实例。在这种情况下,我们可能注定要在未来被合并或裁剪,但却不知晓是否包含我们所在的特定实例。

《小径分岔的花园》

1941年,阿根廷作家、诗人豪尔赫·路易斯·博尔赫斯(Jorge Luis Borges)出版了一部题为《小径分岔的花园》(*The Garden of Forking Paths*,西班牙名为

模拟多元宇宙

《*El jardín de senderos que se bifurcan*》）的短篇小说，似乎预示了多个宇宙是穿越时间的路径。一代又一代的物理学家和科幻小说作家从这个故事中找到灵感，并在尝试解释量子多元宇宙概念时使用了这个隐喻。我在这里提及它，是将其作为一种生动形象的渲染时间线分支的方法。

故事中，我们通过主人公崔誉（Yu Tsun）（译者注：也译余准）博士的一则声明了解了事情的一些来龙去脉。在第一次世界大战期间，居住在英国伦敦的崔誉替德国人当间谍。事实上，崔誉是中国云南省前总督崔朋（Ts'ui Pen）的直系后裔。崔朋辞去总督职务，耗费 13 年的时间创作了一部小说，并因建造了一座"所有人都会迷路"的迷宫而出名。

知识链接

《小径分岔的花园》是阿根廷作家博尔赫斯创作的一部带有科幻色彩的侦探小说，故事虚构了一战期间在英国为德国当间谍的主人公中国人崔誉博士在同伴被捕、自己被追杀的情况下，为了把重要情报告知德国上司，而不惜杀死汉学家艾伯特的经过。故事的讲述以崔誉被捕后狱中供词的方式展开，且以欧洲战争史上一个重大事件的推迟为切入点，引人入胜。小径分岔的花园是一个谜语，而谜底正是时间。

包括美国物理学家加来到雄、英国科幻作家奥拉夫·斯特普尔顿等在试图解释多条时间线的概念时，都提到了《小径分岔的花园》。

1948 年 8 月，美国科幻、推理小说作家及评论家，著名编纂家安东尼·布彻（Anthony Boucher）将博尔赫斯的第一部作品《小径分岔的花园》翻译成英文，发表在《埃勒里·奎因推理杂志》上。

参考文献：[阿根廷] 豪尔赫·路易斯·博尔赫斯，小径分岔的花园 [M]．王永年译，上海：译文出版社，2015.

崔朋，又译彭冣。冣，读音 zuì，汉字"最"的异体字。《篇海类编·宫室类·冖部》："冣，音最，极也。"《战国策·赵策四》："虏赵王迁及其将颜冣，遂灭赵。"《世说新语·文学》："谢公因子弟集聚，问《毛诗》何句冣佳。"

第五部分
大视野

但不幸的是，崔鹏英年早逝，只留下了一份神秘的杂乱无章的手稿，该手稿由一个道士整理出版，他是崔鹏的遗产执行人。崔鹏没有留下迷宫的任何线索，但却留下了一封诡秘的信，信中写道："我将我的小径分岔的花园留给不同的未来，但并非所有的未来。"

战争期间，崔誉在英国伦敦郊外拜访了年迈的汉学家艾伯特博士，执行一项与他为德国间谍工作有关的差事。让他没有想到的是，他刚一迈进房子，艾伯特问他是否在那里观赏那个他称之为小径分岔的花园。这让崔誉突然回忆起他祖先那本尚未完成的书，艾伯特从英国牛津大学图书馆复印了一本，并一直在研究它。

起初，崔誉认为艾伯特研究其曾祖父的奇书毫无意义："这是一堆矛盾百出、体例混乱的手稿。我曾经有一次快速浏览了一遍：英雄在第3章死了，而在第4章却还活着。"

这时，艾伯特却得意洋洋地告诉崔誉，他实际上已经破解了他著名祖先和迷宫的谜团。《小径分岔的花园》不仅是崔鹏写的书，更是他精心建造的一座迷宫。

《小径分岔的花园》并没有像小说通常发生的故事情节那样，让主人公只能从中选择一种并放弃其他可能的选择，而是探索了每一种可能的选项。行为的所有可能结果都同时出现，从而创造出了分岔的路径。艾伯特还指出，正如我们在本书前几章中所陈述的那样，有时不同的路径会汇合在一起，意味着它们有不同的"前序事件链"。

从本质上说，崔鹏迷宫的曲折是一种穿越时间、错综复杂的无形路径。艾伯特告诉他：

在崔鹏的心目中，小径分岔的花园是一副宇宙残缺的、不完整的，然而绝非虚构的画面。与牛顿和叔本华不同，你的祖先认为时间并不是绝对统一的。他相信在无限的时间序列中，分岔、汇合和平行的时间线交织成了一张令人眼花缭乱地增长、不断延伸的网络。这些由互相靠拢、分岔、交错或者几百年没有交集的无数丝缕的时间线织成的网络包含了每一种可能性。

模拟多元宇宙

> **知识链接**
>
> 叔本华（德文：Arthur Schopenhauer，1788—1860年），德国著名哲学家，唯意志主义的开创者，非理性主义哲学家的代表人物，无神论者和宿命论者。主要哲学观点涉及形而上学、伦理学、逻辑学和美学。
>
> 叔本华的思想对学术界和文化界影响极为深远，开创的非理性主义思潮不仅影响了华格纳、萧伯纳、尼采、托尔斯泰、莫泊桑、维特根斯坦、柏格森、萨特、霍克海默、王国维等不同国家众多的文人和哲学家，甚至连爱因斯坦、薛定谔等科学家，弗洛伊德和荣格等心理学家也都受其影响。主要作品有《叔本华论道德与自由》《人生的智慧》《生存空虚说》《叔本华论说文集》《叔本华思想随笔》《叔本华美学随笔》《叔本华人生哲学》等。
>
>
> 图片来源：网络

艾伯特还说：在某些路径上，有他而没有崔誉；而在另一些路径上则相反，有崔誉而没有他；甚至有些路径上，他们俩人虽都存在但却从未相遇过。他们恰好在他们相遇的时间线上。在一条时间线上，他们相遇是朋友，而在另一条时间线上，他们相遇却是敌人（我无意介入故事的是非，但是崔誉是替艾伯特的德国充当间谍，所以他们在故事的时间线上是敌人）。

简而言之，崔鹏似乎在描述一个宇宙，宇宙中多条时间线根据所有可能的值不断的分岔，这与量子力学的多世界诠释非常相似。而且，它还表明了一种观点：许多路径很可能不会作为独立的时间线而存在，但可能会与其他的时间线合并。这正是本书所探讨的思想（当然还没有涉及计算机模拟、量子力学或科幻小说）。

我敢断言，模拟多元宇宙是"小径分岔的花园"的更新版，也是一个"所有人都会迷失路径的迷宫"。

人工智能、电子游戏和自我模拟：运行多个模拟

如果小径分岔的花园是一个缩微版的、可视化我们一直在努力构建大结局的好方法，那么不免有一个疑问：为什么有人想要构建如此一个模拟多元宇宙呢？为什么有人想要一遍又一遍地反复运行类似的场景，有时选取不同的参数重新访

第五部分 大视野

问相同的路径？答案之一就是从不同的选择中学习，今天的游戏情节设置人工智能学习环节就能充分说明了这一点。

20 世纪 50 年代，信息论创始人克劳德·香农（Claude Shannon）提出终极的计算机可能会玩电子游戏，并指出随着人工智能技术发展日趋成熟，复杂性和任务性分为几个层次。其中一个层次是游戏，我们按照规则编程，而计算机按照规则玩游戏；香农设计定制电路完成规则的任务，开发了第一款能玩国际象棋的计算机软件。香农提出的复杂性层次是计算机可以通过玩游戏来学习规则，而不需要人工编制程序代码。然而，多年来人工智能一直通过编程规则来训练下棋，这似乎足以打造出一个有竞争力的人工智能棋手。

然而，人们认为像围棋（Go）之类的游戏对人工智能来说更具挑战性。这是因为它更难以明确转换为计算机代码，以评估不同棋子走法的策略，而且棋子可能走法的数量绝对是一个天文数字。

2014 年，谷歌推出了基于 DeepMind 人工智能平台的"阿尔法狗"（AlphaGo）软件。阿尔法狗集成了编程规则和基于树的搜索算法。2015 年，"阿尔法狗"首次击败了一名职业围棋选手。谷歌继续不断地完善"阿尔法狗"：其中一个版本集成了搜索算法、编程规则和自我模拟强化学习，随着时间的推移，其水平和能力超越了最初的"阿尔法狗"。2016 年，"阿尔法狗"击败了 18 次世界围棋冠军、职业九段棋手李世石（Lee Sedol）。2017 年，大师版"阿尔法狗"击败了世界排名第一的中国棋手柯洁。

知识链接

强化学习，又称再励学习、评价学习或增强学习，是机器学习的范式和方法论之一，用于描述和解决智能体（agent）在与环境的交互过程中通过学习策略以达成回报最大化或实现特定目标的问题。

后来，谷歌工程师们摒弃了计算机软件的编程规则，让阿尔法狗根据结果学习游戏规则，开发出了最强版"阿尔法狗"（AlphaGo Zero），它只需在几天内玩数百万场游戏来学习。据谷歌网站称，"AlphaGo Zero 还增加了新的知识学习能

模拟多元宇宙

力,开发了非常规的策略和创造性的新招式,复现并超越了其与李世石和柯洁的比赛中使用的新技术"。

知识链接

AlphaGo Zero 是谷歌下属公司 Deepmind 的围棋程序。AlphaGo Zero 采用蒙特卡罗树搜索(Monte Carlo Tree Search)和深度学习算法,从空白状态学起,在无任何人类输入的条件下,AlphaGo Zero 能够迅速自学围棋,并以 100∶0 的战绩击败 AlphaGo 等。

图片来源:网络

在围棋或象棋这样的桌面游戏中,我们很容易理解为什么人工智能想要反复运行只有微小变化的同一模拟。计算机软件系统希望通过做出不同的选择,优化结果而让计算机软件在游戏中学习。类似地,在优化解决特定数值问题的量子电路中,可以罗列出标准,以便采用量子并行从而找到最优解,这意味着你实际上是在并行地解决问题。

这种方法是不是只适用于简单的数值问题呢?事实证明,该方法适用于任何使用比特和字节模拟的场景,乃至电子游戏之类的图形世界——这是我在《模拟猜想》一书的观点。当优化理念不像简单的棋盘游戏所定义的界限那么清楚时,三维世界是娱乐和探索的理想选择。

正如使用模拟世界训练人工智能一样,以上过程已经在进行中。例如,自动驾驶汽车必须尽可能多地在现实世界中接受训练。但这不仅是一个代价昂贵的提议;如果尝试针对边界条件的场景训练自动驾驶算法,比如当一个人行走到一辆正在行驶的汽车前面时，情况会变得极其危险。许多情况下可能会发生我们不愿看到的伤亡事故，而在模拟的三维世界中训练自动驾驶的汽车远比在现实的三维世界中所耗费的代价小得多。

美国麻省理工学院（MIT）开发了一种名为"虚拟图像合成与自动转换"（VISTA）的系统，可以将从真实司机那里捕获的特定位置和环境的小量数据集投射到生活世界的三维模型中，并将其应用到自动驾驶算法的训练中。它可以实时显示环境数据的变化，并通过改变参数或从不同的角度渲染场景来测试自动驾驶算法。2020年，埃隆·马斯克（Elon Musk）的特斯拉（Tesla）公司推出了一款名为Dojo（道场）的自我训练计算机，采用大量视频素材训练自动驾驶汽车。

三维世界中的自动驾驶汽车和适应度函数

自动驾驶汽车有机融合了模拟游戏（如象棋或围棋）的简单适应度函数与可能有多重目标的更复杂的模拟环境。例如自动驾驶算法希望车辆快速到达指定目的地，但也必须遵守所有的交通规则，而且得以不危及乘客、行人或其他车辆安全的方式到达指定目的地。

如果你能想象一个存在多个智能体的模拟环境（如说自动驾驶汽车），它们都在自我训练，你就会更接近在大型多人模拟中多次重复运行同一场景以获得更好的结果的观点。对于模拟的特定运行，每个智能体或玩家的目标大同小异，或者可能目标不同，但环境却是共享的。

在角色扮演游戏尤其是多人角色扮演游戏中，适应度函数可以更加主观，并且也依赖游戏和玩家的设计，让我们知晓某个结果在哪些指标上优于另一个结果？如果我们在非玩家角色模拟中，那么运行替代场景的原因与谷歌的阿尔法狗软件的自我模拟或模拟训练自动驾驶车的环境非常相似。即使我们身处模拟的角色扮演游戏之中，且身处模拟之外，但也必须有一些适于每个玩家的场景展现的复杂的适应度函数，但是因为每个玩家可能都有自己想要在游戏世界中完成的任务、目标和体验。

除了个体的适应度函数（这条模拟时间线对我来说有多好？或者我做得怎么

样？）外，也可能存在总体适应度函数（这条模拟时间线对一群人来说有多好？），或者甚至存在一个普适的适应度函数（时间线对每个人来说有多好？）

例如，如果肯尼迪总统遇刺，在这条时间线上对他本人来说可能不是一个好结果，但如果在另一条时间线上，虽然他没有遇刺，但最终却导致核战争爆发，那么在这条灾难性的时间线上，他个人的适应度函数的结果可能会更好（他活得更长）。然而，如果每个人都死于核战争，那么所有其他人的整体适应度函数结果显然要糟糕得多。

这至少为我们提供了一个框架。我们可以在此框架中思考特定模拟的多次迭代，以及核心循环可能首先运行的原因：正在探索分岔路径的花园，尝试让每一个做出所有选择和观察的个体获得最佳的结果，以及让每个人即模拟游戏的所有玩家整体获得最优甚至最可能的结果。

汤姆·坎贝尔和基本过程

事实证明，很多物理学家比其他人对多元宇宙的理解更加深入透彻。汤姆·坎贝尔（Tom Campbell）就是这样一位物理学家，他是《我的万物理论》（*My Big TOE*）一书的作者。该书于2003年出版，讲述的是他的万物理论。坎贝尔是一名物理学家，曾在美国宇航局（NASA）工作，长期以来一直主张人类生活在虚拟现实中。而且，作为一个极力推崇量子测量问题的学者，他可能也是最早充分阐明宇宙如何不断"分岔虚拟现实"的学者之一。

坎贝尔将其称为基本过程（fundamental process），并分为两种。一种过程是针对无生命对象，如粒子和物理宇宙。基本过程是通过虚拟现实来探索每一种可能的过程，然后根据最有用的内容选择最佳的过程。对于宇宙和粒子来说，坎贝尔将最有用定义为需要最少能量的对象，使之成为代价最低、最容易实现的对象。正如物理学家常说的那样，随着时间的推移，它也会导致宇宙出现更无序，或更大的熵。

然而，对于如人类和其他生物等有意识的实体而言，最有用的定义是不同的。坎贝尔将其定义为熵的减少，随着时间的推移，朝着更高层次的秩序和更少的熵的方向发展。坎贝尔在《我的万物理论》[①]一书中写到：

> 大视野下进化的基本过程（简称基本过程）如下：实体从生存或存在的任何一点（层次）开始，将其潜在的可能性铺展开，探索容纳其存在的所有可用的可能途径，最后仅保留、直接占据有用的情形，却任由其他的途径转瞬即逝。

当第一次拜读坎贝尔的书时，我正在寻找我们生活在一个模拟现实中的更具体的证据。我并没有花费太多的时间去考虑不同虚拟现实的宇宙分岔及其做出选择的完整含义。本质上，坎贝尔的基本过程与本书所阐述的核心循环理念非常相似，在某种程度上，这也与本书第1章菲利普·K.迪克所描述的过程相似[②]。

未来向过去传递信息

量子测量问题的另一种解释是，存在几种可能的未来，它们正将信息及时地送回至我们所说的现在。虽然这个解释听起来像科幻小说，但它与我们的观点（多重现实正在上演，我们所认为的单一的时间线实际上是我们从中选择的多条时间线中的一条）完全一致。仔细想一想，这与延迟选择实验的结果也不矛盾；它只是源于一个不同时间点（我们在延迟选择实验中称之为过去）的说法而已。

基于美国华盛顿大学约翰·克莱默（John G. Cramer）的工作，美国图书奖得主、理论物理学博士费雷德·艾伦·沃尔夫（Fred Alan Wolf）在他的著作《平行宇宙》（*Parallel Universes*）[57]中给出了以上解释。克莱默指出，可以通过两种波的组合来计算主流学说所宣称的特定未来的概率：一种波在时间上向前行进（量子力学的概率波），他称之为要约波；另一种波在时间上向后行进，他称之为回波（echo wave）。正如前文所述，当时间是负数时量子力学方程仍然成立。这提供了一个数学意义上的解，其中存在多个未来，正在将信息发送回至现在。

---

① Thomas Campbell, My Big TOE,（Lightning Strike Books, 2003）, 201
② 我还偶然发现了一篇论文《*On Testing the Simulation Theory*》，作者是汤姆·坎贝尔、霍曼·奥瓦迪（Houman Owhadi）、乔·索瓦格（Joe Sauvageau）和大卫·沃特金森（David Watkinson）。文章描述了寻找宇宙是由意识实体呈现的证据的实验，就像电子游戏中的玩家。我在2021年初写完本书时，描述的实验目前正在加利福尼亚的一所大学进行，但尚未得出明确的结论。

模拟多元宇宙

将要约波和回波相乘，你会发现，这正是本书前面的标准哥本哈根诠释中所讨论的概率。

沃尔夫对克莱默的观点进行了解释和补充，并将其与多元宇宙联系起来。克拉默最初的想法是，只有一种可能的未来向现在发送回波；这就是最有可能的结果，也就是我们所做的量子测量。沃尔夫进一步提出疑问，其他的可能性从何而来？沃尔夫说："所有的未来都会传递信息，而不仅仅是最好的未来[57]。"为了让这些可能的未来发回信息，它们必然存在。要让它们在未来中存在，必然有一些路径可以到达那里。这再一次违背了常识，甚至是最经典的时间定义的理解，但它与延迟选择实验和模拟多元宇宙的思想却是惊人的一致。

当我们介绍模拟多元宇宙、核心循环和量子计算时，这个看似荒谬的想法就变得更有意义了。

但这引出了另一个问题：未来的存在意味着什么？

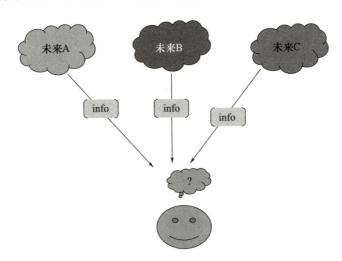

图 13-1　发送回多个可能未来的信息供我们选择使用

在模拟多元宇宙中，每一个可能的未来都会被渲染出来，并被赋予某种概率，或者适合度，来确定哪个未来对我们来说最好。它与简单的人工智能或简单的量子电路大同小异；施加叠加态并行运行每个场景。它们真的是图 13-1 所示的未来吗？或者只是模拟的不同运行？事实证明，这两者之间根本没有区别，至少在模拟多元宇宙中是如此！

第五部分
大 视 野

模拟多元宇宙的原理

我们讨论的内容超出了科学和计算领域的范畴。在从精神的角度思考这对我们个人意味着什么之前,让我们先回顾一下本书一直在探讨的模拟多元宇宙的原理。

1. 物理宇宙以信息为基础。

2. 物理宇宙是信息渲染的。

3. 宇宙是一个计算系统。

4. 未来是一个计算不可约的过程。

5. 宇宙由许多可能的未来组成,每个未来都是一个独立的过程。

6. 我们所认为的时间,传统意义上并不存在。

7. 我们所认为的固定时间箭头实际上是一系列从一个游戏状态到另一个游戏状态的线段。

8. 我们所认为的过去是保存下来的过去的游戏状态/记忆,并不是真正的过去。

9. 可能有多个过去,也可能有多个未来,这些都可表示为多元宇宙图中的路径。

10. 宇宙不断地投射到未来,正在创建多条时间线,不断地分岔、合并和修剪,这正是核心循环的全部。

辅助阅读材料
电影《罗拉快跑》

1998 年上映的德国电影《罗拉快跑》(*Run Lola Run*),让我们亲身体验了一回多元宇宙,或同一场景的多次运行。在几乎没有任何信息透露的情况下,我们极其偶然地遇到了罗拉(Lola),她接到了男友曼尼(Manni)绝望的电话。曼尼不幸卷入了一场黑社会活动,如果她不能在 20 分钟内交出 10 万德国马克(德国在欧元诞生之前使用的货币),他将会被臭名昭著的黑手党杀死。罗拉做出的选

模拟多元宇宙

择似乎不仅关乎曼尼，而且也事关她自己的命运。我们看到她做出了一些荒诞至极的选择，比如她去找身为银行家的父亲，用枪指着她父亲要钱。每一次，我们都会看到罗拉或曼尼在故事情节结束时被杀。

知识链接

《罗拉快跑》又名《疾走罗拉》是一部创新艺术形式的电影，以时间循环和蝴蝶效应情节进行故事叙事，电影1998年在德国上映。影片中，柏林夏季某日，罗拉和曼尼是一对20岁出头的年轻恋人。曼尼是一个不务正业的小混混，有一天他惹出一个天大的麻烦，竟然把走私得来的10万马克赃款弄丢了！而且他的黑社会老大20分钟之后就要来拿回这笔钱。懦弱的曼尼只好向罗拉求救，一个错误的决定可能造成可怕的后果。就只有20分钟，钱到底在哪里，如何救命？

图片来源：海报

当不期望的结局发生时，电影倒回（罗拉倒转完成）到故事情节的同一起点，整个故事过程重新开始。罗拉的人生继续，并做出不同的选择，触发了一条略有差异、有希望是更理想结局的时间线。从技术上讲，这些选择从量子的角度来看是平行世界，但它们只是暂时的时间线，如果沿某条时间线最后的结局不尽人意时，该时间线就像大多数人的选择一样会被抹去。

在电影《罗拉快跑》中，我们真的看到了我们的核心循环从罗拉接到电话的那一刻开始正在上演。我们看到故事某一情节的状态得以保存，重新加载，做出不同的选择，出现了一条新的时间线；然后我们真的观察到时光倒流回到起点，罗拉重新做出了不同的选择，观察故事的最后结局。甚至有一个明确的方法评估每条时间线的结局：显然，如果故事的最后结局是罗拉和曼尼都活着，那将是最好的时间线。

我们都是罗拉吗？

第 14 章

退一步说,这一切意味着什么?

我们意识到,在超自然域的宇宙中每一个这样的事件都会分岔,成为许多分支,直到其中某个分支拥有知觉,携带意识观察,完成量子测量。

——[美]阿米特·哥斯瓦米《自我意识的宇宙》(*The Self-Aware Universe*)

知识链接

阿米特·哥斯瓦米（Amit Goswami）博士是一名大学退休教授,他从 1968 年开始就职于美国俄勒冈州立大学理论物理系。他是众所周知的"意识科学"这一新范式的先驱,代表作有《量子力学》《自我意识的宇宙》《幻想的窗口》《灵魂物理学》《量子医生》《上帝没有死》《量子能动性如何拯救文明》和《量子创造力》等。

图片来源：网络

模拟的目的和多元宇宙

到目前为止,本书已经重点介绍了物理学、计算机科学、电子游戏、自动机、量子计算等相关科学概念,创作灵感来自科幻小说。实际上,这些就是我们用来探索模拟多元宇宙（一个虚拟小径分岔的花园）的工具。我想在本章中聚焦话题，探讨一些更大的问题。而这些问题在我们谈论生活在任何一种模拟宇宙时，无一不会不涉及，而且只有真正生活在模拟多元宇宙中，这些问题才会凸显并成倍增加。

《模拟猜想》一书出版后，每当我演讲或交流时，时常有人问我以下两个问题：

（1）模拟的目的是什么？

（2）这对我意味着什么？它将如何影响我的生活？

显然，我们探讨的话题远远超出了科学的范畴，涉及了宗教和哲学领域。因此这些问题的答案必定既有推测性，又有主观性。而我的回答则倾向于通过材料阐明一个事实：尽管古代宗教与我们现在使用的隐喻完全不同，但为什么宗教和模拟理论并没有像其最初看上去那样截然不同呢？而且，我有一种感觉：科学界和宗教界虽然已经渐行渐远，但类似电子游戏模拟（角色扮演游戏）的隐喻却可以将二者更加紧密地联系在一起。《模拟猜想》一书在一定程度上实现了我的初心。现在，我与科学界、工业界、传统宗教界的同事，或者那些越来越多的"有精神信仰、但无宗教信仰"的同事们探讨模拟猜想根本不存在任何障碍。

我想在本章中尝试着退一步，看一下：针对模拟多元宇宙，我们是否也可以获得一个类似的视角？

阿米特·哥斯瓦米和《自我意识的宇宙》

美国俄勒冈大学（University of Oregon）物理学教授阿米特·哥斯瓦米（Amit Goswami）跳出物理学领域，从概率和超自然域的角度诠释量子力学。几年前，我在美国加州山景城（Mountain View）一次聚会上偶然邂逅哥斯瓦米博士，记得有人向他请教波粒二象性和观察者效应的问题。

时隔多年，我现在只能隐约记得他的回答大致是这样：这本身并不是一个问题；概率波是多个粒子发生情况的反应——如果你一次又一次地反复运行同一个过程，将会观察到概率的模式。

我只依稀记得他说过的话，决定在创作本书时更详细地介绍他的观点。事实证明，他的观点比多世界诠释更接近哥本哈根诠释，但我却发现了一个有趣的现

第五部分　大视野

象——他是如何将两种解释带回意识领域，同时又与模拟多元宇宙的主题关联起来。

哥斯瓦米的观点与我在《模拟猜想》一书和本书所述的思想不谋而合，宇宙在每一瞬间将物理物质的数量增加 1 倍的想法违背了科学上的简约。一个更好的可能性解释是，每一次分岔实际上都是一次潜在的分岔。随着个体选择的观察，这个过程会继续，并逐渐固化。哥斯瓦米说："与其说每次观察，分岔产生一个物质宇宙的分支，不如说每次观察，都在现实的超自然域可能性结构中形成一条因果路径[58]"。

这个现实的超自然域究竟是什么呢？哥斯瓦米回答说，这就是被称为意识的超自然实体，这已经在许多宗教传统中口口相传。但就像无限的魔力一样，他在这一点上已经遁入了一个科学上无法给出有效解释，或统一框架的王国。哥斯瓦米的解释听起来很像坎贝尔的解释——物质现实之外的纯粹意识。

然而，这个超自然域听起来也很像菲利普·K.迪克关于正交时间的观点，而正交时间则不在我们称之为线性时间的范畴。在菲利普·K.迪克的正交时间思想中，程序员和反程序员正在修改"宇宙棋盘"（chessboard of the universe），探索不同时间线的不同结果，而这些时间线就像"衣橱里的西装"一样横向排列。

两种情况下的模拟猜想都为我们提供了一个更好的准则，有助于更好地理解我们的宇宙在超自然域中所处的位置。哥斯瓦米所说的观察，实际上是一组数目非常庞大的可能性中，某一种可能性的特定渲染。仔细一想这些多元宇宙是可能的现实，只运行我们需要答案的那些宇宙，正如哥斯瓦米和哥本哈根诠释所阐述的那样，只有这样我们才能将概率波分解为单一的可能性。然而，这也可能正是菲利普·K.迪克所说：从我们现在这个时间点的角度来看，这可能是最令人激动的可能性，但它并不是现在、过去或未来的唯一可能性。

重新审视模拟和宗教

在讨论任何类型的模拟时，我喜欢让听众考虑的第一个大问题是，我们是否身处非玩家角色与角色扮演游戏的模拟中。

在非玩家角色模拟中，我们都是带有特定目的的人工智能。如果模拟是基于量子原理运行的话，虽然可能仍然存在随机性的因素，但是我们并不一定拥有自由意志。

在角色扮演游戏模拟中，我们控制或扮演一个角色（我们的化身），就像《龙与地下城》（Dungeons and Dragons）（或《魔兽世界》或《堡垒之夜》）中的角色一样，每一个角色都有不同的优劣势、倾向、心愿等。但我们实际上并不是自己的化身，只是寄居住在角色中、拥有自由意志（至少从模拟的角度来看是如此）而已。

许多人认为，角色扮演游戏版的模拟猜想在某种程度上类似于宗教。在《模拟猜想》一书中，我特意花费不少篇幅概述不同宗教之间的相似之处，以及其在模拟中意味着什么。古典文献使用了所处时代可以广泛理解的隐喻（书籍、舞台剧、梦境、河流、神话传说）。隐喻的含义非常清楚：我们不是生活在现实世界中，即现实世界并非如此。东方宗教（印度教和佛教）尤其如此，但我发现西方宗教（基督教、伊斯兰教和犹太教）以及他们关于不朽灵魂、天使和由至高无上的神灵掌管的永恒来世的观念也同样如此。

我认为，模拟猜想是世界各宗教及其创始人所用隐喻的最新更新版，隐喻应该与时俱进，以反映与下一代相关的术语，包括计算机、电视节目、iPhone手机，当然还有我认为迄今为止最重要和最相关的隐喻——电子游戏。

举个例子，摩门教超人类主义协会（Mormon Transhumanist Association）试图更新隐喻，提出了"新上帝论"（New God Argument），认为我们是在某种形式的模拟中，与他们的信仰（后期圣徒教会）并不矛盾。这无疑是现代宗教的一次明确尝试，以保持与技术发展和模拟猜想的神学含义同步。

博斯特罗姆在模拟论证网站称，他遇到了许多铁杆无神论者。他们在探讨了模拟猜想后，将其观点转变为不可知论。事实上，模拟猜想被称为无神论者的宗教。影响博斯特罗姆的英国超人类主义者——戴维·皮尔斯（David Pearce）用另一种方式阐述了我的观点："模拟论证可能是二千年以来有关造物主存在的第一个有趣的论证。"

隐喻、灵魂和幻觉

东西方宗教虽有区别，但却共同信奉不朽灵魂的理念。这也许是大多数宗教的基本教义之一，也是宗教与科学之争的核心。唯物主义的观点中，将自我定义

第五部分
大 视 野

为肉体;而宗教观点则将自我定义为灵魂。

角色扮演游戏版本的模拟猜想还指出,游戏中的"我们"只是我们的角色;而真实的自我实际上是玩家,并不是角色本身。在希腊人的宗教信仰中,当人投生时将穿过遗忘之河,其他文化也有自己类似的遗忘传说。

知识链接

中国古代文化与之对应的是孟婆汤,孟婆汤是中国古代民间传说中一种喝了可以忘记所有烦恼记忆、所有爱恨情仇的茶汤。传说是阴曹地府中孟婆所做的神汤,让过往奈何桥投胎的各路鬼魂彻底忘记前世的一切记忆,以安心转世;做法是取人的鬼魂和采自俗世的药材调合成;另一说,是人的泪收集煎熬成汤。

当模拟猜想与印度教和佛教的幻觉等理念相匹配时,人们几乎不需要类比或隐喻说明。古典文献显然使用了更古老的隐喻,核心信条之一是,我们周围的世界是玛雅(maya)。玛雅是一个梵语术语,大概翻译过来的意思是"幻觉",或者更精确地说,是"精心制作的幻觉"。我们被引导去认为它是真实的,感觉上是真实的,但事实上它却只是由光构成的幻觉。

佛教中经常引用的一个比喻是,世界就像一场梦。印度教《吠陀经》作为其最古老的主要宗教教义文献材料,讲的是莱拉(lila),或诸神的大戏,好像我们作为演员参与舞台剧一样。中世纪莎士比亚有一个著名的比喻:"全世界就是一个舞台……所有的男男女女都只是角色而已。"

知识链接

摘自威廉·莎士比亚的《如愿·人生七阶》(As You Like it)。中文中也有"人生如戏,戏如人生"之说。

在过去的一个世纪里,帕拉玛罕撒·尤伽南达(Paramahansa Yogananda)创作的《一个瑜伽行者的自传》(Autobiography of a Yogi)被公认为是 20 世纪重要的灵性书籍之一。他在 20 世纪中叶创作出了一个更为现代的隐喻:世界就像电影剧院屏幕上的一幅幅动画。一切都是精心制作的幻觉,我们沉浸其中,以至于忘记了有

模拟多元宇宙

一束光从投影仪投射到屏幕上，给予我们移动的幻觉。这是一个非常形象化的比喻，因为在电影移动的画面中根本就没有移动这回事；这只是一个精心制作的幻觉。

知识链接

《一个瑜伽行者的自传》为克利亚瑜伽大师尤迦南达修习克利亚瑜伽的经过及其对瑜伽思想的感悟，首次于1946年出版。作者以幽默轻松的笔调，通过一连串生动有趣真实的生活故事，讲述了自己从出生到前往西方国家传播克利亚瑜伽的经历，写出了文学史上罕见的一位开悟圣人生平的体验及内在的感情世界。

如果尤伽南达或圣人（传说历史上创作《吠陀经》的神秘人物）、甚至莎士比亚仍然在世，我相信他们会采用更现代的比喻，将自由意志融入舞台剧或电影，其脚本可以根据单个玩家的选择而有所改变。大致上，他们可能会说：我们生活在一个交互式的电子游戏世界中。

在电子游戏中，世界是由像素组成，而像素则是精心制作的幻觉。你可以想象一个电子游戏的"佛陀"在游戏中告诉其他角色，呼应着历史上佛陀的话：

诸和合所为，

如星翳灯幻；

露泡梦电云，

应作如是观。

知识链接

以上偈语摘自玄奘译《金刚经》第32品《应化非真》。玄奘，唐代高僧，我国汉传佛教四大佛经翻译家之一，中国汉传佛教唯识宗创始人，被尊称为"三藏法师"，后世俗称"唐僧"，与鸠摩罗什、真谛并称是中国佛教的三大翻译家。

图片来源：自拍

第五部分
大视野

上帝、天使、魔鬼和程序员

对于我们这些身处模拟之中的人来说，任何在模拟之外的人都像是超自然的存在（也许是上帝、或者众神、或者魔鬼）。菲利普·K.迪克在梅茨大会的演讲中也强调了这一点，并在演讲中使用了术语程序员和反程序员。如果你拜读过菲利普·K.迪克演讲全文及其作品，不难发现作品字里行间充满了宗教色彩。甚至，博斯特罗姆在他的原始论文中也提到了自然主义的神学，指出模拟的创造者在我们看来就像超自然生物或神一样，因为他们实际上是无所不知的。

在西方宗教传统中，什么存在于物质世界之外？绝不仅是《旧约》中造物主说的"要有光！"，也有扮演上帝使者的天使。在某些宗教中，天使向人类传递信息；而在另一些宗教下，他们却是上帝惩罚人类的工具；而在其他宗教，他们是记录天使，记录我们的一言一行，以便审判我们。

有时，他们更像是自动机，或者用我们计算机科学中使用的希腊术语——守护进程（daemons），只在不带个性或选择的情况下执行指定任务。大多数宗教传说告诉我们，存在一个我们看不见的世界，那里居住着各种各样的神灵或恶魔，他们正在注视着我们的一举一动。这听起来就像我们生活在某种鱼缸里一样。另一种说法是，我们身处一个模拟中，超级用户正在登录和/或启动具有特定目的的半自治进程，超级用户拥有比我们更大的访问权限，但他们的每个目的也并非没有约束。

事迹卷轴和因果报应

在佛教故事中，人类被困于玛雅世界，周而复始，一遍又一遍地玩游戏，一路吸取教训，直至命数终结。几乎不需要根据存储在服务器中的信息来渲染电子游戏。玩家进入游戏时，扮演不同的角色，每个角色或人生都有自己的任务和成就。我在《模拟猜想》一书中也详细地概述了这一点。

事实上，不只东方宗教中留有文字记载人类的所作所为。西方传统中，天使也同样在记载人类的行为；伊斯兰教有个名叫基拉曼·卡蒂宾（Kiraman Katibin）的人，将一切都撰写在了事迹卷轴上。显然，如果它记录了人一生的所有行为，那将是一本大卷轴。想象一下，要记录地球上 70 亿人做的事！事迹卷轴类似于基督教和犹太教的生命之书，通常只是一份名单。但在某些情况下，它是一份事迹薄，而不仅仅是一份名单。

东方传统文化中有一种"因果报应"的说法。这与其说是关于进入天堂或地狱，不如说是关于你的来世（或来生）将是什么？从某种意义上说，你未来的生活受到你今生选择的限制。如果你能斩断一切因缘，且不再转入新的因缘，就能达到般若（即"彼岸无岸，心止即岸"）。两者都适用于电子游戏的比喻，以及追踪所有发生事情的计算机系统或数据库。

濒死体验与中阴身

有什么证据表明在模拟之外，也就是在我们的物理现实之外，还存在着某个地方？就我个人而言，当有人声称自己外出离开我们的世界时，我往往加以关注，尤其是报告前后一致的情况下。典型的一个方面是在成千上万人的濒死体验的报告中，许多人曾经经历了一次人生回顾，一次又一次地重演他们一生中发生的点点滴滴。

第一次接触到濒死体验，是通过我的朋友丹尼·白克雷（Dannion Brinkley）。他写了一本畅销书《死亡·奇迹·预言》（*Saved by the Light*），讲述了他在 1975 年亲身经历被闪电击中后的濒死体验。许多濒死体验者告诉我们的画面是他们整个一生事件的三维全息投影，这是一个更加丰富多彩、生动形象地探讨古老的谚语方式："我的一生在我眼前一闪而过"。丹尼将其称为从任何（或每个）角度，以 360° 全景重放自己的一生。

濒死经历者告诉我们，人生回顾并非纯粹出于机械目的；而是让我们审视自己所做的选择，以及这些选择如何影响他人。事实上，除了真实感和全景式三维投影之外，也许最具决定性的特征可能是，你可以从周围生活其他人的角度，看待发生在自身上的事情，尤其是那些让他们感觉良好，甚至可能是有意或无意受到伤害的人。

虽然我们的电子游戏不具备重放情感的能力，但在未来你可以想象通过脑机接口（人脑-计算机接口）和三维投影，我们不仅可以记录和重放视觉线索，还可以记录玩家角色体验到的感觉和知觉。事实上，我参观过的一家硅谷初创公司在虚拟现实中重玩了 3D MMORPG 中的任何场景（如《反恐精英：全球攻势》(*Counterstrike：Global Offensive*) 或《英雄联盟》(*League of Legends*)），这样你就可以戴上虚拟现实耳机，从虚拟空间的任何一点或任何角色的角度体验任何事件的全景三维全息回放。

如果从表面上看，人们已经揭开面纱，那么无论是谁在运行模拟，似乎都已经拥有了这项技术。即从每个人的角度记录下每个场景，然后回放它指导会话，并查看我们的选择。据推测，就像我们在计算机上运行数百万次像 Go 这样的游戏模拟训练人工智能更有效一样，运行模拟的人会发现，通过体验这类的经验，然后与我们一起分享回顾结果，更容易训练我们。在传统的职业体育运动中，教练通常会观看前一场比赛的录像，让运动员回顾自己的表现，以便下场比赛能发挥得更好。在电子竞技等更现代的竞技项目中，这实际上是在观看一场由多个玩家参与的三维游戏的记录，以便下场做得更好。事实证明，这正是人生回顾的目的。

未来事件的预演

在大多数的人生回顾报告中，所展示的事件都是过去的事件，这更符合传统的时间观念（尽管事件有些扭曲，由于这些如戏中的事件发生在时间和空间之外，所以必然存在另一个时间和空间，用迪克的术语来说，就是正交的时间和空间）。

有没有濒死经历者报告确实看到了未来的事件呢？我想，这将是人生的预演，而不是人生回顾。事实上，部分濒死经历者报告说，他们不仅看到了未来的事件，而且还看到了未来的多种可能性。许多濒死经历者面临着一个抉择，是回到他们在地球上的生活，还是留在这个他们发现自己身处无忧无虑的世界。大多数濒死经历者报告说，他们不想回到过去，因为在物理之外的世界（或者用我们的术语来说，在模拟之外的世界）没有我们所处世界中存在的痛苦、恐惧以及种种负面情绪。

那么，他们为什么要回来呢？有些人别无选择；他们只是被告知这不是他们的时间线。另一些人则有意识地选择返回，但通常只有在他们观看了未来的电影时，或讲述如果他们不回去会发生什么时，他们才会回去。一名妇女报告说，她看到自己的孩子在没有母亲的情况下长大成人，由此引发他们种种不尽人意的人生之路。就好像她可以看到他们的人生预演，只要她在可能的时间线中做出一个抉择（有点像平行时间线），然后回到现在，而平行时间线则可能会继续下去。

另一个非常有趣的例子是，伊拉克战争退伍军人娜塔莉·苏德曼（Natalie Sudman）因简易爆炸装置不幸爆炸而经历了一场濒死体验。娜塔莉在她的书《荒谬之事的价值》（Applications of Impossible Things）和各种在线采访中详细讲述了她劫后重生的经历。当谈到人生回顾时，她指出，它不仅仅是一系列闪现在她眼前的事件，而是"同时意识到生存、爆炸、可能发生之事、可能真实之事等无数字串的相互联系，追溯过去，预演未来，侧面以及我们从物质层面所感知的一切。"

娜塔莉还说，这个过程"……包括动作、反应和相互影响的备选路径，如果我预演选择了某个选项，并不需要我在物理人生的任何时候选择需要遵循的那些动作。"

娜塔莉接着说，因为包括可能发生之事的探索，所以可能将其称为人生探索（life exploration），而不是人生回顾更为妥当。

在来世进行人生回顾的地方就像一个超级娱乐室，在那里你不仅可以快进和倒带电影，还可以像交互式模拟一样，从旁人的角度观察可能发生在你身上的事情。就像游戏有许多故事线，比如交互式游戏中每个时刻选择自己的冒险路线。这与我们的核心循环理念息息相关，在核心循环中探索可能的平行时间线，并在给定变量的特定变化时观察可能发生的一切。

第五部分
大 视 野

自那之后，也许更令人吃惊的是，她被告知她回去后未来的生活将会发生什么，但不同的参数变化可能会引导她闯入不同的时间线。在她的案例中，不同的人生探索是她在简易爆炸装置爆炸中可能遭受的各种伤害，以及当她受伤回到她的生活世界时可能会遭遇的种种不同的经历。对某些人来说，这似乎是一段令人惊恐的经历（想象可能发生的不同伤害），但娜塔莉却告诉我们，事实恰恰相反：这就像执行一个有趣的计划：如果她不能走路会发生什么；如果她遭受或没有遭受某些伤害，观察其他人会有什么样的反应；如果她完全失明，人们会有什么反应？如果她完全康复，只是受了点轻伤，别人会怎么想？最后，她确实受了一点伤，但随着时间的推移，大部分都痊愈了。这听起来有点像演员和导演在讨论剧本中的不同场景，并决定哪些场景最适合电影的故事。

人生预演与人生规划

布莱恩·魏斯（Brian Weiss）博士（以他的著作《前世今生》（*Many Lives, Many Masters*）等作品闻名）和迈克尔·纽顿（Michael Newton）博士（以他的著作《灵魂之旅》（*Journey of Souls*）而闻名）的研究似乎开启了生死轮回之间断节现象的研究。中国西藏人称其为中阴（bardo）或中间人（in-between）。

知识链接

中阴在中国藏文中发音"bardo"，指的是"一个情境的完成"和"另一个情境的开始"两者之间的"过渡"或"间隔"。中阴为佛教用语，谓轮回中死后生前的过渡状态。中阴一词源于《中阴闻教得度》。

在某些情况下，临床证据来自患者的催眠；而在某些情况下，通过冥想或自发回忆他们出生前的一段时间，或他们在中阴身上的时间。而让这些描述变得饶有趣味的是像濒死经历者报告一样发现的共性。

魏斯博士在《前世今生之生命轮回的启示》（*Messages from the Masters*）中写道：

模拟多元宇宙

有相当多的证据表明，在出生前的计划阶段，我们实际上看到了未来生活中的重大事件、命运的转折点…有些似曾相识的例子，那种熟悉的感觉，好像我们曾经在那个时刻或那个地方，可以解释为模糊记忆中的人生预演。

知识链接

布莱恩·魏斯，耶鲁大学医学博士，曾任耶鲁大学精神科主治医师、迈阿密大学精神药物研究部主任等。他因研究轮回、前世回溯治疗以及灵魂伴侣重聚而享誉世界，被称为世界上具灵性的医生、作家和导师。著有畅销书《前世今生》系列。

《前世今生》描写的是发生在20世纪80年代的真实事件：一位普通病人凯瑟琳因焦躁来到魏斯医生处治疗，却在被催眠后惊现86次生命轮回！这一事实不仅改变了病人，也让心理催眠师的生活发生了天翻地覆的变化。此后，信奉科学的医生甘冒职业风险，记录此书，透露生命的不朽与真义。奇迹仍在上演，上万读者参悟生命真谛，改变命运的连锁反应仍在传递中……

在这里，我们找到似曾相识现象的另一种晦涩难懂的解释，并得到了临床证据的支持。虽然没有上升到物证的水平，但这些证据表明魏斯博士和其他人正在以一种科学无法理解的方式（至少不限于唯物主义观点）梳理真实世界的脉络。就像之前的菲利普·K.迪克一样，但这一次魏斯博士和其他早期的治疗师们根据病人的描述，可能偶然发现了模拟多元宇宙的精神解释。在我们实际体验之前，场景被播放，可能根据大多数人的选择以不同的可能性播放，导致时间线的分岔。

纽顿博士在他开山之作《灵魂之旅》中，生动形象地描述了中阴的来龙去脉。纽顿博士进行了数百次的复原，虽然并没有将病人带回前世，但是却无意中闯入了这个中间人的地带。他在书中描述了许多病人在轮回转世时所生活的多个缥缈的场所。这些场景经常与濒死体验者的描述类似，例如灯光引导着他们分析前世的错误（或者正如我所说，他们在模拟中的前世角色）。

纽顿博士进一步描述在人生预演阶段规划时间线的观点。纽顿博士的发现中，最不寻常的是人生选择和人生规划，他说这些都是在一个特殊控制室的地方

第五部分 大视野

预演人生的可能性。纽顿博士在《灵魂之旅》中写道:"我听说它就像一个电影剧院,让灵魂在未来看到自己,并在不同的场景中扮演不同的角色。"

知识链接

《灵魂之旅》(*Journey of Souls*),作者迈克尔·纽顿,美国心理学博士、催眠治疗大师,有四十余年心理学执教和临床咨询经验,开发了独特的年代回溯技术和探索灵魂世界的研究方案,被认为是揭开灵魂生活之谜的先驱。他能有效地引导催眠中的患者越过前世记忆,进入生命轮回的灵魂经历。1998年,由于在身、心、灵协调方面的"最独特贡献",获得美国精神催眠治疗师国家协会颁发的年度大奖。

纽顿博士描述了与病人的对话。患者走进房间,坐在许多屏幕前,又像一个娱乐中心,或者正如一位病人所描述的那样,"就像有人在全景电影院里轻轻按下投影仪的开关。屏幕上充满了生动的图像,屏幕上色彩缤纷……动作不断……伴随着灯光和声音。"

病人继续描述,在布满灯光和按钮的屏幕前有一个扫描设备,就好像他在飞机的驾驶舱里一样。当描述通过控制面板操作扫描仪(或投影仪,取决于你喜欢的隐喻)时,他说他开始观看一部关于他即将在纽约生活的三维电影,但这其实并不是一部电影;就好像他真的在从外面观察纽约街头的生活,尽管这是未来的事情。

这位特殊的病人(还有许多其他病人)描述了"沿着一系列场景中不同点汇聚的线条",就好像机器的操作员正在穿越时间,看着他即将到来的生活展开。这名病人和其他病人描述了他们人生中的重要抉择点,也就是时间线汇合和分岔的地方,取决于他们未来的自我做出的决定,每个抉择点都有一个可能的时间线分支。而且,这位病人可能比其他病人的描述更详细,但与其他病人的观点雷同,说这既像"看电影",又像"跳进去、从场景中任何人的角度观看正在发生的事情"。控制器可用来在时间上,沿着许多可供选择的路径向前或向后移动而播放电影。

如果这是真的,那么无论控制模拟涉及什么,模拟也可以为其他数十亿灵魂加入大规模多人游戏模拟做同样的事情。每个灵魂有能力掌控并查看:至少在可能创造不同时间线的重要抉择点,如果做出不同的选择,接下来会发生什么样的事情。有趣的是,这些可以在他们出生前或死亡后仍处于中阴时上演,反映可能的过去(在人生回顾中)和可能的未来(在人生预演中)。

我们如何理解这些在一个似乎是灵魂世界、来世或中阴人中,电影放映机控制着时间的前进或后退非常科幻的隐喻呢?

宗教版模拟多元宇宙中可供选择的人生和平行现实

尽管大多数传统宗教避而不谈多条时间线,但来自濒死经历者和那些记得规划今生者的临床证据表明,在物质世界之外的某个地方,存在着某种预演我们人生不同时间线的机制,并可以通过一种监视器播放时间线的分支,从而观察不同选择决定行为的结局。

种种不同的时间线是由我们的角色做出不同选择而创建。然后,我们不仅可以观看场景的大致情况,还可以通过某种技术控制面板实际观察可能发生的事情。有些人甚至说,这是他们从物质世界之外的角度观看正在发生的事情。

这听起来像什么?一种角色扮演游戏版的电子游戏。我们的世界就是所谓的模拟多元宇宙,它可以让许许多多的玩家向前和向后运行。这一切发生在哪里?也就是说,游戏之外是什么?我们真的找不到一个合适的词语来形容这一点,所以我借用了中国藏传佛教的一个词汇——中阴(尽管来世或前世也同样合适)。

"中阴"一词似乎与菲利普·K.迪克有关正交时间的观点、阿米特·哥斯瓦米关于超自然域的观点相似。

事实上,假如时间线可以分岔,开始时更像是一个具有量子计算和量子并行感觉的交互式电子游戏。我们在其中分岔出不同的世界,探索不同的选择,通过预演找到最佳选择。人死后可以通过人生回顾,不仅可以观察发生了什么,还可以看到如果做出其他选择,可能会发生的其他时间线。这意味着,在某种程度上

第五部分
大视野

所有的时间线都发生在我们能够看到的某个版本中。换句话说，他们可以在任何时候基于行为的特定输入渲染。

这些时间线其实只是我们人生中分岔小路花园复杂形态的一部分，与其他人的人生复杂形态交织在一起，并可以从所有花园都可见的有利位置观看。

尽管大多数科学家会根据我们的选择否定这种针对多条时间线的宗教解释，部分原因是无法验证或否定它，但我认为这为我们探索现实由不止一条时间线组成的观点提供了另一个维度。中阴所描述的时间线分支似乎主要与其关键的人生选择有关：你会去美国东海岸还是西海岸上大学？你会嫁给谁？你会选择什么职业？实际上，根本没有那么多的人生选择。

如果这不仅仅发生在生命的结束或开始，而是在我们不断在游戏之外的中阴身上唤醒，尝试不同的场景，然后从中选择一个最佳的场景，让我们吸取教训，那会怎么样？如果我们每晚都在控制着游戏，计划着接下来会发生什么，然后做出选择，沿着一条或另一条时间线引导游戏，又会怎么样？然后醒来时，穿越了遗忘之河？

我们现在有了宗教版的模拟多元宇宙，并在多元宇宙图上运行核心循环，从而可以为每个玩家量身定制。本质上，我们体验了一场配置多元宇宙图和核心循环版本的大型多人在线角色扮演游戏。

通常情况下，量子物理的机制和量子计算机的思想似乎是一个冰冷的、非理性的过程，像一台巨大的机器一样自己在运行。

然而，通过增加宗教层面的视角，可以赋予正在解决问题的某些含义。正如菲利普·K.迪克所说，存在一个程序员正在改变变量，观看正在发生的事情，角色扮演游戏版本的模拟猜想给出了一个更荒诞，但最终却更令人满意地回答：在某种程度上，我们都是程序员，都在不断做着选择，而客观的机器只是一个游戏引擎，正在渲染我们选择之后发生的事情，记录我们所有角色的轨迹，并在不同的时间线上创造连贯性？

这不仅解释了曼德拉效应，还为我们提供了一个视角不同，或许更有意义的模拟猜想的解释，同时还阐释了以某种形式的量子计算引擎驱动和渲染的平行宇宙，并将我们本书所探索的所有主要线索串连在一起。

模拟多元宇宙

辅助阅读材料
《黑镜》和数字来世

尽管电视剧《黑镜》（Black Mirror）中的情节与本书所探讨的主题有诸多重合之处，但在模拟和来世方面，《黑镜》有一个主题尤为突出——圣朱尼佩罗（San Junipero）。

知识链接

《黑镜》（Black Mirror）是英国电视4台（Channel 4）及美国Netflix公司出品的迷你电视剧，由英国制片人查理·布洛克编剧及制作。该剧分别以多个建构于现代科技背景的独立故事，表达了当代科技对人性的利用、重构与破坏。该剧第一季于2011年12月首播。

《黑镜》中的《圣朱尼佩罗》为第三季第4集，第三季于2016年上映。

图片来源：海报

剧中从一个风景优美的海滨小镇圣朱尼佩罗的风景开始，似乎在20世纪80年代一直处于派对的狂欢状态。

一个角色——内向平凡的约克夏（Yorkie）（Mackenzie Davis饰）邂逅了光芒四射的凯莉（Gugu Mbatha-Raw饰）。在经历了一个局促不安的舞蹈之夜后，互生情愫他们约定下周再见面，开启了一段虚拟恋情，尽管约克夏说他已经订婚。凯莉（Kelly）也承认她结过婚。

接下来的一周，约克夏穿越不同年份的夜总会里寻找凯莉，最终找到了她。然后，了解到圣朱尼佩罗是为住院的老年人提供的一个模拟现实，让他们可以重温自己的青春岁月，忘记自己的身体疾病。这是通过放置在额头上的两个微型传感器来实现的，它们将信息投射到大脑中或从大脑中读出信息，发挥脑机接口到模拟的功能。

292

第五部分
大 视 野

在虚拟世界中，你的化身可以如你所想象的那般年轻，每个人在二三十岁时似乎体型和外貌都处于最佳状态。当你接通电源时，感觉世界完全真实。与《黑客帝国》不同的是，你暂时无法察觉自己在现实生活中的身体。这里有一个陷阱：如果你不是虚拟世界的永久居民，你一次只能登录几个小时。在最近流行的完全沉浸式模拟级脑机接口类的科幻小说中，这个陷阱频频出现。

要成为虚拟世界的一名永久居民，必须将你的意识永久上传至虚拟世界，这意味着你不再作为一个活着的生命存在，你的肉身实际上已经死亡。在这一点上，尽管对你来说似乎是一个数字来世，但你现在实际上是计算机系统的一部分，所以从技术上讲，尽管这是基于你肉身死亡时的大脑状态，但是对访问该系统的人来说，你只是一个非玩家角色而已。

事实证明，约克夏生活在旧金山的一家老年护理机构中，已经终身瘫痪。由于法律原因，她在去世前与该机构的某个人结婚，以便此人可以获得授权，将其永久居民身份上传至虚拟世界（即安乐死）。

凯莉在现实生活中拜访约克夏。约克夏希望凯莉去世后成为一名永久居民，但凯莉犹豫不决。凯莉相信，她将在一个实际的灵魂转世中看到死去的丈夫和女儿，因为她的女儿在上传到模拟之前就已经去世了，而她的丈夫也选择了自然死亡。

圣朱尼佩罗描绘了一个充满派对、充满无尽乐趣田园诗般的世界，拥有墨西哥海边美丽的风景，这是一个与《黑客帝国》迥然不同的虚拟世界。自然产生了一个合乎逻辑的结论：在我们所处的三维世界中，我们可以有化身，也可以设计我们自己的住所；但是同时，也引发了一些有趣的问题：我们死后会发生什么？意识本身以及数字来世与灵魂转世的本质是什么？

所有这一切对我意味着什么？真的重要吗？

在本书的最后，我想谈谈本章开头的问题：在模拟多元宇宙中度过我的一生，对我个人而言意味着什么？

模拟多元宇宙

在回答这个问题之前,首先让我们从生活在一个单一的模拟宇宙中可能意味着什么开始。

我个人的观点是,这显然取决于你认为我们是在角色扮演游戏版还是非玩家角色版的模拟宇宙。

相信我们都是非玩家角色,可能会产生一点点虚无主义的效果(我做的一切都无关紧要!)。也就是说,如果我们都是非玩家角色,模拟这个宇宙肯定有更大的理由,就像运行任何模拟都有充分的理由一样。即使模拟器试图测量或确定的结果是全局性的,但这些全局性目标中单个智能体的行为确实很重要:它们叠加在一起就会产生全局性的结果。非玩家角色的模拟可能试图回答类似的重大问题:文明会自我毁灭吗?他们会毁灭这个星球吗?还是他们会离开这个星球?

2021年,本书出版,而这一年是自1999年以来模拟题材电影最多的一年。当年上映了一部名为《失控玩家》(*Free Guy*)电影,讲述了由瑞安·雷诺兹(Ryan Reynolds)扮演的非玩家角色,他的名字叫盖伊(Guy),生活在一个即将关闭的电子游戏城。盖伊决定要做点什么,开始让他自己和及其所在虚拟城市的其他永久居民有所作为。尽管情节对于今天的电子游戏编程者来说似乎有些牵强附会,但它给我们传递的信息是:在多个智能体系统中,每一个单个智能体的行为都很重要,更不应被忽略。

知识链接

《失控玩家》是肖恩·利维执导的科幻动作喜剧电影,由瑞安·雷诺兹、朱迪·科默、乔·基瑞、塔伊加·维迪提等出演,该片于2021年8月13日在北美上映,8月27日在中国上映。该片讲述了一个孤独的银行柜员发现自己其实是大型电游的背景人物后,揭露游戏厂商老板的阴谋,拯救所处游戏世界的故事。

图片来源:海报

第五部分
大 视 野

另一方面，如果你倾向于角色扮演游戏版本，就像我个人所做的那样，那么你不仅能够轻松地接受这一启示，而且还能够对我们的人生产生积极的影响。我们玩电子游戏是为了获得游戏之外可能无法获得的体验（如乘坐宇宙飞船或骑龙）。如果电子游戏中没有挑战，也就失去了乐趣。正如雅达利（Atari）的创始人诺兰·布什内尔（Nolan Bushnell）曾经告诉他的游戏设计师的那样：好游戏应该是"容易上手，难以精通"，这样的游戏生命力才会持久不衰。

类似地，如果你在伟大的模拟中认同这种观点，你会发现我们的人生很有趣，但却无法掌控。事实上，为了保持游戏的趣味性，我们需要挑战，否则游戏就会变得无聊至极。例如在最初的《黑客帝国》三部曲中，尼奥发现最初的矩阵是一种幸福的体验，但人类却并不愿接受它，也不愿接受它是真实的。乌托邦（utopia）一词在希腊语和拉丁语中都有"无处可去"的意思。

事实是，我们的人生无时无刻不在面临着挑战，无论我们是否面临种族主义、健康问题、人际关系、家庭问题、人身暴力、金钱问题、情感问题，更不用说失去爱人等。我们每个人，就像电子游戏中的角色一样，都有一定的优劣势，无论出于某种原因，我们面临的挑战也往往是根据我们的个性量身定制。

就我个人而言，我喜欢将人生的挑战视为电子游戏中的任务或成就。我们不仅要努力攻坚克难提升自己的等级，而且也必须在角色的时间线上不断接受游戏任务挑战。从某种意义上说，如果我们身处角色扮演游戏版的模拟中，我们可能不得不面临着选择一些任务挑战。

有时，挑战的难度并不大。而有时，挑战的难度却似乎非常之高，以至于感觉难以逾越。有时，需要其他角色与我们一起合作共同克服面临的、无法独自完成的任务挑战，就像电子游戏中的公众任务一样，但这并不意味着我们应该放弃。你会因为第一次（或第二次或第三次）没有克服挑战而放弃升级游戏中的角色吗？

考虑到这一点，让我们回到你在阅读本书时可能一直在思考的问题：对于我们来说，生活在一个模拟多元宇宙中意味着什么？

我们的人生中不可避免面临各种各样的人生抉择，有时是小事，有时是大

295

事。而量子多元宇宙却告诉我们，每一个单一的决定，甚至是很小的决定（我早餐该吃鸡蛋还是麦片？）都可能衍生出另一个宇宙，这几乎让我们的大脑无法接受。也许从模拟多元宇宙的角度来看，只考虑我们在人生关键转折点做出的那个重大选择会更合适，也会更好，因为只有重大选择才能将我们带向截然不同的时间线上。

如果宇宙是某种量子计算机，我们每个人都被这台计算机作为一个运行我们自己核心循环的过程接入，那么我们就会不断地尝试不同的时间线，看看它们会将我们带向那里，哪条时间线的结局最好。

自我选择的人生之路

通过前文的阐述，我们不难获得两个看似令人震惊的结论，而这正是我们本书探讨的多元宇宙图和核心循环所暗示的含义：

（1）在人生的每个重要关口（时间线的分支处），我们可能做出的每一个重大选择，没有走过的每一条路，实际上都是由某个版本的我们自己做出的选择，我们的人生就是一场不断自我选择的旅程。最终，我们成为什么样的人，可能并非在于我们的能力，而是取决于我们自己的选择。

（2）无论出于何种缘由我们（或某人或某事）选择了这条特定的时间线，而不是其他的时间线，让我们在这一时刻体验属于自己独一无二的人生。

要说明这一点，最好的方法就是像本书开篇那样，用科幻小说来结尾。作家布莱克·克劳奇（Blake Crouch）在他的小说《暗物质》中描述了一个名叫杰森·德森（Jason Dessen）的人，他有望成为著名的量子物理学者（量子物理也属于我们本书所关注的量子力学领域）。他致力于大尺寸对象量子叠加态的研究，但他没有将毕生精力投入到量子物理的研究中，而是决定与怀着儿子查理（Charlie）的女友丹妮拉（Daniella）结婚，回归家庭生活。因此，他放弃了量子物理的研究，最终也没有成为发表论文、获奖的著名学者。而丹妮拉则是一位崭露头角的艺术家，也放弃了自己所热爱的艺术业，专注于相夫教子，更未成为一名著名的艺术家。

第五部分
大 视 野

知识链接

《暗物质》(*Dark Matter*)讲述的是现实世界与个人身份的本质问题,该小说不但是一本节奏快如闪电的惊悚小说,也是一个探索人类生存之谜的故事。故事演绎了粒子与超弦理论的世界,让科学与哲学发生了碰撞。

作者布莱克·克劳奇(Blake Crouch)是美国畅销悬疑小说作家,1978年出生于北卡罗来纳州的山麓小镇斯泰茨维尔,毕业于教堂山的北卡罗来纳大学。2000年,布莱克大学毕业,获得英语与创意写作双向学位。代表作有《松林》(*Pines*)、《松林(第二部)》(*Wayward*)、《递归》(*Recursion*)、《荒芜地》(*Desert Places*)、《锁闭门》(*Locked Doors*)、《奔跑》(*Run*)等。

图片来源:网络

虽然她们表面上貌似都很开心,但在她们的内心深处,杰森和丹妮拉都有一个挥之不去的问题,那就是她们没有选择那条路继续自己的人生。如果她们做出了不同的选择呢?他们会更快乐吗?还是和现在一样感觉自己的人生有一点点遗憾?

在一个好莱坞大片拍摄的场景中,克劳奇(Crouch)向我们展示了其他选择并不总是比当前选择更好。另一个杰森·德森Ⅱ(Jason-2)出现在这条时间线上,他没有和丹妮拉结婚,更不会有儿子查理,而是利用他在量子叠加态领域的研究实现了多元宇宙的突破,成为了一名世界闻名、屡获殊荣的科学家。

然后,杰森·德森Ⅱ企图偷走杰森·德森的人生,并尝试取代他,以便他能够进入、体验他无法选择的人生结局:幸福和睦的家庭生活,这是他在另一条时间线上的人生痛点。虽然小说中,杰森·德森的人生经历了许多坎坷和曲折,包括遇到他自己的许多不同版本的匪夷所思的事情,但杰森·德森目前的生活,以及我们当前生活中的每个人,都有一点需要强调。

人生不同的路,可能会在分岔小径的花园中通往其他目的地,但我们却因为某种缘由来到了这个特别的地方。在某些方面,现在的人生对我们来说是最理想的,因为我们可能已经尝试了很多时间线的分支,但是我们的玩家或者正在运行模拟的量子计算的算法,已经决定了什么可能会让我们的人生快乐少一点,什么可能会让我们的人生快乐多一点。时间线跳跃的经历让杰森·德森对他今生在这条时间线中所做的选择有了新的认识!

当我试图回答这些大的几乎无法回答的问题时,也许这就是我想呈现给你们的观点。如果你在这条时间线上,不要担心其他存在的、已经存在的、或者在未来存在的可能现实。人生或许跌宕起伏,但是终究掌握在自己手中,人生不售往返票。在曾经流逝的时间线分支处,我们每个人无一不曾面临种种人生选择,无论是遵从自己的内心,还是随波逐流;无论是直面人生挑战,还是落荒而逃;无论是选择喧嚣一时的功利,还是选择持久平静的善良,都是我们在反复拷问自己、再三斟酌后做出的慎重选择。因此不管怎样,你的人生都有可能是最佳的选择。

怀揣一个鼓舞人心的想法,我将在本书的结尾呼应《小径分岔的花园》中崔鹏的说法:我将留下一些,但也许不是所有可能的未来——我的小径分岔的花园,我们共同的模拟多元宇宙。

延展阅读

（1）Bostrom, Nick. "Are You Living in a Computer Simulation?" *Philosophical Quarterly*, Vol.53, No.211, 2003, pp.243–255.

（2）Brown, Julian. *The Quest for the Quantum Computer*. NewYork：Touchstone/Simon&Shuster, 2001.

（3）Campbell, Tom. *My Big TOE*. Lightning Strike Books, 2003.

（4）Colts, Eileen. "My Mandela Effect Awakening" in *Mandela Effect：Friendor Foe*? Estero, Florida：11：11 Publishing House, 2019. P14–18.

（5）Crouch, Blake. *Dark Matter：A Novel*. Ballantine Books, 2016.

（6）Deutsch, David. *The Fabricof Reality*. London：Penguin Books, 1997.

（7）Gleick, James. *Chaos*. New York：Penguin, 1988.

（8）Goswami, Amit. *The Self-Aware Universe*. New York：Tarcher/Putnam/Penguin, 1993.

（9）Greene, Brian. *The Hidden Reality*. New York：Vintage Books/Random House, 2011.

（10）Kaku, Michio. *Hyperspace*. New York：Anchor/Random House, 1995.

（11）Kaku, Michio. *Parallel Worlds*. New York：Penguin Books, 2006.

（12）Levy, Steven. *Artificial Life*. New York：VintageBooks/Random House, 1992.

（13）Lloyd, Seth. *Programming the Universe*. New York；Vintage Books/Random House, 2006.

（14）Hans Moravec, "Simulation, Consciousness, Existence", 1998. Newton,

Michael. *Journey of Souls*. St.Paul, Minnesota: Llewellyn Publications, 1994.

(15) Sudman, Natalie. *Application of Impossible Things*.Huntsville, Arkansans: Ozark Mountain Publishing, 2012.

(16) Sutin, Lawrence, ed., and Dick, PhilipK. *The Shifting Realities of Philip K.Dick*. New York: VintageBooks/Random House, 1995.

(17) Tegmark, Max. *Our Mathematical Universe*. New York: Vintage Books/Random House, 2014.

(18) Virk, Rizwan.*The Simulation Hypothesis*. MountainView, California: Bayview Books, 2019.

(19) Wolf, Fred Alan. *Parallel Universes*. New York: Simonand Schuster, 1988.

(20) Wolfram, Stephen. *A New Kind of Science*. Wolfram Media, 2002.

作者简介

瑞兹万·维克（Rizwan Virk）

瑞兹万是一位成功的企业家、投资人、畅销书作家、电子游戏行业先驱和独立电影制片人。他是麻省理工学院 Play Labs@MIT 的创始人，全球最大游戏风险投资机构 Griffin Gaming Partners 创业合伙人。他先后获美国麻省理工学院的计算机科学与工程学士学位、斯坦福大学商学院的管理学硕士学位，目前就职于亚利桑那州立大学社会创新未来学院。

自 23 岁成立创业公司以来，瑞兹万已经成为许多创业公司的创始人、投资者和顾问，包括 Gameview（DeNA）、CambridgeDocs（EMC）、Tapjoy、North Bay、Funzio（GREE）、Pocket Gems、Disruptor Beam、Discord、Telltale Games、Theta Labs、Tarform、Upland 和 1BillionTech。这些初创公司开发的软件被数千家企业和拥有数百万玩家的电子游戏所使用，比如下载量超过 5000 万次的《欢乐水族箱》（*Tap Fish*）、基于《潘妮的恐惧》（*Penny Dreadful*）、《格林童话》（*Grimm*）、《权力的游戏》（*Game of Thrones*）、《星际迷航》（*Star Trek*）和《行尸走肉》（*The Walking Dead*）等游戏。

作为制片人，他的电影包括《茁壮成长究竟需要什么》（*Thrive：What On Earth Will It Take?*）、《天狼星》（*Sirius*）、《魔鬼特区》（*The Outpost*）、《坏蛆骑士》（*Knights of Badassdom*）以及根据菲利普·K. 迪克和厄休拉·勒奎恩（*Ursula K.Le Guin*）作品改编的影视作品。

他之前出版的书籍包括《模拟猜想》（*The Simulation Hypothesis*）、《创业迷思和模式：商学院不会告诉你》（*Startup Myths & Models：What You Won't Learn in Business School*）、《创业禅宗》（*Zen Entrepreneurship*）和《寻宝：跟随内心寻

找真正的成功》(*Treasure Hunt*)。Tech Crunch、波士顿环球报、网站 Vox.com、NBCNews.com 的 Coast-to-Coast AM 论坛和历史频道广泛报道了瑞兹万的作品和初创公司。

知识链接

TechCrunch 是美国科技类博客，由互联网领域的律师 Michael Arrington 建立，主要报道新兴互联网公司、评论互联网新产品、发布重大突发新闻。TechCrunch 已成为关注互联网和创业的重量级博客媒体，是美国互联网产业的风向标，里面的内容几乎成为 VC 和行业投资者的投资参考。

2013 年 8 月，科技博客 Techcrunch 正式进入中国。

瑞兹万居住在美国加州的山景城、马萨诸塞州的剑桥和亚利桑那州的坦佩。个人和工作网站为 www.zenentrepreneur.com 和 www.bayviewlabs.com。

参考文献

［1］https：//www.gcores.com/videos/131071.

［2］https：//www.thehistorypress.co.uk/articles/mandela-from-prison-cell-to-president/.

［3］https：//medium.com/random-awesome/these-5-mandela-effects-will-blow-your-mind-ffdd08eb3731

［4］https：//www.reddit.com/r/MandelaEffect/comments/37kieq/billy_graham_death_memories/.

［5］https：//mandelaeffect.com/tianamen-square-tank-boy/.

［6］https：//www.newstatesman.com/science-tech/internet/2016/12/moviedoesnt-exist-and-redditors-who-think-it-does.

［7］https：//consequenceofsound.net/2017/04/the-mandela-effect-becomes-reality-with-this-scene-from-sinbads-genie-movie-shazaam-watch/.

［8］https：//geekinsider.com/the-mandela-effect-the-bible-bad-changes-to-the-good-book/.

［9］https：//christianobserver.net/the-lords-prayer-trespasses-another-example-of-the-mandela-effect/.

［10］https：//medium.com/@nathanielhebert/the-thinker-has-changed-three-times-b2e54db813fa.

［11］https：//emuseum.cornell.edu/objects/25750/the-thinker-george-bernardshaw.

［12］Journal of Experimental Psychology：Human Perception and Performance，https：//www.ncbi.nlm.nih.gov/pmc/articles/PMC3543826/.

[13] https: //www.mentalfloss.com/article/585887/mandela-effect-examples.

[14] https: //www.independent.co.uk/news/science/mandela-effect-falsememories-explain-science-time-travel-parallel-universe-matrix-a8206746.html.

[15] 论文题目为 "Discredit abuse survivors' testimony by inferring that false memories for childhood abuse can be implanted by psychotherapists."

[16] https: //www.independent.co.uk/news/science/mandela-effect-falsememories-explain-science-time-travel-parallel-universe-matrixa8206746.html.

[17] https: //www.youtube.com/watch?v=2XNJDr2TFDk&t=7s.

[18] https: //www.reuters.com/article/us-science-cern/cern-scientists-eye-parallel-universe-breakthrough-idUSTRE69J35X20101020.

[19] https: //www.cnbc.com/2017/02/22/alternate-realities-and-trump-mandala-effect-and-what-cern-does.html.

[20] https: //angelsanddemons.web.cern.ch/faq/black-hole.html.

[21] Bostrom, Nick, Are You Living in a Computer Simulation? Published in Philosophical Quarterly. (2003) Vol. 53, No. 211, pp. 243–255.

[22] https: //www.technobuffalo.com/stephen-hawking-black-holes-harvard.

[23] Greene, Brian. The Hidden Reality. New York: Vintage Books/Random House, 2011.

[24] Lemley, Brad. "Why Is There Life?" Discover magazine, Nov 1, 2000.

[25] Tegmark, Max. Our Mathematical Universe. New York: Vintage Books/Random House, 2014.

[26] Schatzman, E. L., & Praderie, F., The Stars Berlin/Heidelberg: Springer, 1993), pp. 125–127, referenced via Wikipedia, entry for "Fine-tuned universe."

[27] https: //earthsky.org/space/definition-what-is-dark-energy.

[28] Kaku, Michio. Hyperspace. New York: Anchor/Random House, 1995.

[29] Oxford Languages, 2021.

[30] https: //en.wikipedia.org/wiki/Annus_Mirabilis_papers#Photoelectric_effect

[31] https: //www.britannica.com/biography/Erwin-Schrodinger

［32］J. A Wheeler, in the Physicist's Conception of Nature, ed. J. Mehra (Dodrecht, Holland: D. Reidel, 1973) p244

［33］Kaku, Michio. Parallel Worlds. New York: Penguin Books, 2006.

［34］https://www.scientificamerican.com/article/is-time-quantized-in-othe/

［35］"May 31, 1957: DeWitt's Letter on Everett's "Many Worlds" Theory". Physics History, May 2009 (Volume 18, Number 5) https://www.aps.org/publications/apsnews/200905/physicshistory.cfm.

［36］论文下载网址: http://ucispace.lib.uci.edu/handle/10575/1302.

［37］https://www.quantamagazine.org/why-the-many-worlds-interpretation-of-quantum-mechanics-has-many-problems-20181018/

［38］https://www.wikiwand.com/en/Wheeler%27s_delayed_choice_experiment.

［39］https://en.wikipedia.org/wiki/Colossal_Cave_Adventure.

［40］Stephen Wolfram in TED Talks, "Computing the Nature of Everything," 2010, one link: https://www.youtube.com/watch?v=60P7717-XOQ.

［41］Wills Peter R., 2016, "DNA as information", Phil. Trans. R. Soc. A.3742015041720150417, http://doi.org/10.1098/rsta.2015.0417

［42］Steven Levy. Artificial Life: A Report from the Frontier Where Computers Meet Biology. Vintage Books: Random House, New York, 1992

［43］https://www.latimes.com/archives/la-xpm-2002-jun-09-adna-newscistory.html.

［44］https://mathworld.wolfram.com/ComputationalIrreducibility.html.

［45］https://en.wikipedia.org/wiki/Reversible_computing.

［46］Amoroso, S. and Patt, Y. N. (1972), "Decision procedures for surjectivity and injectivity of parallel maps for tessellation structures" Journal of Computer and System Sciences, 6 (5): 448–464, doi: 10.1016/S0022-0000 (72) 80013-8, MR 0317852.

［47］Manfred Schroeder's Fractals, Chaos, Power Laws, p. 30.

［48］Problème des trois Corps, based on the competing work of Jean le Rond d'Alembert and Alexis Clairaut in the 1740s

［49］https://www.scientificamerican.com/article/quantum-mechanics-freewill-

and-the-game-of-life/.

[50] Wolfram argues in his paper, "Random Sequences Generated by Cellular Automata," that using a combination of XOR (exclusive Or) and OR gates and mathematical functions, that a random sequence can be generated by CAS.

[51] Feynman, Richard P. "Simulating Physics with Computers," International Journal of Theoretical Physics, Vol. 21, Nos. 6/7, 1982.

[52] https://www.nytimes.com/2019/05/08/science/quantum-physics-time.html

[53] Hoffman, Donald, The Case Against Reality, p. 53 (New York: W.W. Norton), 2019.

[54] Wikipedia, https://en.wikipedia.org/wiki/Genetic_algorithm.

[55] Wolf, Fred Alan, Parallel Universes: The Search for Other Worlds (New York: Simon and Shuster, 1989) pp. 218–224.

[56] http://mycours.es/gamedesign2012/files/2012/08/The-Garden-of-ForkingPaths-Jorge-Luis-Borges-1941.pdf.

[57] Wolf, Fred Alan, Parallel Universes: The Search for Other Worlds (New York: Simon and Shuster, 1989) pp. 222.

[58] Goswami, Amit, The Self-Aware Universe (New York: Tarcher/Putnam) p. 140.

内容简介

《模拟多元宇宙》是为数不多的举重若轻、化繁为简的科普佳作。

作者用欢快的笔调,以抽丝剥茧的方式,简明扼要、通俗易懂地阐释了匪夷所思的平行宇宙、晦涩难懂的量子力学、诚如迷雾的曼德拉效应等深奥的概念,完美地将哲学思考、科学探究、科幻小说融为一体,带读者步入了一个妙趣横生的多元宇宙世界……让我们以一种全新的视角理解时间和空间,更加全面更为深层次地了解世界和宇宙。

本书突破学术与专业的限制,是一部饶有趣味、令人脑洞大开的精品读物。